城市移民人居空间自组织机制下的『城中村』研究

赵衡宇◎著

科学出版社
北京

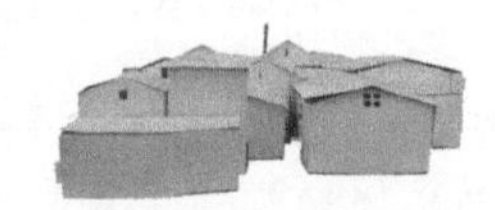

内 容 简 介

在城市化快速推进、农村转变为城市、建筑行业高歌繁荣的时刻，城市人居理论更需要多元化的思考，本书提供了一个回到底层的新视角，诠释了非正规的人居空间所不被认识的重要价值，其中微妙且非凡的设计力和创造力，正是通过我们早已摒弃的生产机制——自组织，才得以复现并熠熠发光。

本书通过翔实的人居案例，从狭义的“城中村”延展到更为广义的类“城中村”环境中，呈现出更加多元的主体。本书还诠释了在面对居住的困境及相关的更多城市融入的难题时，人们是如何在具体的时空环境中实践并获取创造性的解法，以及其中真正的难点之所在。

本书为建筑学者和城市空间管理者提供了一种看待各种非正规人居空间的新思路，值得热爱城市文化的读者阅读。

图书在版编目（CIP）数据

城市移民人居空间自组织机制下的“城中村”研究 / 赵衡宇著．—北京：科学出版社，2019.6

ISBN 978-7-03-061421-6

Ⅰ.①城…　Ⅱ.①赵…　Ⅲ.①城市化-影响-城市环境-居住环境-研究-中国　Ⅳ.①X21

中国版本图书馆CIP数据核字（2019）第107485号

责任编辑：杜长清 / 责任校对：严　娜

责任印制：徐晓晨 / 封面设计：铭轩堂

科学出版社 出版

北京东黄城根北街16号

邮政编码：100717

http：//www.sciencep.com

北京建宏印刷有限公司印刷

科学出版社发行　各地新华书店经销

*

2019年6月第　一　版　开本：720×1000　B5

2019年6月第一次印刷　印张：15 1/2

字数：260 000

定价：99.00元

（如有印装质量问题，我社负责调换）

前　言

改革开放以来，城市化快速推进，以“城中村”为典型的移民自组织人居现象往往是作为城市社会问题而展开讨论的。设计学、建筑学受现代学科壁垒的局限，学者讨论这类空间问题时有隔岸观火之感，这也是笔者作为建筑学者关注“城中村”等问题的缘起，不想介入这一课题后便“深陷其中”，前后历经十年。在借鉴跨学科理论的长期艰苦摸索过程中，笔者发现，自组织这一适应性机制，是一个有用的主线，既能贯联一系列基于“城中村”“类城中村”以及衍生人居谱系的反思，更能将比较“单纯”的建筑学问题代入更复杂、更具挑战性的问题讨论中。

首先，在内容上，本书对自组织空间本体进行深入解析，呈现其内在设计价值体系。基于中微观人居尺度的案例比较研究，探讨了自组织设计机制在具体时空环境中的形态衍化规律和驱动力，对空间绩效进行了分析。

其次，基于多学科理论的梳理，在学科交叉的基础上，本书以“城市融入”理论切入，从融入的多维度、渐次性与关联性等内涵出发，提出自组织人居在经济、社会与文化等多个维度具有整体性；各维度价值之间不是孤立的，需要将其进行有机转化，形成差异化、多元化的方法和路径。这些系统深层特性驱动住居生活方式的创新，进而形成自组织空间结果，而这一结果有助于辨明这些另类空间的价值，找到“真问题”。

最后，本书重回设计学科“时·形·态”的维度，对自组织空间的认知误区与困境进行反思，阐释了人居空间的内涵扩展、价值担当、范式转型等重要内容，以此重新思考设计与生产、更新与优化等具体策略。

本书不仅有助于读者对所谓“城中村”问题多元化的理解，对城市人居空间的复杂性与矛盾性的认知更为有益，从而便于找寻驱动创新的关键机制（这也是本书围绕核心概念自组织阐述的目的）。本书指向的是建筑学与设计学学科回归主体、转型发展的新路径，或能激发读者对城市人居环境更多有意义的理论思考与实践应对。

目录

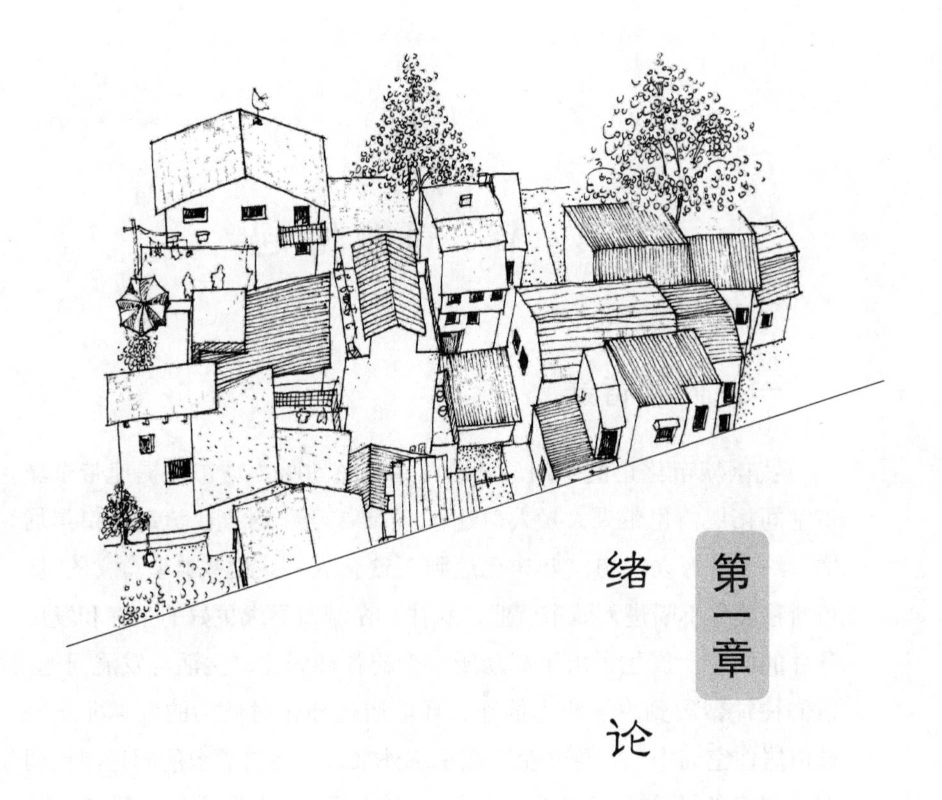

第一章 绪论

关于城市人口增长的统计数字和图表看似毫无生气，但实际上却隐含了成千上万个迁徙的人们生存和奋斗的故事。

——大卫·史密斯（David Smith）[1]

① 大卫·史密斯在《全球视野中的第三世界城市》一书中的观点。

第一节　问题缘起

一、问题背景

我国城市化正值中期，城镇化率已超50%，城市化提速带来城市空间拓展，也带来大量人口迁移，“十二五”时期，流动人口年均增长约800万人，2014年末已达到2.53亿人[①]。这些典型意义的“城市新移民”不断进入城市就业、居住，在城市寻求更好的生存和发展条件的同时，产生了由于流动所带来的各种居住、生活与发展问题，他们往往聚居到生活成本低廉、环境质量亦相对低劣的各类非正规城市居住空间中[②]。这些空间在承载外来人口聚居需求的同时，也拥有了自身的社会空间特性，本书对城市新移民人居空间的研究正是基于这一背景。

这些“非正规”的人居空间（以“城中村”为典型）是我国城市化进程中最令人迷惑也最让人惊奇的城市景观之一。不同于标准化城市住宅小区与楼盘（经过了正规的规划设计，拥有建筑密度、容积率、绿化率、公共配套设施等非常清晰量化的设计规范指标），这些“非正规”人居空间往往带有更多“非设计”“自发性”建成环境的色彩，学术界对其褒贬不一，在城市化过程中也备受争议。以“城中村”为例，空间形态一方面依托传统村落或新农居空间的基础，呈现空间发展的“路径依赖”，在外部设计与管控的缺失下，空间不断

---

① 国家卫生和计划生育委员会流动人口司编．中国流动人口发展报告2015. 北京：中国人口出版社，2015：13-69.

② 蓝宇蕴．“村落终结”中的学术探究．光明日报，2011-12-07.

自行衍化，彰显了当地居民、外来移民族群在城市化中集体生存的某种“空间策略”，形成了不同于现代城市人居整齐有序，甚至有点刺目的“另类”住居景观。笔者认为，从设计学科的视角来看，其不同于主流的“自上而下”设计机制下的、处于外界规划指令中的人居环境，更多的是自行创生演化、自主从无序走向有序的人居自组织系统。于是，人居形态便积极遵循这种自组织机制不断演进，充分体现了这一空间系统“自下而上”的设计智慧和建构策略。

近年来，促进在城镇稳定就业和生活的常住人口“市民化”已经成为城镇化工作的首要任务，这是一个系统工程。在市民化进程中，最重要、难度最大的是“居”的问题，如何“居住”始终是制约各种问题的关键症结。诸多研究者认为，在经济无能、社会弱势、文化排斥等多方面现实下，中国这一总量庞大、基础薄弱、构成复杂的移民新群体构成的各种“非正规”居住现象还将延续相当长的时间。这些空间现象会呈现怎样的变化？是否会消失？或是转化为其他的形式？这些问题都是人居环境学需要讨论的重大理论与现实问题。然而在现实中，自上而下的“它组织”人居建设体系往往与自组织各自独立运行。例如，大量保障房、廉租房建设基于预设模式，多年来尽管投入巨大，各种居住不适问题依然十分突出，学界普遍认为其空间绩效较差，存在较多问题。另外，近年来有关城市移民人居空间问题并没有自行消失，多种新问题也在不断地衍化、发展。因此，对城市移民复杂人居问题的深入研究与反思，对推动人居空间不断优化、满足城市化主体的真实需求，具有极其重要的理论与实践价值。

二、概念的界定

在国内，“城中村”“流动人口聚居区”“非正式聚落”等概念是基本相同的，相近的概念还有贫民区、棚户区、群租房、临时棚屋、违章搭建区等，可以说，这些概念在性质上与社会认知上相近，可以初步构成这一人居空间的谱系，但“城中村”在近十余年的城市现象讨论中最耳熟能详。其在建筑空间形态上表现为不符合建设规则和程序的自建房集中区域。在城市空间形态上，非正规的城市区域往往导致社会空间上的分异状态，形成某种异质性景观。

（一）移民（流动人口）

据统计，2015 年我国流动人口数量达 2.47 亿人，相当于全国人口 1/6。在未来 20 年内，城市 40% 以上的人口将由外来人口构成[①]。大量农村移民转变为城市人口，是城市化进程的必然结果。在这一进程中，“移民”越来越成为一个典型性的群体。

到目前为止，学术界尚没有关于人口流动的普遍接受的定义。“migration”一词常常表示人口在地理单元之间流动，即常规意义上的移民的地域流动。但是作为社会经济活动主体的移民在地理空间移动的同时，也会引发社会经济结构等一系列变化。在个人或群体进行的跨越地域界线的运动中，在城乡的二元体制下，他们即使进入城市，却没有城市居民的身份。“流动人口”成为中国社会中的第三种身份[②]。“流动”的概念是基于其最终将返回原籍的这一预先设定的，但无论其何时返回，城市生活的现实显示这些群体有在城市长期居住的趋势，不同于早期农村到城市季节性的务工人群，今天的农民工二代、高校毕业生等开始成为移民群体的主体，但与以往的群体相比更具“城市人”特征，也有明确的长期定居的意愿。

目前学术界所谓“新移民”，通常指代“80 后”“90 后”等属于农村户籍而在城镇就业的群体。本书认同学术界对于城市“移民”这一概念的理解，采用“移民”来替代“流动人口”，基于如下考虑。

（1）这一群体在诸多方面已经具有城市居民的特征，有在城市生活的意愿，居留时间也吻合国际对“移民”的普遍定义[③]（或可称为“国内移民”）。对这一群体的人居空间进行研究，能更好地体现需求的主体性，并能更好地观察城市化进程。

（2）从“移民”这一角度探讨城市人居空间问题，具有重要理论价值。以此为出发点，可以与国内外已有社会科学研究以及城乡人居环境研究进行比照与参考，有利于横向的跨学科整合。

---

① http://www.mckinsey.com/MGI，美国麦肯锡全球研究院（McKinsey Global Institute）在 2009 年的一项研究报告中显示。

② 陈映芳．“农民工”——制度安排与身份认同．社会学研究，2005，(3)：119-132．

③ 参考联合国统计处拟定的《1997 国际移民统计建议》。

本书从研究需要出发，将城市“新移民”群体定义为广义的群体，即通过正式或非正式途径实现乡—城地域迁移后，在移居城市中工作、学习并居住，但与城市当地居民相比，居住相对不稳定的社会群体，包括新生代的“80后”“90后”等农村移民、大学毕业生以及大量相对短期居住于城市的外来群体等。

（二）自组织人居空间

人居环境科学（sciences of human settlements）是以人类聚居为研究对象，讨论人与环境之间相互关系的科学。其目的是了解、掌握人类聚居的客观规律，以更好地建设人类的聚居环境[①]。本书以广义的“人居”替代狭义的“住房”“住宅”“住区”的概念，以更大、更开放、更包容的“空间”概念扩展较局限的“建筑”一词，旨在更为系统和整体地对城市居住问题进行分析。

自组织理论（self-organizing theory）是自20世纪60年代末期开始建立并发展起来的一种系统理论，与其相对应的还有他组织、非组织等概念。所谓自组织，是指无须外界指令而能自行组织、自行创生、自行演化的从无序走向有序的系统[②]。

自组织理论阐释了大量子系统在没有外部特定指令的情况下，自发生成或者更新结构的过程。从贝塔郎的系统论确立、哈肯提出协同学并比较了自组织与组织，到普里高津的耗散结构，亚历山大推崇局部建造行为聚集并自发演化的过程来看，以自组织理论的哲思阐释人居环境的影响趋势日益显现其价值。在人居环境学切入这一研究连续统，可以实现研究理论、方法与内容的共享，加深对复杂住居现象的科学认知。

在自组织理论中，“适应性”是一个重要概念，尽管环境条件变化，但通过要素重组、结构调整或改变参数路径的策略，可继续发挥作用。对人居环境适应性程度的评价，取决于人居综合系统内部的静态结构和外部环境的动态组织对各种功能的承载绩效。一方面，由于人居环境系统属于复杂适应系统，具有高维度、巨系统、多变

---

① 吴良镛. 人居环境科学导论. 北京：中国建筑工业出版社，2001：3.

② 吴彤. 自组织方法论研究. 北京：清华大学出版社，2001：155.

量属性，其演进过程被预测、解读和被组织的难度很大，存在不可预知性。另一方面，自组织属性使得系统内部不同层级要素转变为适应性主体，在它与外界环境的互动过程中，具有活性机制与智能。在动态的环境下，外部刺激可以促进共同体内部产生连锁反应，通过要素间的主动协同寻求最优，形成具有整体性的、有机的适应能力。[①]

与自组织人居类似的概念还有传统上经过漫长的、自发过程的人居"聚落"，聚落的形成可大略分为"自下而上"与"自上而下"两种。前者主要体现于缓慢自发生成的古村落、传统商业城镇中，后者主要体现于具有政治建制和强烈规划色彩的城市空间中，如都城、府城、县城等[②]，但这两者也并非完全割裂开。相关研究在此不具体展开。

本书所指的自组织人居空间，泛指社会现实中在制度设定的规则框架之外的人居空间，在性质上更多地具有自下而上的色彩，包括空间的设计、营造、使用等在内的各种广义上的人居行为及对应的物质环境。一方面，它可以表现为实体化的形态，如一个居民自建的棚屋、一张图纸；另一方面，它也可以通过非实体化的形式表达，如一个行为、一个关系网络；或者实体与非实体两者兼有。自组织空间在任何一个社会中都大量存在，但是这一概念并未能在国内的官方和公众层面获得广泛的关注与正式承认，而在学术界其概念也并未明晰。

（三）"城中村""城边村""村中城"等

"城中村"是我国城市化进程中出现的一种特有的现象。自 1978 年改革开放后，经济发达地区城市边界迅速扩张，原先分布在城市周边的农村被纳入城市的版图，被不断建成的高楼大厦包围，形成"都市里的村庄"（图 1-1），如我国超大城市北、上、广、深等，此问题十分突出[③]。

从字义上看，"城中村"就是在快速城市化进程下原有村落被城

① 朱晓青．基于混合增长的"产住共同体"演进、机理与建构研究．浙江：浙江大学博士学位论文，2011.

② 杨新华，陈小丽．城镇生长的自组织微观动力分析——基于行为自主体自适应的视角．人文地理，2012，（4）：73-77.

③ 参考百度文库。

市扩展包围。从20世纪90年代中后期开始，城市蔓延和郊区化进程加速，城市边缘区土地被大量征用，很多村落被纳入城建用地范围，政府采取征收农村耕地、集中建设新村或避开老村的政策，没有一次性在土地补偿、村民安置方面支付经济与社会成本，从而形成“城中村”。“城中村”产业与当地居民已大部分实现非农化，村落空间也已在城市建成区范围内。其房屋产权主体大多为本地村民，但聚居着大量甚至是数倍于村民的外来流动人口——“移民”，这里需要说明的是，大量关于“城中村”相关主体的研究更多地偏向于产权主体原村民，本书则以“城中村”出租屋及其中居住的外来移民为主要的研究对象①，并将“城中村”空间视作城市自组织人居空间谱系中的典型案例。

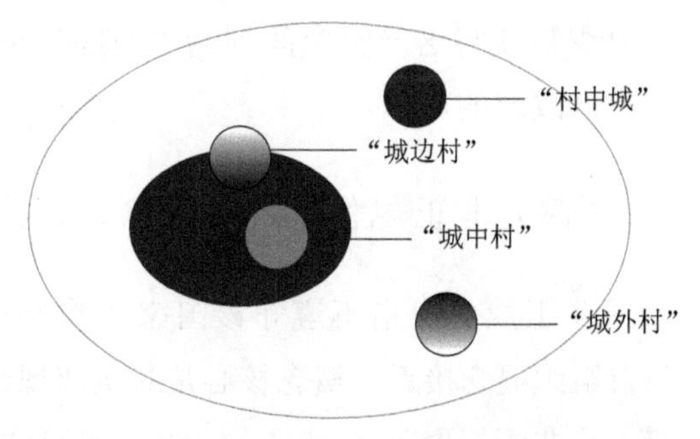

图1-1 不同“城”“村”空间关系示意图

而“城边村”“城外村”等概念则是在“城中村”的基础上根据其区位与城市建成区的关系等又有所拓展。近年来，在北京等高房价城市的远郊出现“村中城”的社区概念，在“孤岛化”的新建远城地带上，由于兴建了大量高密度的“小产权房”，土地虽属于农村用地属性，但由于价格低廉，仍然有不少新移民购买。另外，“城中村”在非严格学术概念上，也常常泛指城市建成区中的老旧街区、城市中的各种消极空间与各种非正规空间。城市居民也常常用这一概念指代那些与“棚户区”“旧城区”概念接近的具有“落后”语义的城市空间，通常被定义为低矮、住宅密度大、建设使用年限久或者大多是临时建筑、人均建筑面积小、治安和消防隐患大、环境卫生脏乱差的建成区域。“城中村”概念的泛化说明了类似的城市人居现象中的具有共通性的社会空间属性和物理空间属性，也说明了“城中村”问题的时代普遍性。这种定义往往依据空间的外在

① 在城市化进程中，“城中村”的形成、发展和消失十分复杂，所包含的相关研究内容十分庞杂，涉及失地农民问题、本地村民市民化、集体制度的延续变更等方面。本书对此不做更多展开，主要从城市外来移民及其人居（租居）空间的角度对“城中村”进行研究。

表象逻辑便将这一类空间列为“问题”空间，它们也是需要被替代或者被改造的对象。

（四）非正规住房、贫民窟、棚户区等

非正规住房指不遵守该国家（城市）法律和管理框架的住房，与自组织概念接近，概念核心是对抗或规避法规和管理[①]。在空间语境下，非正规聚落（informal settlement）的提法也有很多，这一概念主要是在第二次世界大战后的第三世界国家城市化时期提出的，当时，大量贫困农村人口进城，难以获得建房用地和住房，只能侵占城市边缘土地、搭建简陋住房居住，图 1-2 就展示了我国在 1949 年后，大量农村移民搭乘木船到大城市江河岸边搭建棚户的景象。这种现象不仅普遍，而且长期存在。国际上有学者建议，所有住房都可以分为两种建设方式[②]。一种由正规的建造行业设计、建造；另一种则是非正规行业建设，并可再分为乡土房（vernacular）与棚户房（squatter）。乡土房是指新建的农村常规、传统的住房；棚户房指的是不符合其所在城市相关法律和规则的住房。显然，严格分类不一定成功，很多住房拥有以上的多种属性特征，如我国的“城中村”，某些产权本身具有模糊性，更由于不同类型的加建，表现出更加复杂的情况。

图 1-2　早期移民居住的船屋和棚户
资料来源：http://bbs.cnhan.com/thread-44715-2-1.html

事实上，1970 年以后，非正规住房与社区的积极意义逐渐得到学科界的重视，大量的建筑师、社会学家、人类学家开始关注此类问题，并从不同角度展开研究，代表人物有约翰・特纳（John Turner）、鲁道夫斯基（Rudofsky）、拉波波特（Lapoport）等，如约翰・特纳

① 联合国人类居住规划署《2003 年世界人居报告》对非正规住房定义。

② Johnstone M. Urban housing and housing policy in Peninsular Malaysia. *International Journal of Urban and Regional Research*，1984，（8）：497-529.

通过长期对居住自建房的研究，充分认知到自建的价值，提出需要保证土地使用期的稳定性这一问题，穷人通过自建的行为自行解决住房问题，才能拥有持续性提高生活条件的保障[①]。美国规划学者阿那亚·罗伊（Ananya Roy）则提出，城市非正规性也是发展中国家的城市模式等[②]，呼吁相关研究领域正视这一客观合理性。

在我国，与之相对应的概念是“违章建筑（搭建）”。仅仅相对于狭义的法律层面上的概念，一般指没有获得或违反建设工程规划许可规定的建筑[③]。王晖、龙元（2010）在武汉汉正街研究中提出：正规性原则的缺失与矛盾导致城市景观形态“非正规性”的问题，可以分别从城市与建筑两个尺度去定义：在城市层次上指土地占有、利用的非法性，在建筑层次上指临时性住房，这一提法比较简洁清楚[④]。

“贫民窟”一词，一直用来指居住条件简陋、拥挤、混杂聚居的地方[⑤]，呈低住房标准和脏乱特征的人口高度密集地区，通常，从基础设施、住房建筑结构以及人居居住密度等状况可以进行判别。随着贫民窟现象在全球的加剧，社会和学术界开始更多地关注这个问题。这一词汇在初始使用时偏向某种物质空间，含贬义的色彩，后逐渐泛指居住环境比较差的住房。

随着农村人口迅速向城市迁移，从20世纪50年代起，发展中国家农业人口比例迅速下降。大量农村人口进入城市，寻求生存与发展机会，贫民窟也迅速成为城市贫困表现最显著的地方。例如，在中华人民共和国成立初期，即经历过城市化迁移高潮现象，城市早期的棚屋区由此形成。各国住房产权制度不尽相同，称谓与种类繁多，建筑形式从简易临时棚屋到各种永久性建筑均有。非正规行为往往来自：低收入者既负担不起房租，又无法获取公共住房，就只能选择突破法规，自行侵地搭建，或者非法改建、空间再细分，这一点表现为境内的“群租房”“纸板房”，香港的“笼屋”（图1-3）。

---

① Turner J F C. *Housing by People：Towards Autonomy in Building Environments*. New York：Pantheon Books，1977.

② Roy A. Urban informality：toward an epistemology of planning. *JAPA*，2005，(4)：147.

③ 根据1990年《中华人民共和国城市规划法》的定义。

④ 王晖，龙元. 第三世界城市非正规性研究与住房实践综述. 国际城市规划，2008，(6)：65-69.

⑤ 贫民窟·社会学概念·百科全书·价值中国网，http://www.chinavalue.net/Wiki/贫民窟.aspx.

图 1-3　香港的笼屋

资料来源：http：//www.360doc.com/content/12/1127/21/88761_250635934.shtml

不过贫民窟还包括那些处于衰败状态的正规住房，如旧城房屋，我国俗称的“棚户区”、老式公房等。

在我国城市中，棚户区常常指低收入外来人口、城市失业待业人口、退休居民集中居住或者混合居住的地带。一般为建成历史较久，受当时建造水平限制且居住环境品质严重退化的地带，产权人往往是低收入城市户籍人口，其中有很多房屋是转租给外来低收入人口居住的。在老工业基地城市，城市的老城区、衰落的老工业区和矿区的表现最为突出。我国的棚户区与国外的衰退城区有共同之处，但是，制度、发展条件的差异又使其与国外贫民窟、贫民区有很大的不同，在我国，很多棚户区是由于老城区更新发展的不均衡造成的，更多的是由于产业转型和体制改革形成的。而在概念上，它们也常常被习惯性地称为“城中村”，即城市中老旧落后（类似于农村）的、欠发展、欠更新的居住社区。

第二节　内容与意义

一、由表及里：内容的深入

（一）自组织人居系统动力机制及其形态生成分析

非正规、自组织人居自行衍生发展是人居主体的系统需求发展与演化的结果，是城市居住生活需求和现实矛盾的直接或间接反馈。从空间到社会，对中微观住居空间的自组织形态的解释性研究，从某种程度上来说，更依赖于外部相关联的关系模式、空间“物”态与社会形态的连接关系，包括必然的关联、可能的关联以及非关联。

基于动力机制的分析反馈进而分析得出，具体多样的人居自组织模式、人居行为模式，对设计学具有启示价值，有利于进一步研究背后蕴含的支撑机制、空间生产与再生产的动力和阻断力。

（二）基于人居自组织案例演进特征进行比较分析

首先，本书进行了“横向”的不同区位、类型的聚落形态和价值的比较研究，在不同的城市化背景下，分析移民聚落模式、微观住居空间的异同等。同时，本书从“纵向”的历史角度，通过典型的聚落空间个案分析，其中包括聚落空间形态“路径依赖”等问题，通过空间的渐进、突变、混杂、衍化等现象，讨论其内在的组织机理和发展变迁的依据。

在较短时空上，考察近十年“城中村”的自组织衍化，在相似的城市化背景和地域环境下，发掘人居环境演化规律，以及自我调节、更新的过程；在较长时空上，借鉴国外自组织设计实践做对比。横向上，在社会调研和空间形态分析的基础上，选取典型与非典型案例，从不同层面比较“城中村”与“泛城中村”（非典型“城中村”）的自组织特征。

（三）基于城市融入多维度视域分析人居空间绩效

社会学界已经从多层面分析城市融合度，“城市融入”框架也逐渐立体化，参考比较适用的指标分类，由于住居行为的主体微观特征，本书主要参考个体融入层面，进一步根据人居的社会经济关联设置了主要子维度，基于文献归纳与案例比较研究，从经济融入维度（涉及降低居住成本、促进就业、促进贫困家庭“造血”功能、缓解贫困、互助共享等问题）；社会融入维度（交往频率、交往方式与交往距离，社会资本，社区合作网络等）；文化心理等其他融入维度（生活方式适应、身份感与归属感、族群文化整合等）多个层面进行空间分析。

借鉴社会学理论，参照融合的多样性、层次性、梯度性的相关观点，在进一步的量化比较中反馈需求的不平衡问题，反馈多样化的人居环境诉求。基于上述分析方法，本书进一步考察不同城市的融入期，居住主体如何创新生活方式，如何运用自组织空间设计智慧，求证自组织系统的适应性机制。

（四）自组织机制阻滞视角下的人居问题反思

基于自组织机制辨析其人居系统内部和外部社会环境的交互关系，主要有以下三种情况，从动态交互的关系层面进行整体把握和识别。

当自组织机制与城市空间管理政策相一致时，会促进人居环境的健康发展，形成积极的、良性循环的自组织人居空间；当前述二者关系相互背离时，则人居环境问题与社会矛盾得以凸显；研究涉及从表层空间问题到深层社会问题的关联及其相关阻断、破解对策；当二者关系属于耦合状态时，可通过一定的空间设计策略和社会治理手段，调整变控思路以促进自组织机制的发展，由此促进人居空间环境的有序、有效更新，涉及具体的空间建构规律和社会协同机制问题。

（五）基于自组织价值机制的人居设计范式重构

从设计学、建筑学的视角呈现基于自组织实践的设计反思，以设计的新范式建构人居空间新的整体性、主体性、伦理性需求。

研究转向“如何有效利用、调节现有资源和内在动力，促进人居健康发展”时更具有现实价值，能为今后人居环境建设的价值导向、制度改革和具体政策的瞄准定位提供新理念。同时，本书就人居环境现实优化的机遇与有效驱动因素问题，进行具体的设计策略分析。设计新范式的讨论为城市化进程中的移民居住问题、城乡空间融合问题、旧城改造问题、人居文化景观问题等提供理念指导与技术参考。

二、去伪存真：意义的浮现

如何洞悉城市人居深层次的矛盾与问题？如何理性分析各种非正规住居中的“真问题”？这也是本书首先要弄清楚的基本问题，自组织人居现象已经存续了相当长时间，各种讨论往往还是依据其空间表象。笔者认为，只有将问题着眼于主体的发展命运上，才是空间研究中的“真问题”，如何使其居住、生活与城市社会相融，才是意义之所在。伴随着城市化进程，居住问题已成为制约移民城市化的关键症结，由于其具有诸多关联性，成为众多研究的交叉点。空间，在最深远处影响着社会关系，具有相当长效性的影响。而且，一代又一代的移民不断在城市落脚，住房、生活、消费等方面的新问题层出不穷，在空间层面怪象、乱象频出，使我们常常束手无策，建筑学和设计学理论在这方面显然应对不足。

今天，我们必须思考的是，随着城市化进一步发展，这些自组织空间改造的唯一出路是否也是今天的高档小区与楼盘？其中的个性价值是否还能保护、延续？在当下的城市更新中，其人居文化如何重塑亟待解决。以往简单粗暴地对待自组织人居问题，已经给城市的社会发展带来了很大的负面影响。对于自组织机制的梳理，把握竞争与共生的辩证关系，促进社会整合，保护人居价值要素，不仅有助于新移民住房建设、“城中村”改造等问题，也有利于城乡空间的公平、共享与和谐，具有多维度的决策参考价值。

本书旨在打破学科研究壁垒与传统设计“见物不见人”之局限，随着城市化进程中“谁的城市化”等问题凸显，从人居环境学、城市社会学、住居学、建筑学、文化地理学、社会心理学等多学科交叉角度，发掘人居系统深层特征，创新“互动性”“适应性”“多义性”的设计方法与理论体系，在设计学与其他学科之间建构起全新的研究连续统，实现理论、方法、内容的共享对接，衍伸人居设计学科内涵。在立足于内在矛盾与发展动力的分析上，凸显设计学科的作用和价值。

从社会—空间—实践的矩阵分析中探讨关键“结点”，从自组织空间的动力机制、运行特点、空间实践如何反向“介入”等关键问题入手，具体问题的逐步关联展开还包括这样一些理论问题：自组织作用于人居空间设计的核心和边界在哪里？空间自组织如何赋予场所意义，如何从具体设计中“间接或直接”地建立起空间权益、正式身份，如何针对现实建构良性循环并赋予外部资源，以及如何促进自组织形态的持续进化和提升。基于“空间—行为—族群”的交叉视角，强化了自组织行动者的主体性、本真性、差异性，体现了城市空间人文精神的转型，对于转型的人居环境研究具有重要意义，本书拟从以下四点展开。

（一）认知人居空间自组织衍化现象和规律

人居环境具有自我创生、自我演化、自发形成结构的自组织特性，需要系统地发掘其适应性价值。设计学科、建筑学科对于自组织系统价值的研究不足，其根源在于现代设计学科通常是从他组织的视角进行研究的，自组织已经被摒弃与遗忘，现代社会多建基于设计、预想、运筹、计划、管控等“现代性”概念，空间中的自发性问题易被忽视和贬低，自组织现象难以被讨论与重视，甚至被“不正规”“落后”等意识形态遮蔽。

从人居系统发展的历史渊源来看，人居空间也在不断地发展演变进程中，并不是一个唯线性的现代发展进化逻辑，其中往往充满了互动与流变的特征。变化的主导因素常常是具备自组织（自上而下）与他组织（自下而上）的两种方法路径。

这里以住居学的发展历程为例，住居学界[①]认为，住居的发展从最初作为单一、初级阶段开始，在经历了空间的复杂化后又从中衍生出很多生活形态，将之社会化[②]。住居学中专业领域自上而下的细分化（如功能的细分定义）与边缘科学的后学际性交流和交叉是相互支持而发展的，是不断分合的关系[③]。随着社会经济的改变，关于“居”的问题不断演变，人居模式也不断多元分化、异化、整合，这

---

① 这里可引用、参考学者胡惠琴、张宏等有关“住居”（housing and living）这一概念的解释，“住居”表达的重点是整体的居住生活方式，生活行为与居住空间的关系，而不仅仅是狭义的居住、住宅等概念。

② 胡惠琴．住居学的研究视角——日本住居学先驱性研究成果和方法解析．建筑学报，2008，（4）：5-9．

③ 张宏．广义居住与狭义居住——居住的原点及其相关概念与住居学．建筑学报，2000，（6）：47-49.

些过程都导致新的需求和具体功能的涌现，住居形态也会出现看似“退化”的现象。当住宅不适应、滞后于主体生活方式的变化时往往会导致自组织机制的作用发生。其过程表现为功能与结构的不断重组调试，标准不断分化，住居形态也得以衍化。空间生长点首先产生于局部，进而导致扩散，在创新、入侵与继承中，人居的模式与标准得到了调整与发展。

因此，从自组织的角度，研究者可以分辨人居环境学科问题背后应该甄别出的重要科学规律，诠释住居空间之变易，也就自然可以破解浮于空间物质表象问题之纷争。

（二）展现自组织人居“时·形·态”的多尺度特征

人居自组织是我国城市化进程中的重要过程和阶段，伴随着城市化问题的发展而逐渐发生、演变、成熟乃至衰亡。它既包含了各个历史时态的演变，也贯穿城市、建筑、居住环境等不同的空间尺度范畴。

在宏观层面，包括空间硬质环境以及城市社会经济发展、政策演变等“软环境”因素间接影响到中微观的聚落问题。宏观环境变化能直接影响到居住、就业等问题。例如，“城中村”拆除，从整体上带来了移民为选择低租房而产生迁移，形成职住空间远离的情况。在中观层面，分析聚落的衍化规律、建构规则与组织特征。在这一层面，生活方式影响住居行为决策，通勤方式、对外可达性等“时态”问题均会使人居活动的空间结构呈现不同类型特征。在微观住居层面，以个体、家庭等小型单元为视角，观察生产和生活叠加的人居场所的特性。个体年龄、收入、职业、文化特征、家庭等状况都会对居住产生各种各样的影响。此外，群际关系、生活圈层、邻里网络也影响到行为决策等。

总体而言，宏观、中观、微观等不同层面的环境影响着自组织人居日常生活，本书主要立足于设计学中微观空间层面，尤其关注不同的“时·形·态”的自组织人居特征和具体呈现的问题。

（三）反馈主体需求的多样性人居空间模式

从设计学的发展来看，主体的“需求”与设计的“满足”自社会分工大发展以来逐渐构筑了一条鸿沟，现代建筑学与设计学受到自身的局限，并不能真正介入和理解那些真实的“陌生人”，他们的需要、价值、情感只是在抽象的市场调查的数据报告中被告知而已。设计与主体的关系十分“疏离”，人居空间设计往往难以去发现主体真正的“居”之困境，只是解决那些已被清晰定义了的空间技术问题，甚至无从辨别不同的人居生活与空间形态的真实价值与意义，我们迫切需要回归现实去分析。

在以往的移民人居研究中，认知概念的局限往往掩盖了人群的多样性和特异性。居住主体概念是粗线条、泛化及虚化的，人们习惯性地借用、套用与误用“农民工”“流动人口”等概念。而这一概念在城市移民群体的多样性与内部逐渐分解变化的情况下，需要解构与重构，其关键在于主体的差异性与同质性的交互关系。移民的家庭构成、经济状况、生活态度、生活方式、就业特点等都是构成住居模式多样化的因素。随着人群的分化、生活方式日趋多元，主体空间、个体空间、族群空间、群际空间都需要进一步研究，反映不同空间实践中独特的人居模式和空间机理需求。

本书尝试“把居住还给主体”，呈现其主体表达与内部差异性。推演自组织聚落的生成动因和时空建构特征，对其适应性功能进行梳理，并建立与城市化主体协同的人居社会—空间绩效评价，进而在人居环境设计学方法体系与策略上提出新的设计范式和策略。

（四）破解自组织人居发展之困境

关于设计学科的价值讨论，很多学者认为，其中最有价值的是可以被用作社会再造之手段，设计实践具有某种“主动性”，任何设计在本质上并不与自然、与社会相抵触。但是，城市空间中存在大量缺乏“主动性”的、文化意义的空间，大量无价值的空间产品被大量制造乃至过剩，自组织人居空间呈现活性积极的价值特征，在设计学层面可否融合，其空间融合的设计机制是什么，具体介入的办法有哪些？值得深入探讨。

相对于正规居住空间，“城中村”出租屋等非正规居住空间的物理品质低下是明显的，还有社会空间分异、文化隔阂等弱势问题。社会与空间的双重弱势必然会对居住主体形成负面影响，并会消解社会支持政策的积极作用，这些问题不仅是人口学、社会学研究的问题，也是设计学研究的问题。我们如何从空间策略、设计学的角度研究改善城市移民居住、生活与发展问题，以体现设计学专业伦理与价值作为？如何继续维护现有人居空间积极性的价值作用？在城市空间转型过程中如何保护现有优势？外部设计和介入怎样做到有机结合？其中蕴含着大量设计学层面的“可能性”，如不增加移民居住和生活成本的前提下进行的空间原位转型的设计，延伸基于自组织体系的混合型设计，兼用“自上而下”与“自下而上”的多种设计策略，都极具创新意义。

第三节　思路与方法

一、研究思路

首先，“一条主线”串联“两大板块”：以人居空间自组织“如何发生影响”研拟实效分析与解释的理论框架。以自组织行动将“社会功能要素”与“空间自组织”两大板块关联解释。

本书立足于外来移民群体聚居的现实空间考察，将自组织现象置于我国城市空间的“延续与分裂”“分异与融合”等动态化时空背景之下进行研究，对其特殊空间形态的内在社会机理，不同主体在其互动过程中的轨迹，对空间形态的影响等加以剖析，揭示自组织演化规律。

其次，是“三大问题”，即“自组织机制是怎样产生的”“它怎样形塑人居景观”“其城市社会作用如何产生”等三个问题。

通过文献研究，为自组织人居环境在社会融合系统中“如何作为”研拟一个实效分析与解释的理论框架。包括：“自组织设计在环境形塑过程中实际发挥了什么作用”“这种社会作用如何产生”，通过过程与结果的综合评价，评判自组织设计产生的实效。从结构性要素背景、自组织能动实践、人居空间特色生成三个层面，解释人居自组织设计产生的机制与相应价值体系。

最后，广泛借鉴融合国内外相关经典学术理论，基于解释性理论框架的构建，为案例实证做好问题界定与理论深入剖析的基础，对人居空间展开更宽视域的分析、评述。在案例调研和综合比较的基础上，从聚落产生、演进模式和内在动力入手，对自组织空间衍变的阶段变化、结构状态进行实证分析，着重把握人居自组织机制运行的关键理论和知识链接，归纳分析其中自组织建构的规律性、价值模式，从而形成创新点和结论。

二、研究方法

本书综合运用了多种研究方法。在前后三个不同的阶段，针对各种问题，制定研究策略。注重文献研究与田野实证相结合，案例演绎与归纳分析相结合，质性研究和量化评价相结合，等等，具体有以下 7 种。

（一）文献研究法

通过书、报、刊、网等多种渠道，查阅与“城中村”、“移民”、居住问题等相关的、广泛的中外文献资料，以及与这些概念相关的规划文本文件、新闻案例、政府网站、统计年鉴等官方文件；各地与外来人口居住相关的法律法规、制度规范，以及一些非正式导则、文本；与人居环境相关的历史、地方志、地方档案文献等，对其进行梳理、考证和研判，为后续分析提供参考和支持。

（二）田野调查法

自组织空间及其生活主体（移民）是本书研究的本体，结合笔者在杭州、武汉、无锡等地前后近八年的生活体验、观察研究甚至包括情感体验，从空间形态、社会背景、环境要素等多层面进行移民人居的调研。开展空间的测绘调查，进行数据统计分析和访谈，深入了解社区居民的思想和观念，拓展了笔者对城市人居社会问题的深度体验和感受，也培养了对于异文化的思想关怀。从某种程度上而言，笔者在异乡（杭州）十余年学习、生活的体验也为研究移民提供了一种换位思考的路径。而杭州、武汉两地作为调研地（笔者的他乡与故乡），更是具有主—客换位思考的最佳选择。在长期的田野调查中笔者积累了大量的一手资料（空间数据、图纸影像资料等），为本书提供充分的实证支持。

（三）系统分析法

系统分析法是指将设计对象以及相关的人居设计问题等视作系统，然后运用系统论和系统分析的概念和方法加以分析，即将移民聚居空间及其与之相关的环境、社会、人构成一个母系统，并根据不同的研究层面划分子系统，研究建筑与环境、住房与人、住房与社区等的相互关系，以系统性和整体性思维分析各种要素彼此之间关系的方法。

（四）文化景观分析法

从人类学概念看，文化空间常常指传统的或民间的文化表达方式的场所。由于长时间的积淀，自组织人居空间内的各种行为现象都可能成为一种“文脉”关系，包含生活模式、邻里交往、审美意趣、娱乐消遣等，这些与外部正规框架下的文化对比形成一种差异性文化景观。本书主要考察空间中特殊文化形态产生的内在机理，人居行为在其形成过程中的文化影响，对外部城市文化的影响以及不同文化的交互关系。

（五）情景分析法

本书将人居空间行为实践作为一种社会现象，同时将特定时空范畴的具体人居环境自组织设计实践视为一种“社会事件”进行观察，通过不同个案研究来“深描”社会事件的主体、对象、过程、结果，以及对社会事件进行成因解释。这种“过程—事件”的社会学研究方法[①]，可用以反馈事件的社会空间影响，对实证研究有特别重要的方法论意义，有助于从静态“空间”到动态“事件”的转换分析。

（六）时间—空间路径分析法

引入时间—空间路径分析法，也称锚点分析法，时空棱柱体的时间地理学方法[②]，环境行为事件（销钉），在任意时间点上，特定时空条件允许人移动（棱柱），视为开展行为的约束条件，适合个案研究来图示环境行为特征[③]。该方法可以对个体与族群的具体生活方式、居住行为在具体时空环境中的轨迹、实践所形成的不同功能和绩效进行可视化比较，进行相关结论分析。

（七）基于图表分析与数据统计的量化比较研究

对空间自组织进行勘察建模和演绎，对历史数据比较分析，部分运用地理信息系统、系列专题地图进行图示与量化分析。通过“非正规”住区和居住区规范指标的比较分析、不同自组织空间的比较分析等，为研究提供现实依据。

根据实体空间形态测绘、商业业态统计数据、各种流量数据，增强研究的可信度和可视度，对自组织空间衍变进行建模和动态演绎，在此基础上图解分析、模型表达，直观展现人居环境特征，便于发现研究规律所在。将地理信息系统的空间分析技术部分应用到“城中村”人居环境研究中，通过一系列人居专题地图，比较不同自组织环境形态差异。

本书研究框架和技术路线见图 1-4。

---

① 一种与西方结构化理论研究不同的方法论，即实践社会学的研究方法论。由社会学家孙立平倡导。“面对实践的社会学所强调的是，要面对实践形态的社会现象，并将此作为研究对象”，“将社会事实看作是动态的、流动的，而不是静态的”，这种研究方法尤其注重深度个案研究，深入现象的过程中去。

② Golledge R G. Learning about an environment//Netal T. *Timing Space and Spacing Time*. London：Edward Alnold，1978.

③ 兰宗敏，冯健 . 城中村流动人口日常活动时空结构——基于北京若干典型城中村的调查 . 地理科学，2012，(4)：417-439.

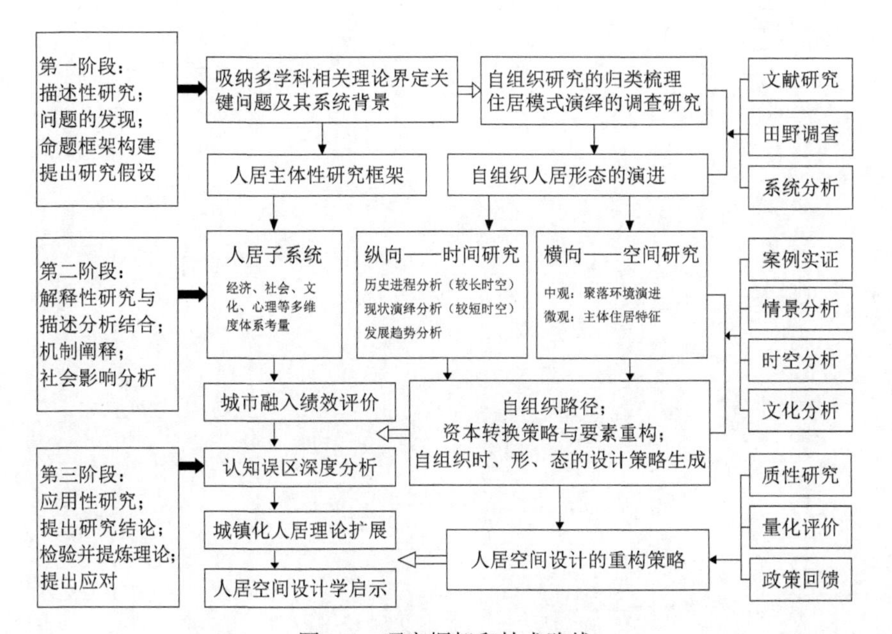

图 1-4　研究框架和技术路线

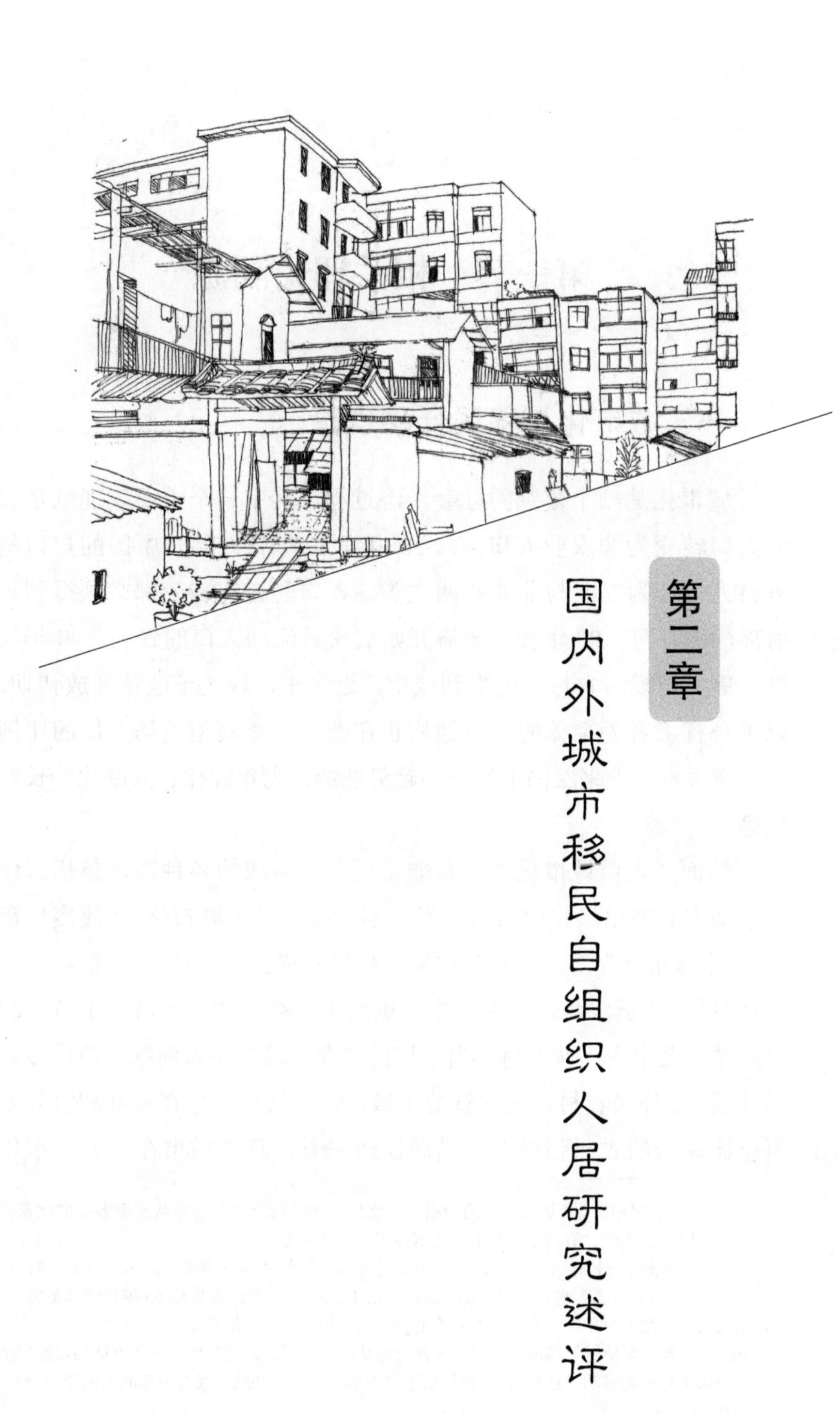

第二章 国内外城市移民自组织人居研究述评

第一节　相关理论溯源

一、城市化与移民迁移理论

城市化是一个复杂的社会经济过程，其中一个主要表现就是农业人口转变为非农业人口。从20世纪50年代开始，中国的户口制度将人口分为农业与非农业两大类，人口的任何转变都必须得到政府部门的许可。80年代，政府开始放松对流动人口的管制，90年代以后更大规模的农村移民来到城市。近年来，较之于改革开放初期，以单身打工者为主体的人口结构正在改变，家庭型流动人口的比例逐年增大①。外来农民工的一些趋势性特征为年轻化、家庭化、长期化等②。

然而，人口城市化进程却非常迟滞，对应的各种需求包括居住需求都十分突出。我国城市化发展也被指为“伪城市化”“浅度城市化”“半城市化”等，都对当前城市化模式提出了批评。有观点认为，“城中村”处于城乡体制夹缝中，也属于社会转型、经济“推拉”和空间过渡之中③，“城中村”当地居民也存在城市融入问题，但很多并不贫困④；外来农村移民尽管处于城市社会底层，但在就业和收入方面也比原来的农村强很多。横向比较来看，欧美城市在高速城市化

① 一是年轻化。二是性别上的均衡化，女性比例有所上升。三是从事服务业的比重提高。四是时间上长期化。五是以家庭形式进城务工的比例增加。

② 刘保奎，冯长春．北京外来农民工居住迁移特征研究．城市发展研究，2012，(5)：72-76.

③ “推力—拉力”理论是唐纳德•博格（D. J. Bogue）等在20世纪50年代明确提出的，他们从运动学的角度出发，将人口流动视为两种不同方向力的作用结果。

④ 很多“城中村”当地居民经历多次土地征用，获得高额的补偿，有观点认为，他们获取了城市化进程中的多项“红利”，农民凭借手中的承包地、宅基地，拥有不菲的土地溢价等。

时期也曾普遍存在严重的居住分异和贫困聚居现象，而发展中国家随着城市化进程的推进，住房短缺也导致移民社区现象出现，非正规人居已经演绎为第三世界城市化的常规模式[①]。

非正规住房发展，作为低收入人群可支付的住房类型，客观上成为正规住房市场的重要补充。我国城乡二元体制的制度环境、城市化进程中的外来求租需求，形成了"城中村"的供给背景，集体所有的用地属性和农居社区的管理体制、较低的建设和服务成本使其与外来移民的需求能够形成高度的适配。多类"地下经济"密集，来自四面八方的外来人口形成的聚合网络，丰富的"城中村"文化景观，究竟对人口的城市化进程起了什么作用，也是本书讨论研究的问题。

随着近年来我国城市化继续高位运行，城市尤其是特大城市不断扩张，各种资源不断地向这些发展中心集聚，更多的移民不断地进入城市，他们或租居或购房，新的人居社会现象和空间景观不断产生。

二、社会分层、居住分异与社会资本理论

中国社会已经从整合型社会快速向分化型社会转变，2002 年以《当代中国社会阶层研究报告》为标志[②]，社会阶层分化的提法才正式被政府所认同[③]，在学术领域，一些长期未被认定的概念，如"封闭性社区""下岗工人社区""农民工社区""城市贫困"等敏感问题也被进一步被提出和讨论[④]。

当代欧美国家仍然存在高分异度的种族分异和贫困聚居问题[⑤]。但在一些发展中国家，社会贫富差距拉大和住房短缺导致的非正规

---

① 王晖，龙元．第三世界城市非正规性研究与住房实践综述．国际城市规划，2008，(6)：65-69．

② 陆学艺．当代中国社会阶层研究报告．光明日报，2011-12-07.

③ 陆学艺在 2004 年《当代中国社会流动》一书中将中国社会划分为十大阶层，从低向高分别为城乡无业、失业、半失业者、农业劳动者、产业工人、商业服务业员工、个体工商户等。

④ 出于社会主义意识形态的顾忌，以往只能被简单粗略划分为农民住区、工人住区、知识分子住区等类型，社会阶级分化被土地利用所遮蔽，同一阶级内的社会空间差异被忽视，尤其是不同阶层、不同行业、不同单位之间的空间差异。

⑤ Musterd S，Andersson R. Housing mix，social mix and social opportunities. *Urban Affairs Review*，2005，(6)：761-790.

聚居现象尤其严重。20 世纪 70 年代韦伯学派开始尝试将城市社会空间理论与韦伯的社会学研究方法有机结合起来，解释城市空间变动中的各种社会现象。全球化加强了中国与世界城市的比较研究，城市社会空间研究已经从“结构描述”转向“机制阐释”[①]。中国城市社会收入差距的扩大，居民社会经济地位产生的利益分化，通过住宅市场分流、住宅私有化的引导，空间化地表征为“居住隔离”与“居住空间分异”现象，也有研究认为，除了社会结构是空间分异发展的前提和动力基础，还有文化动力[②]。

住房市场化以后，面对居住分层现象，规划学界引发了关于应该混杂聚居还是按照社会阶层分类聚居的争论，然而现实的发展使得按照收入、物业价值分类居住成为当下不争的事实。近年来随着房价、地租水平的不断提高，拆迁进程亦不断置换老旧社区，低收入居住人口大多被分散到远郊，城市成熟建成区都被高端化的楼盘挤占。对这一“绅士化”的进程，尽管观点不一，但社会经济学研究早有观点提出：城市需要包容低收入社区的存在，低收入者通过融入本地的职业分工从而改善困境；同时，专业分工亦促进阶层交往。如果城市更新政策将低收入者全部“逐”到远郊，势必会阻断不同阶层的接触与交流机会，不仅不利于社会整合，也会妨碍城市人口的社会垂直分工，无法提供相应的就业机会并优化空间经济绩效，而且可能会深化不同阶层间的对立，带来严重的社会问题。

社会资本研究对于空间研究也具有重要意义，社会学家也注意到社会资本概念在移民研究中的重要意义。诸如迁移、如何适应当地生活等都与其社会资本密不可分。社会资本是个人通过社会网络和更为广泛的社会结构中的成员身份而获得的调动稀缺资源的能力，以此获取工作机会、廉价商品等各种资源[③]。

社会资本有正负功能，移民到城市以后面临的第一个问题就是社会网络重构。很多研究观点认为，以地缘关系为基础的乡情、亲

---

① 魏立华，闫小培. 社会经济转型期中国城市社会空间研究述评. 城市规划学刊，2005，(5)：86.

② 陈云. 居住空间分异：结构动力与文化动力的双重推进. 武汉大学学报，2008，(5)：744-748.

③ 社会资本（social capital）是资本的一种形式，是指为实现工具性或情感性的目的，透过社会网络来动员的资源或能力的总和。

情的社会网络一旦形成，就具有坚固的延续性、持久性。这些研究认为，要打破地缘关系，重构聚居网络（以业缘、邻里、社区网络为主的社会网），结合生活空间再分布的手段，实现社会关系优化重组，也就是说，以空间设计作为调节机制，弱化这种单一的社会网络的弊端。

从社会组织的角度来看，建立外来人口自组织的形式并形成外来人口自组织管理体系至关重要，而这需要提供一定保障以利于社会资本的培育与重构。一个完善的、真正代表他们群体利益的组织一旦形成，其对原有网络体系的依附作用必然会淡化。因此，为移民建构合理的人居空间分布、空间流动等格局也具有非常重要的研究意义与价值。

三、政治经济学、空间权力与空间生产理论

空间政治理论认为，空间与政治之间存在本质联系，空间具有政治性，政治也具有空间性，空间的历史即权力的历史，任何试图重构权力关系的斗争，都是一种重新组织他们的空间基础的斗争[①]。提到空间权力理论，不能不论及福柯（Foucault）的空间规训思想体系，在福柯看来，空间是权力实施的场所与媒介，空间生产体现为对空间的规训实践。空间意识和权力意识是密切联系的，对空间的占有意味着获取权力。权力的正常运行需要有固定的场所，当权力植入空间时，权力才能产生实际的效果，这正是空间与权力对抗的过程[②]。从空间权力的角度来看，"城中村"也正是在"城市"与"乡村"的不平衡权力关系中所形成的，空间演变的过程就是权力重构的过程。

空间的政治经济学研究主要表现于城市空间规划领域，旨在阐释空间形态与政府意志、空间生产效率的关系，它涉及如何占有空间，如何能获得空间资源支配权等诸多问题[③]。国内学者也纷纷提出当下城市化进程中"决策跟随资本，形式追随利润"的弊端，尤其是

---

① Lefebvre H. *The Production of Space*. Oxford：Basil Blackwell，1991.

② 参考福柯《知识考古学》《规训与惩罚》等著作，限于篇幅，本书不具体展开。

③ 孙江．空间生产——从马克思到当代．北京：人民出版社，2008：145.

新马克思主义、新韦伯主义和城市空间的全球化问题，政治经济学的视角一度也占据“城中村”研究的主流。另外，面对规训的、控制与分层的、污名化与碎片化的城市空间，学界提出了“反抗”的概念，即借助差异化，使空间充满人的能动性和意义。面对权力、资本以空间为中介的强势实践，弱势族群如何展开对抗、反击？人文地理学家罗特雷吉认为，“任何试图去挑战、改变或维持特定情境中的社会关系、社会过程或者社会体制而采取的有意识行动，包括物质、象征与心理层面上的支配与剥削”[①]。

亨利·列斐伏尔（Henri Lefebvre）[②]批判了将空间仅仅视为容器和“场”的传统观点，提出了“（社会的）空间是（社会的）产物”的核心观点，建构了展现空间生产过程的三元一体框架[③]。

（1）空间实践（spatial practice）：城市的社会生产、再生产以及日常生活。

（2）空间的表征（representations of space）：概念化的空间，科学家、规划者、社会工程师等的知识和意识形态所支配的空间。

（3）表征的空间（spaces of representation）：“居民”和“使用者”的空间，处于被支配和消极地体验的地位。

基于资本主义城市发展的现实，借助马克思主义的分析工具，通过对空间概念的系统梳理和历史批判，列斐伏尔建构了城市空间是资本主义生产和消费活动的产物，以生产过程为核心的“空间生产”理论。沿着这一思路，我们可以进一步理解，“空间生产”不仅限于建筑行业与专业人员，它对社会大众也是共享的，也应该承认和发掘不同人群对空间生产的贡献。根据列斐伏尔“空间就是社会”的基本论断，人居空间内蕴着经济权利剥夺、社会排斥、文化隔离等多方面的严峻问题，这本质上也是由空间的权利与授权、孤立和互动、控制与自由等政治性决定的。因此，自组织人居空间演变的生产动力机制即在这些关系之中。

① 如反抗地理学（Geographies of Resistance）学派的观点。

② 法国马克思主义思想家，是空间生产理论的首创者。

③ Lefebvre H. *The Production of Space*. Oxford：Basil Blackwell，1991.

四、空间的文化表征理论

从空间文化性的解释角度，空间及其文化价值的关系是一种象征关系，空间的特性不可能是绝对自然的、客观的、唯一的，而是受到空间背后文化体系的深刻影响。因此，象征性的社会—空间关系可以定义为空间的特性是外部力量赋予的，社会体系的各项目标源自文化体系，并在空间内分布。

沃特·费雷（Walter Firey）认为空间具有象征功能，住宅具有象征性的价值，这归因于社会名望与社会身份。空间与象征的社会价值结合在一起成为地方文化体系中的重要成分，空间和社会价值耦合成为受人崇拜的复合体①。空间象征符号也操纵建构了身份与他人的关系，人们通过在空间中的位置来确定阶级规定性。布迪厄认为，符号权力是建构现实的权力，是朝向建构认知秩序的权力，通过文化内容注入空间的过程，文化的支配力得以体现②。即在符号上占据支配地位的人，通过空间的社会构建，可以改写空间的实际价值与合理性认知。移民日常空间实践中的空间性以及不同的生存方式，是社会意义和象征符号的载体，通过空间中的表征性活动，建构了空间的分类叙事与话语系统、差异性符号和差异性标记的功能③。

空间在使用价值与交换价值之外，还被赋予“符号”价值，流动人口相关的各种生活空间面临的是一套另类命名系统、一种特殊的认知系统。从这些“贬义”占据绝大多数的称谓中（非正规聚落、贫民窟、“城中村”、棚户区、违章建筑、烟囱楼、亲嘴楼、脏乱差、“城市毒瘤”）体现出来，透过一系列空间话语，逐一被组织化、结构化、等级化，实质是特定的社会底层群体的弱势人居空间的符号建构与泛污名化问题。我们需要讨论的是相同的人居空间、建构方式何以具有不同的社会评价与功能，同样的环境形态在不同的历史

---

① Firey W. *Land Use in Central Boston*. Westport Connecticut：Greenwood Press Publishers，1975：87.

② ［法］P. 布迪厄，［美］华康德 . 实践与反思——反思社会学导引 . 李猛，李康译 . 北京：中央编译出版社，1998：134.

③ 潘泽泉 . 社会分类和群体符号边界：以农民工社会分类问题为例 . 社会，2007，（4）：48-67 .

阶段如何表征为不同的社会符码，以及“表意体系”的解释机制甚至破解的动力，等等。

五、民族学、文化人类学理论

不同于国际“移民”问题涉及民族和国别等概念，中国的城乡移民大多是国内移民，也有不少少数民族移民迁移到城市居住工作的问题[①]。面对强大的社会外部压力，研究发现，少数民族居民格外强调传统亲缘、地缘和族缘的重要性。或者说，他们更依赖于民族传统。面对外部障碍，他们较难积极转变生活和生产方式去适应现代社会，偏好于依托自身社区转向内部的精细化发展[②]。但是在这个亚社会中，有共同的价值观、行为标准以及监督机制，其会促进社区本身成为某种自我调适系统[③]，促进少数民族成员的内部整合。也有可能会与城市主流社会存在空间隔离和心理隔离，产生外部整合矛盾，对城市社会的管控造成消极影响。值得注意的是，城乡移民聚居也与少数民族聚居区较为类似，如强调亲缘、地缘性作用，因此可以参考借鉴研究。

移民问题往往牵涉着更为复杂的经济、政治和文化问题。在经济方面，移民意味着需要更多的工作岗位、更多合理的居住空间。从政治层面来看，移民需要真正融入主流社会。从文化层面来看，移民及其后代需要与主流文化达成一定的认同的、正确的认识和理解方式。如果移民群体和社会主流群体相互之间的文化需求不同便难以达成一致[④]。

另外，本书也涉及人类学（文化人类学、都市人类学）的相关理论视角，文化人类学将文化视为有意义的科学概念。其主要偏好于研究比较人类各个社会或部落的文化，借此找出人类文化的特殊现象和通则性。在都市人类学视角下，城市人居聚落意味着向空间

---

① 陈云 . 城市少数民族社区的衰落与重建——以武汉市起义门社区为例 . 黑龙江民族丛刊，2009，（5）：43-48.

② 如法国学者德洛韦（Paul-henry Chombart de Lauwe）指出：“社会团体有占有居住地的独特方式。工人阶层关系网在地理分布上就不像中上层那么分散。后者对城市空间的使用更加多样和广泛。社会归属规定了家庭空间布置、人际关系、日常出行等。”

③ [法] 格拉夫梅耶尔 E. 城市社会学 . 徐伟民译 . 天津：天津人民出版社，2005：36.

④ 张娜 . 法国“移民问题”的形成及其根源（1980-2005）. 上海：华东师范大学硕士学位论文，2008.

容器内注入文化内容的过程，也是不同文化分割与竞争的对象。从文化人类学的角度看，传统村落文化与现代城市文化之间更是一个动态互渗的过程。不同的是，文化人类学的传统研究对象常常是少数团体、蛮荒部落、弱势族群。对于这些族群及其文化，似乎存在某种高低之分，甚至有终将被取代的命运。人类学家致力于提出不同文化的价值对等的观点①，从人类学注重文化平等的理念来说，对西方城市建筑体系主导着人类社会建筑演进的方向和话语权的问题也具有反思的空间②。

传统的文化人类学观念中，人类进行日常生活的认知环境是固定的，即便不是静止的，至少也是以某一点为中心的。然而近年学术界的研究概念发生了转移。社会文化的固定性不再令人信服，人们不再生活在一个传统的、附着在文化上的世界中，人类社会的流动性与包罗万象使得不同的生活方式，日益相互影响，相互控制、模仿、转变和干扰③。这类研究有助于我们对空间迁徙的“移民”“移民聚落”及其文化形态进行真实准确的把握。

六、设计学（广义）理论

（一）静态对象与动态关系

城市化进程中的移民人居设计问题是一个非常复杂的系统问题，也远远超出了传统设计学的狭义概念，如建筑学、室内设计、室外环境设计等被简化的狭义的“设计行业”范畴，自组织一词一直未能成为建筑学和设计学学科的主流话语体系，而其中涉及的社会问题，常常超出了现代建筑学科“物化”（对象化）的研究范式。在传统学科分野中，有些空间现实问题属于学科“边界”外的问题，难以与崇尚客观中性的“物质性”设计混为一谈。例如，建筑学对居住环境质量的定义可以有标准参数的设定，表现为物质性各种指标“达标”，如人均居住面积、绿地率、套密度等，这些指标具有质量的界定与

---

① [美] 博厄斯 F. 人类学与现代生活 . 刘莎等译 . 北京：华夏出版社，1999：156.

② 常青 . 建筑学的人类学视野 . 建筑师，2008，(6)：95-101.

③ Clifford J. Introduction：partial truths//Marcus G，Clifford J. *Writing Culture*. Berkeley：University of California Press，1986.

保证，因此，建筑师基本不需要去研究空间的主观认知、评价差异，也更加无从反思自身实践中更为复杂的意识形态倾向等问题。

建筑学、设计学等学科囿于传统范式权威，难以突围。传统建筑设计将形态美观、功能耐久等确立为实用原则，然而这是一种“静态”价值，对建筑在使用中如何具有“自适应”问题并不重视，很难根据现实情况和随机变化进行恰当的调整[①]。设计也具有“过程性”，但在这种“过程性”中，设计者常常把自己视为“过程”的促进者，这个角色往往限定在一个很窄的范围，遵循着程式化的流程，缺乏对其社会形态背景的批判性、创造力。因此也基本抑制了建筑空间可变性层面的探讨，其他涉及物质环境中的深层社会伦理、价值问题研究则很难去触及，有关居住质量、生活质量、人居环境水平等一系列相关概念定义强调客观性、标准化，却丧失了主观性、多样性。事实上，设计学、建筑学都有“乐观主义”的本能，将提升“城中村”人居质量简单地归结为“删除”与“重绘”，在电脑屏幕上一键“转换”为整齐有序的现代住区一直是主流规划设计的意识导向，当建筑与设计的任务书以技术指标的形式被提出时，居住质量就基本只能依靠那些参数了。但这种清单其实有相当部分是非常僵化的，它通过简单设定参数来解决问题，限制多样的选择并画地为牢，牺牲了更多的可能性。

毋庸置疑，设计借助科技、市场，可对生产率的提高与经济增长起到巨大的推动作用，同时它又与上层建筑、经济基础互相作用，在推动社会发展的过程中最具显示度，“设计是生产力”的提法即是如此。但有观点认为，设计在彰显效率和技术的同时自身也逐渐走向武断与粗暴，设计的“标准化”如双刃剑：统一标准达到方便和高效，但也强调了单一化，设计理性遂成为一种工具理性霸权，使得自身变成了支配、控制人的力量[②]。而工具理性或技术理性本质上往往会转变为某种统治原则，导致了主体的客体化、物化，并最终扼杀了创造性与丰富性。

---

① [英]阿旺 N，施奈德 T，蒂尔 J. 空间自组织：建筑设计的崭新之路 . 宛思楠等译 . 北京：中国建筑工业出版社，2016：38-98.

② 杭间 .“设计史”的本质——从工具理性到“日常生活的审美化”. 文艺研究，2010,（11）：116-122.

今天，设计的背景日益复杂，20 世纪残留的设计“造物”观念尽管在某些特定的设计领域仍然具有相当效用和影响力，但在处理复杂社会问题时，面对社会现实中交错的价值冲突难题，如果没有新价值导向，依然沿用传统设计理论就会显得十分局限和危险，如“实用、审美统一论”“实用、美观、经济论”“坚固、适用、美观”“形式追随功能”“功能即形式”等[①]，以此来应对当下社会问题中纷繁复杂的各种乱象，局限性的设计理论常常无力解释现实，由于传统意义上的居住空间（建筑设计、室内设计、环境设计）均为狭义的、事务性的设计活动，看不见那些城市生活中“非正规”的方面，更无法指导实践的方向。

如何看待空间自组织与各种自建现象？是应该鼓励还是禁绝，或是默认？如果要规范，那么规范背后的设计理论依据又是什么？如果可以通过年限设定、规模限定、质量检查的统一规范化来引导进行，那么其背后的设计学理论与方法该如何支撑？无论是设计控制还是设计引导，其理论基础、合法性地位、价值伦理是否也应该得到论证，而不是仅仅停留于一种设计的工具方法。显然，传统狭义的设计模式和设计概念必须得到概念的拓展和基本范式的转换。

尽管大多数设计学科都认为应该给自组织（或称为非正规的设计）留有一定的“余地”，但更多的是为了点缀现代化、工业化、批量化的社会生产设计，而并不是出于设计价值存在的多元化需求的本质。自组织设计的诠释体现了其对现代性的对抗与颠覆，它常常无情地质疑设计者的权威地位，如人居空间自组织内蕴着不确定、混合、自我进化等语汇，意味着建筑设计控制力的丧失，而这显然与职业化的设计是极为矛盾的，也可以表述为一种静态控制力与动态平衡力之间的矛盾。

今天，设计学、建筑学、哲学、人文学科之间的边界关系也在悄然发生着改变，从某个意义上说，这一边界也是动态变化的。设计师日益感到需要在更广泛的领域中去解析自己的设计。随着城市化进程的深入，很多社会问题日益突出，在这种情形下，居住空间对人的影响比以往任何时候都要更加重大和深远。设计专业必须跨

① 李立新．价值论：设计研究的新视角．南京艺术学院学报，2011，(2)：1-3.

越自身的藩篱，使自身能够适应人类社会的发展需求。

（二）问题解决与意义建构

埃佐·曼奇尼（Ezio Manzini）认为，任何设计，无论是专业设计还是非职业化的大众设计，不仅具有解决问题的属性，还具有意义建构的属性（图 2-1），在传统设计模式中，空间自组织是大众设计对应解决实际问题的主要途径和方法，专业的设计师则通过掌握的技术来实现空间的管控。但是传统设计研究中显然还缺少了对“意义建构”重要性的认识，未将设计师与空间嵌入媒介传播的环境之中（设计本质也是传播[①]），如媒体对设计行业的引导[②]，为具有空间消费能力的人提供产品并塑造时尚感[③]，同时，建筑的专业语汇，从技术的语汇到学术语言、商业术语也被严格编成法典，进一步形成了建筑传播的权利关系。专业知识被层层捍卫，专业的公信力也由此建立在这个基础之上。

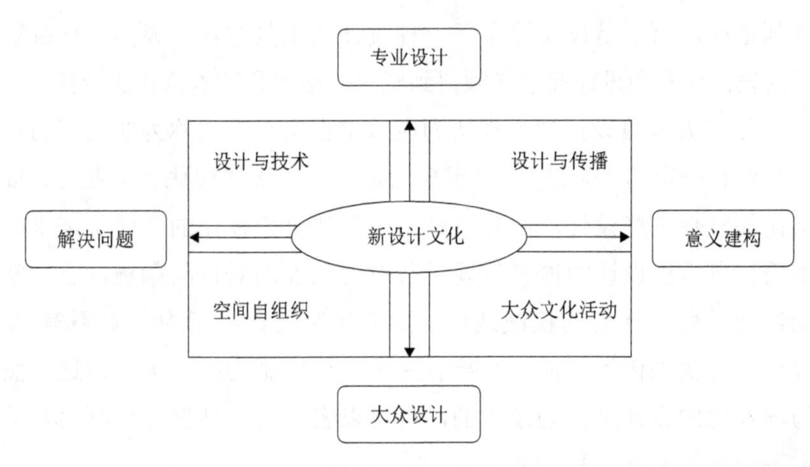

图 2-1　设计模式

资料来源：根据埃佐·曼奇尼观点改绘

---

① 埃佐·曼奇尼认为，现代设计在 20 世纪初期讲述了伟大的故事，以及形式语言的革命，如今的宏大设计叙事本质却空洞无物，已经退化为对奢华的狭隘限定。到最后，就只剩下设计杂志那些光鲜的页面，很多人认为现代设计学科不过如此，仅仅只是为有支付能力的人提供空洞的怪物。

② Papanek V J. *Design for the Real world，Human Ecology and Social Change*. Chicago：Academy Chicago，1985.

③ [意] E. 曼奇尼 . 设计，在人人设计的时代：社会创新设计导论 . 钟芳等译 . 北京：中国工信出版集团，2016：5.

相对比的是，大众设计也具有文化活动的内容。他们也可以展示、呈现、交换体验并展开创造的机会，从网络论坛到街头艺术，再到自营的社区中心，社交媒体的普及改变了文化活动的性质，很多普通人有机会去展示他们在空间自组织和生活方式创新方面的能力，如近年来自媒体的发展。但是，显然图 2-1 中四个象限的内容在现实社会中并不均衡，空间自组织与大众文化活动象限中的内容在全球化、层级化背景下相对强势的设计与传播而言是弱势的，在现实环境中往往容易被忽视。

近年来，建筑师与建筑设计行业表现出强烈的一种职业身份危机，业界开始反思“权力”与“资本”对行业的推进和侵蚀的双重性问题，设计行业不断陷入全球网络、权力网络、资本网络、虚拟网络中，建筑自主权的假象破灭，多数沦为静态空间形式的“润色者”。而在国内，缺失行业自身自律、设计伦理以及身份责任的问题也逐步被加以讨论，这些设计实践中的问题甚至常常让设计者困惑和无助，有些设计循矩毫无担当，有些则被商业模式所指令，有深切的丧失设计主体性的感觉，设计的愿景已然变形。与主流文化相捆绑的建筑设计往往只能在一条模式化的道路上愈行愈远，却无法直面更为迫切的人居空间生产问题。

建筑师在建筑空间的同时也在建构意义，建筑光鲜的形式仅仅反映主流价值观，形形色色的建筑形式创新的背后，其呼应的往往是永无止境的商品生产，建筑承载的生活也只能被市场和资本的力量所衡量和规范，这一处境必然无法被设计本身所应该具有的伦理所认同，这已经表现出我国设计行业的一种转型的内在需求。从设计学、建筑学的理论研究视角来看，转型也是一种时代发展的要求。批判的声音认为，精英建筑师将自己的实践创作局限在形式与内容、传统与现代、功能与形态等传统高雅而且安全的实践范围之内，不去触碰更为复杂的现实问题和设计困境。不仅在客观的、具体的各种社会现实面前凸显理论自身的基础贫乏和画地为牢，而且沿袭这种狭隘的知识理论，只能带来实践的混乱与行业伦理的困境。

第二节　移民自组织人居空间国内外研究述评

如前文所述，在我国城市化进程中，外来移民居住空间的形式多样庞杂，“城中村”是其中最具典型性的自组织人居空间现象，研究文献汗牛充栋。诸多学术领域均对移民居住空间做出大量研究。尤其在相关概念界定、特征归纳、类型划分以及社会评价等方面取得了丰厚的研究成果。“城中村”的形成具有十分复杂的背景原因，各地的表现也有很大差异，由于本书的切入点在于“城中村”移民的居住生活层面，近年来与本主题相关的研究脉络可总结梳理为以下几点。

一、居住与生活方式

“生活方式”概念在于，从整体而言，生活方式是不同的个人、群体、社会成员在社会条件制约和价值观念引导下，形成的满足自身生活需要的活动形式、行为特征的体系。包括了行为、消费、观念等各个方面的内容。移民是以一种怎样的方式在城市空间居住与生活，我们对其的认知存在哪些盲点、误区？这些问题既是社会学、人口学的课题，也必然是在“以人为本”的转型背景下建筑学、设计学的重要研究课题。

对移民居住问题的关注需要对其生活方式进行观察与研究，这首先体现在社会学和人口学等领域。例如，家庭规模、成员角色、生活观念以及家庭地位均不同于传统乡村家庭模式，如流动儿童、留守儿童等社会问题[①]。非正规就业部门一方面劳动时间长、强度很大，另一方面却收入偏低、社会保障缺失。受工作性质的影响，外来移民在居住、消费以及社会交往方面均处于弱势的底层。生活方式多样化，在社会空间中表现为剥夺问题：闲暇时间被工作剥夺，

---

① 孟庆洁．上海市外来流动人口的生活方式研究．上海：华东师范大学博士学位论文，2007.

日常社会交往的缺乏影响社会资本积累等。而生活方式存在着收入、职业、性别、年龄、婚姻状态等方面的明显分化，在不同分化族群的对比研究中常常发现，老年人、女性、儿童则更加弱势。大量调查表明，低收入底层群体的居住行为具有消费水平低、娱乐活动少等很多共性。

但是，社会底层、弱势群体、低收入群体、外来移民群体的包含与被包含的概念并不完全重合，其中有需要分类分析的必要。例如，农民工、流动摊贩、拾荒者、小生意者、外来低水平就业者等，不同族群生活方式差异十分明显，不仅如此，移民在城市的生活据点、居住方式主要受到其经济来源、职业变更与流动等问题的影响，这些具体变化常常会导致其生活方式具有很大的差异，因此了解就业与生计情况就显得尤为重要，如就业行业细分、行业存在的主要形式[①]，还有包括行业的转移与职业的各式演变等，这些都具有显著的个性需求，需要具体精细研究。

城市社会跟乡村社会是不同的，重点表现在生活方式层面。对城市性的适应涉及个人生活层面、心理层面，如城市生活的匿名性与非人格化的特点，对新来移民有很大的影响。很多情况下，居住多年的新移民很难融入其中，甚至无法适应。相比较而言，设计学对“移民”和“金字塔底层”的生活方式的研究和对微观生活行为的观察目前还十分欠缺，很少涉及这些复杂细微的社会空间问题。形成对比的是，由于面向“社会顶层”的奢华居住空间琳琅满目，设计过度，设计者往往依据这些“顶层”“中层”的标准去研究“底层”，认为这是普适标准，也是设计观念的局限。

本书研究的“人居”概念指代广义上的居住生活，并不局限于狭义的“居住”，如工作方式、状态的变迁所引起的生活方式变化。同时，涉及环境心理学、环境行为学、社会心理学等研究，需要立体研究方法，引介生活方式的整体视角加以观察，对于特殊族群人居行为空间特征问题，也要避免产生“盲人摸象”的片面观察之弊病。

① 前者如服务业、工业、建造业、个体私营（以下简称“个私”）和技术服务等。后者如废品站、服装厂、缝纫店、个人承揽土建等。

二、聚居空间类型

从聚居空间类型划分主要是在城市规划学层面的研究，有研究认为大城市流动人口聚居模式主要有三种：一是以地缘、产业关系网络为主体的聚落，如北京“浙江村”等[①]；二是务工人员以集体户的形式，被企业统一安排、集体居住，从简易的临时工棚房到富士康工厂的标准化集体宿舍等，这些多见于劳动密集型企业中，但常常形成与本地人分离的“二元空间”[②]；三是快速城市化地区的相对散租散居“城中村”、棚户区。其中，第二种具有“被动式”居住的色彩。这三种构成当前外来人口的主要聚居模式，学者们普遍认为这是由我国社会经济转型期城市化发展的长期性决定的[③]。

对于工作地与聚居关系的研究，不同学科切入点不同，对流动人口就业—居住问题的研究多是地理学科的研究内容。例如，郭永昌从宏观层面认为流动人口大多从事非正规就业，其进入城市是没有终结的，要不断转换吸引的动力，促进外来人口数量均衡、空间分布合理[④]。白冰冰也提出非正规就业集中分布于城乡接合部，上海非正规就业呈现的分布格局为“大分散、小聚居”。“小聚居”是指按其户籍来源地分类的“乡缘聚落”现象。还有按职业划分的聚居现象，比较典型的如专业技术人员、运输设备操作人员、制造加工人员等具有很强集聚性的职业，而某些行业没有明显集聚性。造成外来人口分布不均衡的问题是劳动力市场不统一、缺乏非正规就业立法、就业保障不完善等[⑤]。

从建筑学与城市规划学科层面来分析，吴晓等从区位分布、居民构成、土地使用、空间布局等方面入手分析聚居形态，归纳了各类聚居区不同的类型差别和特征分异，如缘聚型聚居区和混居型聚居区

① 项飚．社区何为——对北京流动人口聚居区的研究．社会学研究，1998，(6)：54-62.

② 周大鸣．外来工与“二元社区”——珠江三角洲的考察．中山大学学报，2000，(2)：108-113.

③ 这类观点认为，流动人口的收入在没有制度性住房支持的情况下，暂住、流动是其必然选择，低租金、区位优越的“城中村”自然成为首选。

④ 郭永昌，丁金宏，孟庆艳．大城市流动人口居住形态与居住空间变动机理——以上海闵行区为例．南方人口，2006，(3)：40-45.

⑤ 白冰冰．上海市非正规就业的发展及其城市空间形态研究．上海：华东师范大学博士学位论文，2004.

类别的划分，认为缘聚型聚居的内聚性和聚居的典型性较强[①]。罗仁朝和王德首次提出不同聚居形态分类与社会融合度差异关联问题，依据不同城市区位，将流动人口聚居形态分为城郊边缘带与城市郊区两大类，并从空间特征、服务管理、运作模式等特征将其进一步划分亚类分别考察，结论是，不同聚居形态的居住人群与城市的融合度存在显著差异；城郊聚居区的流动人口对城市认同感较高，对社区事务也表现出积极态度，具有更好的社会融合度；而居住于城郊边缘带的流动人口社会融合度则较差。从居住满意度（4 个指标）与社会融合度（4 个指标）两个方面比较社会融合特征，认为自发聚居区、简易安置、集中安置的聚居区在社会融合度上存在显著差异等[②]。

本书认为，上述单指标分类定性的方法对于从宏观层面把握比较有效，但容易造成对号入座的主观性，忽视其中多样性关联特征，不易把握中微观的结构关系与关键关系。综合来看，移民居住空间建设有自上而下和自下而上的两种推动方式，前者以廉租房为代表，后者以“城中村”为典型。从空间的机理构成看，前者往往是同化为现代规划居住空间，如楼盘小区，而后者则更多是异质性、非正规形态的人居空间，其中包含着一些“另类”空间（表 2-1）。

表 2-1　移民面临的居住空间选择

住区类型	推动主体	转型特征	案例
同化型	市场	自上而下、正规性、土地市场化、中产阶层化	商品房楼盘、别墅区
单一型	政府	自上而下、正规型、统一安排、属地化	保障房社区、开发区宿舍
自适应型	社会	自下而上、非正规型、物尽其用、弹性化	城郊村、城中村、专业村、艺术村、淘宝村等

其他相关类型研究还有：李志刚分析了北上广“城中村”的聚居类型与特征[③]，仝德等从“城中村”占地规模、建设总量、开发强

① 吴晓. 我国大城市流动人口居住空间解析——面向农民工的实证研究. 南京：东南大学出版社，2010：78-137.

② 罗仁朝，王德. 上海市流动人口不同聚居形态及其社会融合差异研究. 城市规划学刊，2008，(6)：92-99.

③ 李志刚. 中国城市“新移民”聚居区居住满意度研究——以北京、上海、广州为例. 城市规划，2011，(12)：76-78.

度的时空演化特征入手，探讨其空间形态演化模式和形成原因[①]，陈煊借用柯林·罗（Colin Rowe）城市拼贴理论提出"城中村"现状或许是现代理性规划外的另一种空间类型等[②]。综上所述，由于聚居类型大多是混合类型，如果只是对其进行简单的分析和归纳，就会出现问题。

三、空间与城乡二元制度

我国独有城乡二元体制是"城中村"形成的背景机制，是学界研究该类问题的关键出发点，由于"城市中的农村"这一尴尬却也独特的二元体制背景，其在某种"将错就错"的体制夹缝中保留了相对独立的空间权力，以及决定自身发展的决策权，从而保障了一定的发展自由。本书也认为，由于中外制度背景不同所形成的自组织人居现象说明了我国解决这一问题的复杂性。新移民（流动人口）同城待遇及住房需求，被户籍制度这道无形的墙所"屏蔽"，被住房供应系统所忽视（如经济适用房、廉租房的未覆盖）。总体而言，往往越是户籍藩篱高筑的大城市，其移民的非正规聚居问题也愈加突出，塑造了大量"城中村""城边村"等景观，而近年来则以"群租""鼠族"等现象出现为主要新特征。

另外，城市商品房小区不仅大大超出了移民的购买能力，也从贷款、社保缴纳等方面进行身份限制，新移民只能转向"城中村""城边村"这类空间，其间充斥着大量自组织居住空间（或称违章建筑），二元制度安排使得村民具有"种房子"的机会，而村民自发性的建房性质必然也会具有相应的问题，如存在建造失控、部分管理混乱等问题。本书认为这是一个表层问题，但是"城中村改造论"在思维惯性下持续地放大，而讨论户籍制度的取消、政府加大廉租房供给长期成为解决问题的关键与不二法门。

从更长的历史进程来看，在改革开放之前，城市经济和住房建设长期处于很低水平，解决居住问题上有大量历史欠账，更无力顾

① 仝德，冯长春，邓金杰．城中村空间形态的演化特征及原因——以深圳特区为例．地理研究，2011，(3)：437-446.

② 陈煊．拼贴城市——以武昌高校密集区及其周边"学生村"拼贴发展研究为例．城市规划，2012，(11)：20-28.

及外来人口需求，他们的居住权利在当时也远未受到重视。改革开放后政府加快从住房等社会保障领域退出，住房问题市场化，但二元制度障碍依然存在[①]，通过正常市场渠道购买商品房对于外来移民难以实现，显示出城市权力的不对等、非公正。同时很多学者提出，1949年后乡村移民并没有像国外甚至1949年前那样拥有自主搭建"棚户"的权利[②]，即城市新移民的居住身份权益。

近年来外来人口在城乡最低生活保障制度、各项社会保险制度上有了一些进展，但社会权利并没有建立在公民资格基础上，而是主要依据身份、职业、收入等进行分类[③]，受分税制财政体制影响，城市政府在政策改革上积极性并不高。多年来，外来流动人口尽管进行了众多抗争，但所受关注的问题仍停留于劳资纠纷、子女上学与异地高考等，在居住问题上他们的城市维权意识还很匮乏。

四、自建、违建、空间生产

传统自建往往采取小规模渐进改造方式，对周边环境和人的影响并不明显。而到现代社会的集合居住空间中，微型自建一方面要考虑建造成本、周期、功能等综合效益，另一方面也要考虑到对其他住户的影响及其相互约束作用。由于利益关联，传统自建仍然可以充分发挥居民参与性，还有互相监督的效果，形成基层社会组织的功能，避免不公平现象出现。这些观点对"城中村"自组织的建造活动依旧有参照作用。

违法建设（illegal construction）是"城中村"的一大问题，也是一种司空见惯的现象。在某种意义上，违法建设已成了"城中村"的代名词。城市中违法建设的数量、密度、抢建速度其实长期客观存在[④]。正是这些面广量大、形态各异的违法建设塑造了"城中村"衰

---

① 直到20世纪90年代初期，房管部门仍旧执行着1984年禁止将国有住房出租给外来人口的政策。

② 秦晖．城市新贫民的居住权问题——如何看待"棚户区""违章建筑""城中村"和"廉租房"．社会科学论坛，2012，(1)：195-219．

③ 郁建兴，楼苏萍．公民社会权利在中国：回顾、现状与政策建议．教学与研究，2008，(12)：23-30．

④ 例如，在深圳，2000年"城中村"内的违法建筑量达2亿平方米，占全市建筑面积的1/3（根据福田区"城中村"课题组2006年所做的调查数据）。

败、消极的景观形象，村内物质环境“脏、乱、差”，安全隐患等问题从生，“城中村”也滋生了“包租户”“食利阶层”等问题，人们往往容易将环境违规与道德堕落联系起来。对此类复杂现象，并不能以偏概全，如李志明认为，“城中村”中失地农民占绝大多数，农民自建行为的动机更多的是为了维持生计需要，因此带有一定的道义经济色彩[①]。显然，这一问题的讨论需要置入更加具体的环境背景中，本书不做进一步讨论。与此相比，“城中村”房主超出常规进行违建的动机则与城市一般的违法建设相似，更多的是为了追求经济利益的投机行为，尽管能满足外来求租者的需求，但与移民追求空间的生活使用价值的出发点却不一定相同，交换价值与使用价值之间存在着矛盾，这涉及空间的良性发展，需处理好房主的合理利润与市场投机关系的问题。

马学广以空间的社会生产为切入点，认为“城中村”空间生产是制度变迁和社会行动者互动博弈的结果，其中“产权”为关键，规划要加强土地管理和公共服务设施供给；通过利益平衡促进社区转型[②]。尹晓颖等则换了一种新视角，从租户层面来看待“违建”与“自建”，认为这类行为本质上是一种房地产开发，扩大自建房屋面积就是一种开发活动，村民成为住房市场开发中一个行为主体、一种特殊类型的“开发商”和“物业管理者”。开发商偏好有购房能力的消费群体、精英阶层，而村民则为无购房能力的穷人提供廉租房，填补了市场空白[③]。因此这两类开发具有互补性，对活跃市场、满足不同阶层群体的住房消费是有益的。因此，对于村民建出租屋的行为，应合理引导，使之有序而不是对其进行限制。

五、租居需求

基于对“租住现状”的重视，从农民工住房需求和“城中村”提供住房的研究角度分析的有：车士义等提出租房市场的供需均衡程度

① 李志明．空间、权力与反抗：城中村违法建设的空间政治解析．南京：东南大学出版社，2009：25.

② 马学广．城中村空间的社会生产与治理机制研究——以广州市海珠区为例．城市发展研究，2010，(2)：126-133.

③ 尹晓颖，薛德升，闫小培．“城中村”非正规部门形成发展机制——以深圳市蔡屋围为例．经济地理，2006，(6)：969-973.

影响移民住房福利，移民主要通过租房解决居住问题。供需结构在低水平上基本匹配；房租、交通是影响住房选择最重要的因素；承租的信息渠道原始，政府要加强廉租房供给，规范租赁市场，建立出租屋信息管理系统[①]。吴晓通过大量调研发现，南京住房租赁市场表现出求租群体的多样性、房源分布的广泛性和房型选择的多元性，问题在于信息占有不充分、租赁价位不合理和房源紧张，并提出住房租赁公司和廉租住宅的建设可以解决这一问题[②]。

王凯等也得出一些共性结论：农民工居住面积较小，环境较差，居住模式复杂。家人同住比例不断上升，居住满意度出乎意料地高，主要问题有：缺少经济来源，缺乏规划指导，住房市场不规范，法制不健全等。建议强化外来人员集中居住区建设与居住条件的管理，提高农民工改善住房条件的能力等[③]。

其他相关研究还包括，从出租屋的特征[④]与相关管理问题的角度进行研究，从租居市场的机制与完善的角度进行分析，从城市空间结构、经济和社会发展等角度评估现有的比较典型的农民工住房类型[⑤]，以及揭示非正规住房供给过程中的角色及相互关系，并提出管治方向与措施[⑥]，新移民居住与迁移的特征[⑦]等。以上对移民租住问题的研究多集中于供需角度进行自上而下的政策评价，而对于现实供应主体（市场或自组织驱动）进行专门细致研究的并不多见。

总体而言，这一类型研究到后期变得重复度较高，更多的研究结论并没有很大的突破，由于出租屋问题只是系统人居环境问题中的一个浅层次问题，而涉及产权、居住权以及其他城市生活权益等讨论，以及租居形态的社会空间特性的相关研究并不多见。值得进一步明确的是，既然移民租居需求是“城中村”人居空间演进的直

① 车士义，田洪波，尹志峰等．流动劳动力的住房供给与需求分析．城市发展研究，2009，(11)：126-132.

② 吴晓．“边缘社区”探察——我国流动人口聚居区的现状特征透析．城市规划，2003，(7)：40-45.

③ 王凯，侯爱敏，翟青．城市农民工住房问题的研究综述．城市发展研究，2010，(1)：118-122.

④ 张新民．从出租屋看农民工市民化的困境．城市问题，2011，(2)：49-53.

⑤ 丁成日．中国快速城市化时期农民工住房类型及其评价．城市发展研究，2011，(6)：49-54.

⑥ 赵静，闫小培．城中村非正规住房供给市场形成原因分析——以深圳市为例．城市问题，2012，(3)：74-78.

⑦ 刘保奎．北京外来农民工居住迁移特征研究．城市发展研究，2012，(5)：72-76.

接推动力，那么求租的移民（而不仅仅是房主）作为人居空间的“主体性”作用却未得到研究者的充分重视，设计学角度的研究也就较少涉及人与租居空间之间更加细微的契合关系与矛盾关联。

六、非正规经济

“非正规就业”（informal employment）一词源于国际劳工组织，在20世纪70年代开始出现“非正规行业”的概念[①]。它主要是指小生意人、街头摊贩和其他从事街头经济的群体，也包括个体经营行为。这些行为的共通性特点是门槛低，容易进入；依靠本地化资源；家庭所有制，小规模经营；劳动密集型；技术含量较低；从正规系统之外获得技能训练。

非正规经济是一种以缺乏管制为特征的获取收入的活动过程，也具有不规范的竞争的市场问题，其是否应该接受管制？自1972年国际劳工组织正式提出非正规部门概念以来，国内外学者渐渐意识到非正规就业现象是世界普遍性现象。其具有成本投入较少、门槛低、形式自由灵活等特点，大量无法进入城市正规部门的农村劳动力问题可以得到解决，对城市化具有重要作用[②]。在我国，由于计划经济向市场经济体制的转变以及转型背景下经济增长与劳动力增长之间的矛盾，许多大城市依旧存在大量非正规就业问题。

在第三世界国家，人居问题并不等于单一住房问题，对城市移民而言也不仅在于其廉价居所，住房生产方式、所有权以及由此产生的个人生产与资本的关系等问题，都会导致住房特征和价格成本的变化（图2-2）。国内的一些研究视角也有力地丰富了人居环境的内涵，这些观点认为，“城中村”以低租金、易进入和空间易变的优势，从自发性的“廉租房”社区到吸引非正规经济聚集与非正规就业，发挥特殊经济保障作用；基于嵌入族群关系的生产和雇工网络的乡缘社区，如毗邻城市成熟社区的“城中村”，为周边特定的聚落群体提供就业服务机会，如高校“城中村”，形成独特的学生化社区并引发空间的“绅士化”现象等。

① 在1972年的《肯尼亚报告》中，才开始启用与通行这一概念。1973年，国际劳工组织发布《就业、收入和平等：肯尼亚增加生产性就业的战略》报告。

② Sassen S. *Cities in a World Economy*. London：Pine Forge Press，1995：43-87.

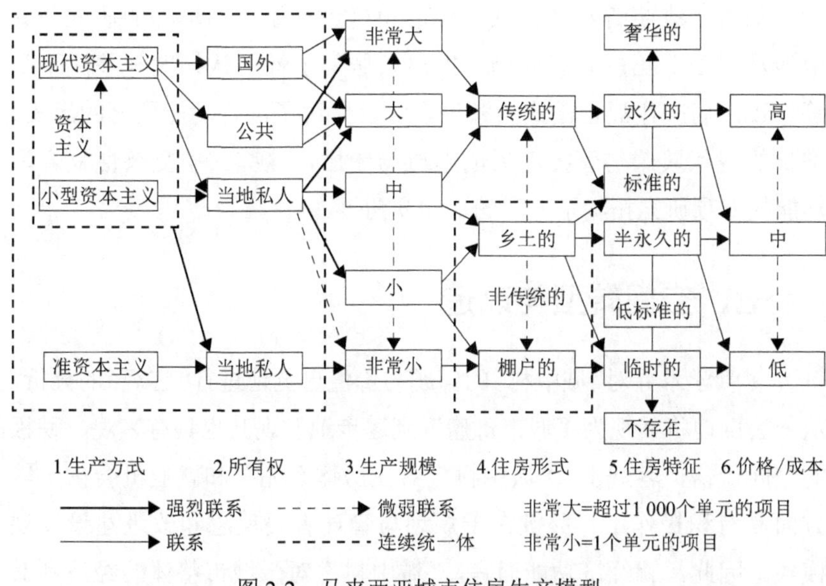

图 2-2　马来西亚城市住房生产模型

资料来源：改绘自王晖，龙元．第三世界城市非正规性研究与住房实践综述．国际城市规划，2008，(6)：65-69

在民间，“城中村”有着“员工宿舍”“廉价仓库”“劳动力蓄水池”等很多功能角色，为周边企业提供了廉价集体宿舍，就近提供货仓，节省了仓储成本和企业运营成本。此外，大量居住的低水平就业、待业者也是城市劳动力的“蓄水池”，“城中村”为这些人提供了廉价租屋，保存了大量廉价劳动力和就业者[①]，因此，居住—就业的优势从城市的中宏观层面奠定了“城中村”微观繁荣的基础。

郑懿、胡晓鸣的观点较为新颖，认为移民在租居场所保持并发挥个体特性，个性的汇聚成为活力来源，是一种相对平衡健康的“城市化”状态。具体从住区空间分析层面介入，认为社会属性表现在人口混杂、汇集和流动，低收入阶层的类聚，社区自治，城市管理脱节等方面[②]。居民自发选择与协调，逐渐推动租住市场走向成熟，在公共资源匮乏的情况下进行了分工，使多种功能获得了相对的组织。居住、消费、工作都压缩于有限空间里。尽管舒适度较低，但生活上能各取所需，私人价值取向不受干扰。

① 如广州石牌村居民的相关就业种类有技术人员、销售员、货运司机、搬运工、餐饮人员等。

② 郑懿．杭州城中村空间与行为特征的实证研究．浙江：浙江大学硕士学位论文，2003.

另外，朱晓青从产住共同体的角度进行了空间形态的研究，其中涉及很多非正规人居问题。提出人居复杂性的认知度与关注不足等导致诟病产住混合模式的意识误区，探讨了混合功能聚落的历史、增长的现状繁荣与管控滞后的尴尬与矛盾，这些人居复杂性复合型功能的专项研究拓宽了人居的认知视角①。

七、空间转型与改造

尽管学术界对“城中村”的问题与价值自觉地进行“客观”的分析，从一边倒地将其视为“城市毒瘤”到逐步地发现其也具有客观、积极的空间价值，客观上，“城中村”对住房体系完善和就业机会供给等方面具有积极作用，关键在于规划与管理者要反思和改进建设发展模式。因此，就经济功能而言，“城中村”对于城市整体的经济利益具有重要的作用，应强调对现有的产业进行改造升级，对其注入生机活力。

就物质空间而言，空间改造强调对现有环境的维护、修复和发展，以适应社会、经济发展的需求，这方面多为规划应用对策类的研究，但总体而言分布比较零星。例如，黄杉等提出“城中村”等城乡接合部区位，容易受到城市拓展的影响。提出“城中村”“城市移民”与城市拓展的相互关系进行良性互动的现实必要性，通过杭州案例提出适宜的空间协调发展模式：公交导向的工作—居住系统的改造，可促进“城中村”与城区间的城乡融合，有利于新移民在生活方式上实现城市化；以公交为媒介促进与城市社会更广泛的接触，减弱城市居民与“移民”的心理隔阂，强化对城市的认同感②。

从社会机能角度来看，城市再生强调通过原有社区居民的参与，提升居民适应变化的能力，创造包容性的社会环境。“城中村”涉及当地居民与外来移民两个不同的主要主体，因此，“改造”这一问题其实涉及两个不同的方面。对于改造的基本定位方面，魏立华和闫小培认为“城中村”的本质是“为流动人口提供廉租房的低收入社区”，

---

① 朱晓青 . 基于混合增长的“产住共同体”演进、机理与建构研究 . 浙江：浙江大学博士学位论文，2011.

② 黄杉，葛丹东，华晨 . 城市移民社区与城市发展的协调——杭州东部城中村规划改造策略 . 浙江大学学报（理学版），2009，(1)：72-76.

是有序的、自组织的“类单位制”的社会经济运行系统，而不是非法无序、社会职能缺失的贫民窟，更不宜推行处理贫民窟的模式。改造应该提升低收入者居住质量，提出“自我原位塑造”的概念（即由村民或村集体自身改造），并以扩大出租屋经济为基础[①]。

与“城中村”相对应的另一个政策面研究即保障性住房问题，相关研究也注意到了要注重移民聚居的现状。汪冬宁等则提出保障性住房选址决策事关外来人口生活、工作等问题，提出选址应注意土地位置与土地价格的均衡性，优先考虑轨道交通邻近与公共配套设施，注意产业用地适度结合、居住群体多层次混合等规划策略[②]。这些其实从另一个层面说明，保障房的理性设计需求与基于“城中村”现状价值的转型在内容目标上是一致的，如前文黄杉等的观点。

在人居环境改造问题上，首先是顶层设计的视角，在城市化过程中，很多国家都曾采取多种政策，帮助中低收入者购买自住房，提升其社会经济权利，这些底层群体才得以完成向中产阶层的转型。例如，为了把保障公民住宅权的意旨落到实处，明确在商业开发及住宅建设中必须确保低收入群体住宅权益的实现。在房地产发展政策中，政府应当从根本上转变城市更新的商业化思路，首先，要避免单一阶层的“大盘模式”，如大型“高档楼盘”、大型“经适房”社区，以免产生居住分异现象。此即通过“横向”的空间规模、体量、密度的开发控制，确保社会工程的良性发展的方式。其次，政府、社区邻里的公私合作对危旧房屋和基础设施进行改造升级，取代替代型绅士化，避免过快的城市绅士化进程，这是“纵向”的一种方式，即“时态”设计原则。然而我们看到，现实的城市空间转型往往是这两个维度的问题最为突出。一方面设计者需要向权力讲述真理，另一方面，也要运用特定的、主动设计的策略，抵抗强势力量的规制作用。

从设计学而言，空间改造更新具有某种“物质环境决定论”的色彩，其方法论的前提是物质环境的改造与人居环境综合社会经济目标是相互关联的。而以物质环境与人的互动关系为方法论前提的，

① 魏立华，闫小培.“城中村”：存续前提下的转型——兼论“城中村”改造的可行模式.城市规划，2005，(7)：9-13.

② 汪冬宁，金晓斌，王静等.保障性住宅用地选址与评价方法研究——以南京都市区为例.城市规划，2010，(3)：85-89.

凭单一化的物质环境改造难以实现社会和经济目标。

第三节 研究趋势分析

总体而言，不同学界已经从多个方面开展了多种关联研究，这为本书奠定了丰厚的可借鉴基础。但从人居环境设计学科本身出发的研究较少，因此有必要交叉借鉴相关研究成果深入研究。纵观国内学者对“城中村”的研究已出现较明显的转变，本书认为存在六点研究趋势和需求，具体如下。

一、概念：从住房到人居

所谓人居环境问题并不简单等同于住房问题，关于“住”的概念，有狭义与广义之分，何为“居住”，有必要跳出狭义的建筑设计进行跨学科的探讨，自组织人居的意义也不仅仅在于其提供了廉价住房，而且还在于其涉及社会生活的多个维度的考察，因此，有必要将人居环境研究的综合理念延伸至“城中村”研究中去。

在相当一段时期内，研究界关注的是“城中村”内部的社会经济和环境问题，空间形态研究容易“就村论村”，视阈窄化，对于移民而言，长期研究也仅仅限于在“哪里住”“如何租”等最简化的问题，没有深入考察“如何住”的现实，关注“现象”产生的问题而不是关注“问题”根源。在“城中村”现象不断显化后，研究视角逐渐由村内扩展到村外，由简单的“城中村”居住、生计问题拓展到相关的城市整体人居环境关联，政策建议也逐步由村内人居环境的改造延伸至对城市人居环境的整合统筹。

综上所述，从片面“住房”到完整“人居”是近十年来一大研究概念转向。基于自组织空间的概念，鉴于“微生态”的住居理念，还需要针对当前移民群体社会特征细化的生活方式进行研究，梳理出不同聚居类型的多样化空间支持模型，这有利于人性化多样化环境设计模式的提出，并对其空间演化进行一定的引导与规范。

二、视角：从问题到价值

首先，大量对“城中村”的问题判断主要是参照城市正式人居而言的，没有参照现实基础，而针对具有强烈“非正式”、自组织等自下而上意义的人居系统价值研究十分欠缺，且较为零散。从问题表象到价值发掘是“城中村”后期研究的走向。价值判断是各种实践行动的逻辑起点，决定了对待问题的基本态度、行动目标和具体对策。从研究发展历程来看，也经历了从“居高临下”的片面、主观到客观、辩证的转变。早期对“城中村”的价值判断基本上以负面为主，一度将其视为城市机体的“疮疤”“毒瘤”。简单从表象出发，将“城中村”等移民聚居地理解为城市病的体现，甚至局限于去留问题的一般性争论。近年来大部分研究已经认识到理性对待“城中村”及其他低价位租赁空间的必要，逐步认识到现存合理性，对其微观社会经济特征等都有一定的深入。

其次，从工具理性到价值理性的转变。大量问题判断主要参照建造水平较低、建筑老化等“物”性表象而言，在“物质决定论”与地产导向下，拆与迁是唯一出路，其中独特的人居文化不受重视，内在的、微观的价值体系缺乏深入分析。忽视环境空间伦理、空间混杂性、微更新等现象，欠缺人文情怀和人本精神。

最后，自组织人居空间究竟何去何从，现阶段与未来发展引导的可能性也没有得到探讨。总体而言，大多数学者的相关研究还略显保守，自上而下的问题意识比较普遍。近些年来，随着城市研究的文化导向和主体意识渐渐明确，这一问题有所改变。

三、实践：从理想到现实

无论是建筑学还是设计学，都具有某种“乐观”的职业本能，设计往往都基于假设，基于“设计让城市空间更美好”的设计管控的信念。从赞成推倒“城中村”的观点来看，是认定自上而下的“设计”一定能将现实问题彻底解决掉，新的设计一定能够超越那些过时的非设计，并顺带解决一系列历史残留问题。

问题判断与对问题解决的预期需要审慎地进行深入研究，不宜过于理想化。自迈入现代设计以来，各种推倒重来的、基于宏大叙事的“大设计”造就了一个又一个新的空间，但也常常浪费了既有的物质文化基础，毁坏了那些非常重要的微观社会机理，还常常进一步造成社会的不公正现象①。现代设计早已是一把双刃剑，随着所提供的经验和教训逐步被更全面地认识，对待任何一种人居形态都不应过于武断，在今天应该更加理智、更加机智地回应。

在我国城市化的现实条件下，既有的城市更新、城市人居建设等导致城市空间的大拆大建，引起各种社会、生态等问题，经验教训已经足够深刻，城市空间发展方向从增量转向存量，城市空间转型的要求也日益明确，在这种背景下，设计学需要转换被“理想标准化模式”指引的传统范式，向人居空间自组织学习，在动态化衍变与互动的过程中介入“自适应”机制。同时，从宏观管控到微观调适是实践层面的必然转向，如何基于现状进行空间的改良，如近年来业界有关“微更新”的讨论已经大量涌现。在这些实践过程中进一步发现规律，进而促进设计创新与社会创新。

四、主体：从单一到多元

西方学者很早就注重从社区文化、群体意识、社会资源分配、阶层交流的角度来研究移民聚居空间和居住分异的社会影响问题。目前，我国对人居环境理论的研究更多是对国外理论的理解和消化吸收，还缺少本土理论，主流研究文献偏重于宏观层面，如城市规划、地理学等，缺乏对微观生活聚落及其生活方式整体、系统和全面的研究。

受学科视角限制，“城中村”研究长期偏重于宏观层面，缺乏对“城中村”中微观生活聚落及其设计系统整体的研究。在早期，“城中村”主体概念长期仅限于原村村民层面，关注外来移民的研究长期缺位，人居主体性研究远远滞后于人居现实，原因就在于仅限于单一的“房屋所有者”的这一产权角度。多元复合主体（当地居民、外来

① 这里典型例证可参考豪斯曼时期巴黎改造的问题，巴黎改造是一个极为典型的现代规划案例，在建筑和城市规划学界一直具有极大争议，正面意见认为其造就了一个现代城市，一个新的巴黎。而负面意见则认为其摧毁了原本更自然亲和的城市肌理。

移民与各种临时居住者）的混合居住、关联研究长期缺位。缺乏微观空间生产的考察，深究其中弱势族群的聚居生计模式、生活环境建构及其社会生活空间支持机制仍较为缺乏。

建筑与规划学科由于仍存在“见物不见人”的视角局限，在大量“城中村”拆除后的“后城中村时期”，对这一社会空间的演绎关注也就骤然降温，说明“城中村”研究仅存在于一个时段的城市空间形象等“显性”的问题背景中，而“城中村”本质上所反馈的内在自组织规律所应该引起的思考还远远不足。“城中村”的主体群体“去哪儿了”，其又处于一种怎样的城市居住状态，存在的问题是否已经消失？这些研究没有得到持续性关注。

五、路径：从社会到空间

在“社会—空间统一体”理论背景下，对“城中村”研究视角更多的是从社会—空间的单向角度，较少从空间—社会的反馈作用层面进行分析。重视被制度、经济等结构性要素影响的问题，却忽略了人居环境本身非常重要的调节作用，空间的延续与变异对于社会经济关系具有调节与阻滞的作用，进而可以影响到移民城市融合的进程。国内学者认为其已经形成新的社会空间，一种结构化的群体生活态，但这类研究偏向于社会空间宏观的描述，微观的社会空间环境的互动尚没有具体分析，移民微观的聚居文化模式是否能影响到这个结构性问题，如何影响也尚待进一步反向研究。

居住问题的研究虽然在社会政策、社会管理、传统社会民生领域皆有较广泛的探讨，但更多拘束于学科和部门的条块状态，比较静态和单一。从调研的立足点来看，很多研究在基础状态数据的考察与问题分析方面尚缺乏动态性对比分析和有效的问题针对性。

居住环境是文化的物质载体，也具有生产社会文化的功能。在重视本体的同时往往忽略了衍生价值的发掘。必须从静态的物质空间“被生产”转换到文化—空间“再生产”实践视域，自组织空间的价值大有可为，当代自组织空间衍变对于社会文化功能必然具有积极延续与调适转换作用，而“城中村”所代表的社会转型期的思变与实践具有丰富的研究价值与内涵，住区自身非常重要的微观文化实践的历史研究也亟待填补。

六、方法：从定量到综合

研究方法一方面需要创新，另一方面还需要反思。虽然有大量关于各种住区物质指标的设定，但是，大量研究为了模型而模型化，为了量化而量化，缺乏理论跨越与创新，人的主观能动性不够重视，片面追求定量分析方法，导致缺少价值的导向，实证主义的弱点也不断显现。例如，在20世纪后半叶，新马克思主义、后结构主义、女性主义等理论流派的兴起，反对将重点放在客观性和理性问题上。设计科学也进入"非理性"阶段，对那些所谓"客观、中立"的研究立场发起了责难，转向研究"不确定性"。这其中，具体的人、事件与其文化、社会结构的互动关系逐渐被关注，任何理论、方法、结论都不可能是普适的[①]。

大量研究仍旧缺乏对微观主体——移民的重视，如可以看到很多有关各种物质指标以及探讨其中影响的差异性和量化比较，但是由于物质指标缺少了"人性"评价体系，这种评价难免空洞。此外，对空间的演绎缺乏深度剖析，对具有中国特色的人居环境建构理论缺乏理论的自觉性，案例研究也缺少深度分析，大多并未深入现象事实的动态过程中去。

小　结

作为一个空间研究的重点对象，"城中村"这一城市新移民人居长期以来是基于住房空间短缺、经济能力不足、规划管理的缺位与制度保障未覆盖等概念背景而提出来讨论的，其问题锁定更多的是建立在正规性、自上而下的框架内的，故存在不足。而研究概念、视角、尺度、路径与方法等多层面仍然存在转向的需求，我们可以看到，传统上长期偏重于"造物"等形态概念的设计学科在讨论此问

① 陈向明. 质的研究方法与社会科学研究. 北京：教育科学出版社，2000：1.

题时仍留有很大空间。建筑学与设计学界多研究“城中村”人居空间环境物质现状，就村论村，没有将其视为一种人居综合体系的表现，也较少看到有问题意识的跨学科研讨，以更全面的角度分析其内在空间演绎，实现从“表层问题”到“内在价值与矛盾”研究的重要转变。从本章对城市新移民自组织人居空间研究综述来看，“城中村”的问题与价值分析仍有一定的研究空间。

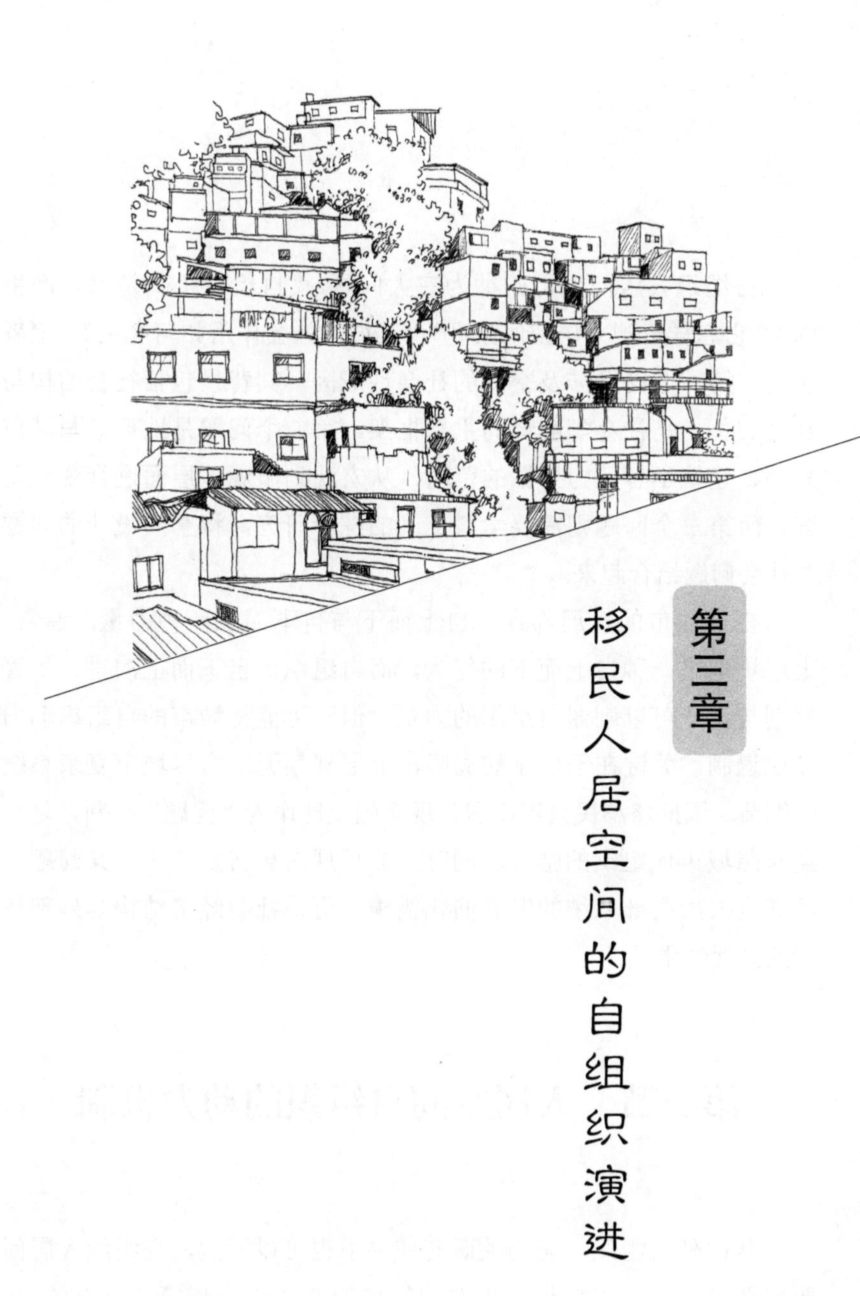

第三章 移民人居空间的自组织演进

自组织人居问题可归纳为三大问题："自组织机制是怎样产生的""它怎样形塑人居空间景观""其城市社会作用如何产生"。笔者认为，第一个问题涉及空间的社会性成因，其背景包括社会结构与社会文化，是社会学解释的主要框架。第二个问题是地理学与城市规划、建筑学者致力挖掘的范畴，从宏观到微观多层面进行观察研究。而第三个问题则需要学科交叉的综合研究，将空间设计的问题与社会问题结合起来。

任何城市的发展都存在自上而下与自下而上两种力量。通常，上层规划是一种自上而下的行为，而自组织则自下而上演进。尽管规划与设计可以削弱自组织的力量，但不可能将城市的自组织动力彻底遏制，关键在于信息的局限，上层规划无法穷尽城市复杂系统的细节。因此将移民自组织居住现实先验地作为"问题"判断，是长期参照城市他组织的结果。同时，非正规人居自发产生，其问题实质既是人居内部系统的发展演化需求，更是社会经济结构等外部环境的必然结果。

第一节　人居空间自组织的动力机制

从国外自组织人居相关研究成果中也可以看到，自组织人居问题并非单一的住房问题，也并非简单的改革住房政策就可以解决，关键还在于与城乡广泛存在的贫困问题、城市社会排斥相关。并且由于物质环境落后（未达到城市建设标准）、社会融合度差（面临着社会歧视）、产权的安全性低（不具有合法或安全的产权）等原因，这些人居空间十分脆弱，随时会被取缔。总体而言，这一人居空间的现状也内蕴着人居空间自组织推动衍化的动因，其必然来自于移民主体城市生活需求的“动力源”。

根据新马克思主义学者关于“空间即社会”的基本论断，城市人居空间问题与城市经济剥夺、社会排斥、文化隔离等多方面严峻现实不无关系，作为一种“反力”，自组织人居空间的存在方式和价值内涵的深入研究，有助于在新型城镇化背景下洞悉和反思城市人居深层次的矛盾和问题。

黄宗智则认为，非正规现象是“中国模式”制度性安排的产物[①]，自组织问题的根源始终离不开他组织制度背景等深层原因，城市住房供给机制本身亦充满争议。简化的评价基于自组织与他组织的二分法，按照协同学的原理，问题的实质是二者非协同的结果，导致有序性或一致性缺失。从历史的角度辩证地来看，二者本身就处于相互转换的对立统一关系中，也经常发生图底反转，如环境不合理，会被非正规地使用，而非正规性也会经过初期的发展逐渐纳入正规[②]，如“违建”这一概念认定也具有历史、社会等多样的判断属性，不同社会时期、具体环境的判断迥异，其自身处于变化之中就是这一逻辑划分的悖论。实质是，空间自组织控制力的强弱取决于外部层面不同的政治、经济、社会和文化背景，内部受到主体变化的生活方式与人居观念的影响，自然也包括建构技术水平等时代差异。在国际上，社会结构（土地私有）、建筑的技术门槛、社团组织等常常是研究的出发点和关键问题[③]。中华人民共和国成立以来，在不同的城市化阶段，不同的人口集聚速度、聚居需求的背景下，也都存在着多样化的取向。历史上的相关政策和官方态度表现的差异性，以及社会现实中自组织空间的实践发育程度的变化都充分说明了这一问题。简单来讲，在合理、正规的需求得不到适时适地的满足的情况下，通常只能求助于自组织系统引致整个系统偏离原有预设轨道而发展（或畸形发展），这在很多时候解决了一些难以解决的居住问题。

---

① 黄宗智．中国被忽视的非正规经济：现实与理论．开放时代，2009，(2)：51-73.

② 龙元．非正规城市．南京：东南大学出版社，2010：3.

③ [英]阿旺 N，施奈德 T，蒂尔 J．空间自组织：建筑设计的崭新之路．宛思楠等译．北京：中国建筑工业出版社，2016：38-98.

跳出今天城市管理部门各种有针对性的“旧城改造”“棚户区”“违建”等专用概念和话语体系，今天的“自建”行为虽然既有正当性的使用行为，也存在某些“被异化”的投机现象。但是从历史上看，这却是我国建设管理制度与大众对于房屋需求之间长期矛盾所无法化解的产物。对于这类建筑的形态分析，不能够只根据表面物理现状就对其做出价值判断，而应带有历史连续性的眼光来审视这一空间背后所载负的各种矛盾和问题。在中华人民共和国成立后的经济困难时期，为了充分利用民众的经济潜力，私有住房和出租屋都曾受到一定的支持。在城市规划法施行以前，在相当长的历史时期内，对旧房实施改造，包括鼓励居民适度的自建行为，以缓解房屋需求的矛盾，也是我国住房管理体制中的一个重要方法。这也就形成了“建筑设计”与“居民使用”，这两个在今天看来已经基本隔离的主体行为，在这些老建筑生命历程当中，更多的是一个充分互动、有机融合的统一体。

以“城中村”为例，几乎都存在建筑改造、添加的现象，这些行为贯穿着建筑整个生命期。但是，并不是只有“城中村”这样，在很多老城棚户区也存在大量城市“违建”现象，或者换句话说，“城中村”中违建多并不是“产权”属性问题所决定的。很多观点认为，这是一种现行城市管理机制上的必然结果，一种自上而下的空间管制和自下而上实践突破之间的一种博弈，一种动态平衡现象。

另外，自建或违建，在不同的语境中显然也有不同的含义。从图 3-1 可以看到，中外对于“违建”的不同抵抗策略，这些策略使得“违建”得以存在甚至有可能朝正规性转化。谢英俊的《脚手架住宅》[①] 基于一次艺术策展，具有强烈的建构实验色彩，作品具有艺术性、联想性与特殊性。而西鲁赫达则从设计行动主义的微观实践出发,《脚手架住宅》作品是一次走进日常生活的实践运用[②]。两者具有共通的设计语言，表达了第三世界国家中自组织建构现象的普遍

① 在《朗读违章》中，谢英俊结合对“违章建筑”这一概念的理解，完成了作品“后巷桃花源”。他用钢管、木板条、白帆布等简易材料，在两栋老住宅楼之间搭建了一个开放性的“公寓”，视觉效果有点接近楼房竣工后还未来得及拆卸的脚手架。

② 设计行动主义所体现的设计的核心作用定义为：促进社会变革；增强有关价值观和信仰的意识；挑战批量生产和消费主义对日常生活的制约。在这种语境下，设计行动主义不只局限于设计这一学科，而是包括产品设计、交互设计、新媒体、城市设计、建筑学。[丹麦] 马库森 T. 设计行动主义的颠覆性美学：设计调和艺术和政治 . 创意设计，2015，(37)：4-10.

性与客观性，它们的区别在于，谢英俊的作品更多基于一种“感性”，蕴含着建筑的诗意和哲理性，而西鲁赫达的作品则是从逻辑、理性出发进行对抗。

图 3-1　左、中图：圣迭哥亚·西鲁赫达《脚手架住宅》作品
右图：谢英俊《朗读违章》作品

资料来源：左、中图来自托马斯·马库森. 设计行动主义的颠覆性美学：设计调和艺术和政治. 创意设计，2015，(2)：37

根据安东尼·吉登斯（Anthony Giddens）的结构二重性理论，任何社会实践必须置于特定的情境中观察，其面临着结构性的制约，也蕴含着能动性的机遇，《脚手架住宅》作品充分展现了这种内在机制[①]。他进一步提出，自组织既不如个体般完全自由，也不完全受制于结构。其既不是完全无力的，也不是万能的。同一自组织空间在不同的环境中具有不同的属性差异。例如，“城中村”的社会治理、空间管制并不是空白的，在很多情形下甚至是城市管理和社会工作的重点，如果将其看作随心所欲的状态与孤立自发现象，就会忽视其“主体在环境中行动”的本质，行动主体利用具体的历史地域环境中的有利条件进行微观创新、自下而上推动的社会空间现象，说明了弥补、修正城市问题负面性的能力。根据自组织系统理论，源于主体行为的“适应性”有别于一般系统的原因在于：由于生活在特定

① 设计行动主义者西鲁赫达证明公民能够实现他们的一些居住愿望又不违法。市政领导通常厌恶涂鸦，如果申请搭脚手架来清除涂鸦，可能会获批搭建几个月时间。西鲁赫达以脚手架的名义加盖了一间房，而那里原本是严禁扩建的。脚手架项目表明设计行动主义如何发挥实践功能，其并没有直接质疑政治范畴决定的程序和条件。居民获得了扩建房子的机会，并且从中获得了归属感。

环境中，在与环境及其他子集进行非线性相互作用的过程中，既能产生自组织、自学习、自适应等行为，又能基于其所获经验及结果的反馈来修正其“反应规则”，调整自身反应模式与行为方式，以进一步寻求与环境相适应的生存发展策略。

因此，对自组织空间的认知不能停留在静态的层面，空间不是一次成型而不变，主体变化必然会推动空间自组织的继续衍化，人居演绎具有反映主体的能动性和外在约束力的动力机制，城市移民将自己的需求和属性不断地注入人居环境中，并建构与改变空间结构状态，形成持续和相互作用的过程。借助于“城中村”这样一个特殊的场域，不同阶段的社会需求特性会逐渐表现出来，需要突破景观研究局限于“静止的断面”观察，从人居与社会演绎的变量过程之立体视角对人居进行呈现。

从进化论的观念来看，自组织一般均需要经历环境识别、要素增长、系统自建构三个阶段，在“遗传”与“变异”、“优胜”与“劣汰”等机制作用下，其组织构造和运转形式不时地自我完善，以人居自组织为视角，通过其适应性机制引导空间系统化演绎，本书中具体可供分析的要素有以下几点。

（1）自组织集约化：涉及密度、规模、多样度、人口混合度及其空间统筹等。自组织集约化方式的不同，如向地下发展，向横向扩张，或在原有空间容积内加密。人居活动强度特征取决于功能使用数量与频率，密度是维持活力的保证，也与人居的机理关系紧密相关。

（2）自组织结构化：涉及空间与亚空间、类型与层级、交通连接度与特征、边界组织等。与居住生活方式相符合的建筑形态和环境布局形成一种逐步成熟的结构形态，在与城市一系列规制的外部环境的矛盾与妥协中逐渐调适成型。

（3）自组织复合化：涉及中观层面的商、产、住的自组织聚落功能模式，也包括微观主体（居住＋就业创业＋休闲）的住居空间模式维度等。聚落形成的复合化功能空间组织，“嵌入”城市区域社会经济体系，与外部环境不断进行物质、能量、信息知识交换。微观住居空间的复合化机制，则包括环境使用模式的关系、行为模式特色、人性化场所营造等。另外，复合化通常包含时一空混合细分使用模式。

（4）自组织精细化：涉及空间功能的专业细分与整合、时空效用与行为效率最大化、最优化等，住房的供给受到专业细分的市场推动，通过专业分工，提升服务水平，促进市场成熟，形成了隐性的、规范的市场化供给机制。

（5）自组织动态化与稳态化：可调节性是自组织一个非常重要的特性。涉及空间拓展与变通、生活空间认同、休闲空间的自组织、个体与公共领域的互构共享等。基于所获经验及结果的反馈来修正“反应规则”，调整人居行为的反应模式，以寻求进一步的发展策略。

第二节　人居形态适配

一、空间集约化

“城中村”社区是村民在外来移民的租居需求推动下在宅基地上自行建房、自行出租、自行管理的移民社区，“城中村”管理体制上存在的不衔接之处和“城中村”非正规部门管理的复杂性给单个部门的执法管理带来了困难，客观上提供了相对宽松的环境。大多“城中村”在增长的初始阶段，形态呈现一种中低密度的“耗散”结构，其后，形态开始裂变，在粗放向外拓张的同时，居住密度也倾向于在原有“村”的基底上大量增加，逐步向“城”的居住密度靠拢。密度越高，与都市生活相关的特征就越突出，如大多数城市经济学所认同的那样，通过集聚可以节约交易费用，还可以自动获得因集聚而产生的知识、信息的外溢以及不断扩展的市场规模等[①]。“城中村”服务设施，如日杂、餐饮、娱乐，甚至教育、医疗等设施自发配套，增强了这种聚居区的生活便利性和消费吸引力，促进市场的繁荣，并使社区规模进一步扩大。

① Wirth L. Urbanism as a way of life. *American Journal of Sociology*，1938，(44)：1-24.

总体上，学界对其空间形态独特性的认知仍然主要基于现代城市空间设计原则，如1993年颁布的《雅典宪章》，其手段是使用现代交通来分离人居活动，促成空间分区和密度控制。在当下我国城市化进程中，可以说，功能分区分离、容积率控制、居住空间模式化已经成为主流发展模式，发展达到顶峰。"城中村"这种加密、商住混合、产住混合等现象从表面上看是一种违建违规，也往往因其空间没有服从规划规则的特征成为设计与规划学者的诟病之处，但是从根本上来看，它是相对于目前主导的现代主流规划模式而言的，其人居空间发展遵循着"自适应"与自组织原则，弥补了现代性设计的问题，实质上也构成了人居空间自我完善机制的基础。

首先，通过提高密度和居住集中的自组织技术手段，部分公共服务与产品的供给成为可能（如民工幼儿园、诊所、售票点等产生），逐渐因为人口的集中而满足了这些公共服务的"门槛"要求。并且，随着城市化土地价值的日益上升，"城中村"也在不断地加大建设密度和开发强度，典型的是深圳、广州等外来人口较多，而政府管制相对"弱势"的城市。例如，2004年深圳特区91个"城中村"平均容积率为2.72，建筑密度为53.35%，开发强度远高于一般社区，并表现出明显的由市中心向郊区衰减的规律①，市中心的"城中村"通过提高建筑层数，向空中索要建设规模，形成"紧缩城市"；城市边缘区的"城中村"通过平面和立面同时扩张，以增加建设规模；发展处于成熟阶段的"城中村"启动环境优化升级、改造提档从而提升单位面积土地收益。尽管有观点提出城市中心的"城中村"土地利用低效的问题，但这些现象说明"城中村"与级差地租原理其实并非天然相排斥。

同时，不同地域的管控差异也导致"城中村"空间自组织集约化方式的不同，如北京"城中村"向地下发展，广州向空中扩张，而上海则在原有空间里面塞进更多人②。不同的地域也因循采取不同的密度组织方式，这和地域管控政策与文化习俗有关，但同时，普遍现象是很多原有的大型居住空间逐渐被小单元、多样化的聚居模式

① 李志刚．中国城市"新移民"聚居区居住满意度研究——以北京、上海、广州为例．城市规划，2011，（12）：76-78.

② 罗仁朝，王德．上海市流动人口不同聚居形态及其社会融合差异研究．城市规划学刊，2008，（6）：92-99.

所取代。“城中村”促使人居空间的发展重回“地域性”，在具体的环境中解决具体的问题。

“城中村”作为一个自组织人居空间，完全有别于城市规划指导下形成的居住小区，但是也不同于传统村寨聚落中形成的空间生长与营造方式。在某种程度上，尽管建筑和规划并不太承认，但它是一种现代城市中的独特人居类型，它的发展特性是在城市现代规划空间的基底中通过“再生”“嫁接”“修补”等手段来进行的。通过大量“城中村”的人居空间相关文献关于密度和绩效的分析，在其密集、混杂、集约、共享的诸多特征论证的基础上，才能发现“城中村”的空间自组织行为秩序的价值。本书认为，可以将其视作一个高度灵敏、高度集约、高度浓缩的城市新范式，在多元化的空间行为高度密集的情况下，通过自我协调，有序地组织空间和功能，达到复合与高效的利用。

另外，由于近十余年来我国城市化的快速推进，很多原有居住区的密度指标很快就落后于土地集约化使用与人口新增的要求，大量秉承“低密度=高品质”设计的居住小区面临着尴尬的处境，并且由于初始规划预计不足，无法承担城市化对于场所功能的责任与满足更多人口居住的需求。在面积相同的土地上，“城中村”自组织人居往往以现代居住小区数倍以上的密度解决了大量城市人口的居住问题，并创新出各种符合中国国情特色的空间行为模式，这除了分担了公共社会责任以外，对城市自身的有序合理发展也有很大的启发意义。

二、形态结构化

从进化论的观念来看，自组织是指一个系统在“遗传”、“变异”和“优胜劣汰”机制的作用下，其组织构造和运转形式不时地自我完善的过程，“城中村”自组织并不是随心所欲的“创造”，不同的“城中村”充分利用原有空间特点演绎为与城市并不相同的形态结构，并与附近的区域积极关联，形成有机的整体，经过多年的自我延续与改善，从联系松散的村居形态逐渐演绎为紧凑、高效的生活生产空间。例如，大学城附近与产业园附近的“城中村”，往往与其所依附的空间具有较强交互关系，不仅通过道路“血管”重建开放系统，将原本松散无序的、各自孤立的“功能区”整合，并以紧凑的街道利用构成重要界面，吃喝游购紧密衔接，最大限度地满足了居住群体的生活需求。更大一些的商业区域会有不同业态的相对集中布局，提高了城市生活丰富度，且业态不断健全。

边界问题主要反映在空间规划的封闭性、超尺度性和不可达性上[①]，其在反映形态表象的背后，更是城市文化、政治、社会经济等复杂因素共同作用的深层问题，其实，围墙只是所代表的一种边界类型，道路、绿化带、小区外围的底商，建筑本身都是边界的具体形式。还有诸如“用地红线”等设计法规边界，其实也是某种约束具体实践行为的社会边界、文化边界等。通过诸多自组织案例的分析梳理，可以发现，空间自组织的场所永远不是孤立的，并不是像设计专业分工的那样，在诸如建筑、室内、景观这些分裂设计体之中独自进行，自给自足。空间自组织往往正是从场地功能缺失的“边界”开始发生，自发补充相关的价值功能，并影响到相关的其他的系统层面。在自组织环境那里，无论是否正规，不同特性的空间体系中都能够建立千丝万缕的联系。

开放性是自组织结构的前提和基础。在具体形态的边界空间整合中，空间路径系统的可渗透性十分重要，而这往往是“无形”的，其表现为“流”的形式。某种程度上它表征了环境行为主体“自发”的行动设计能力，在人居环境中的交通组织、街道路径布局中，它给公众提供通过自主选择的生活和各种衍生活动的条件。

简·雅各布斯（Jane Jacobs）曾高度肯定和赞美了富有活力的密集的小街道，紧凑的空间之间容易产生大量有机的联系。例如，通过人的活动、相互的视线交流监视，提供安全感；街道和社区功能的多样化，使得使用者及其行为变得随机与多样[②]。小尺度街区和小店铺，增加了人们见面的机会。在“城中村”向“小”而“密”格局的衍化中，逐步改善了所谓“现代”新农居社区疏离的空间体验，通过添加、改变自身环境属性关系，消极的空间已经悄然被重新“设

① 例如，对封闭小区的批判，近年来出现开放封闭住区的呼声，尤其表现在空间服务资源的浪费、社会空间的隔离，以及对城市肌理和公共生活的破坏等问题上。

② [美]雅各布斯J.美国大城市的生与死.金衡山译.南京：译林出版社，2005：55-65.

计”“解读”：租居房屋的加建、农居宅间空间的公共化、街巷格局的功能分布、临时摊贩日歇夜作、巧妙的空间组织机理（迫于外部城市管理的压力），其由纯自住的农村住宅逐渐转型成为城市化进程中低门槛移民生活社区，充满了主体的能动性。与其居住生活方式相符合的建筑环境格局，以一种逐步成熟的结构形态生成，在与城市一系列环境规制的矛盾与妥协中调适成型。

“城中村”空间发展类似于亚历山大（C. Alexander）提出的空间自组织过程，分为两种，一种是连续，另一种是“蛙跳”，新的生长点不断带动新的发展，形成均衡体系，并由此反复生产新增长点。空间的自组织带动各种物质流、信息流的交织，不断促进空间的功能成熟。只不过，这些新增长点是以一种非正规空间的形式进行生长。很多研究发现，“城中村”的空间从初始的混沌状态逐渐变得有序。初始大多“城中村”按照新农村住宅布局规划，并没有考虑到与城市后续发展各方面的交接关系，形成一个个“孤岛”化的郊区分异空间，经过若干年“城中村”空间自组织完善、建设，逐步具有了机体活力，如街道等级日渐明晰，体现出区位的价值差异，均质空间呈现出差序格局（图 3-2）。同时，后期陆续衍生不少商业服务空间，服务于外部城市界面，与外部环境互动互补。

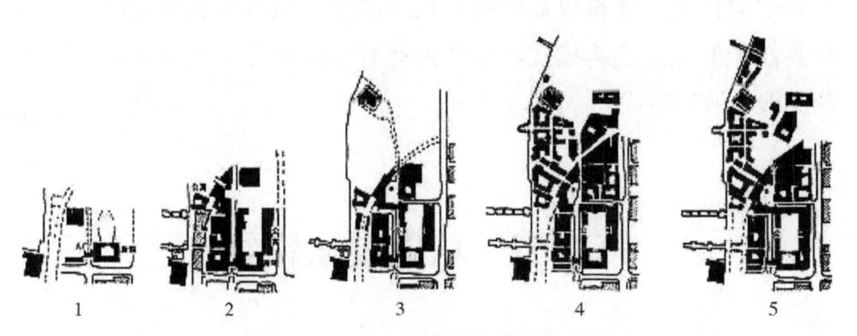

图 3-2　亚历山大空间蛙跳实验分析

资料来源：[美] 亚历山大 . 建筑的永恒之道 . 赵冰译 . 北京：知识产权出版社

这里可以引介“拼贴”的概念，柯林·罗提出，与运用科学方式的工程师不同。“拼贴术”或称为修补术，它并不预设设计方案，也不指定固定的工具、原料去进行，而是通过现成之物操作。这种方法论恰恰是传统有活力城市的基础。也是面对现代危机的一种修复策略。“城中村”等自组织人居形态也可以理解为，通过拼贴（如同时空的蒙太奇），将当下极端现代主义所造成的空间碎片化结果，以及传统城市空间机理再次拼贴起来，空间自组织显示了关于设计的混杂性、不确定性与创新特质[①]。

事实上，任何空间的设计都是一件“百衲衣”，而不是一张可随意绘就的白纸，是在历史痕迹和渐进的城市积淀中所产生出来的城市生活空间背景上进行的。所以，城市是不同时代结构、地方关系的叠加，也是功能的不断界定、流变的过程结构。空间自组织机制是在已有城市结构背景下发动的，试图使用“拼贴”的方法把割断的历史与现实、时间与空间重新连接起来。

例如，“夜市”是“城中村”活跃的“另类”自组织空间。它提供了一种不同于城市住区的新型“人居时空结构”，不仅满足了市场需求，方便就近购物，节省出行成本，更为特定的移民群体提供了兼职、增加收入的渠道。灵活的主干道往往充当了商业街的功能。流动摊贩的“夜市”有助于活跃刻板的街道，提供繁荣的夜间经济，加深城市体验，同时，从“城中村”利用其区位的结构性，通过吸引外来人流，将它的商业活动与周围地区融为一体。这些都显示了“夜市”其实就是一种城市拼贴手术，它的价值正是通过附加于城市正规空间的肌体之上才得以显现的。也再次证实城市自组织空间是一种极具潜能的人居建构模式，不断推动着空间重构和社会再建构等各种实践场域的生成。

第三节　功能要素精细

一、功能复合化

强调建筑空间的功能和效率是现代城市和建筑空间的一个典型特征，我国城市规划与设计也长期沿用功能区划体系。然而，功能

---

① [美] 科特 C R. 拼贴城市 . 童明译 . 北京：中国建筑工业出版社，2003：168-279.

体系的单一化、粗放化也往往带来了现代城市活力不足、空间僵化的病症。典型如现代小区“住禁商”的管制问题。居住空间，是单纯体现一个集约化的空间生产和专业化的“住”的设计功能，还是应该兼有其他，居住区是否应该和城市其他功能区分开，如果有所混合，又有哪些问题？这些问题是现代城市形成以来就一直争论的焦点，除了功能和绩效等经济性的考虑，更多的反思是从文化和生活的角度进行的。

作为一个城市自组织系统，其魅力和生命力来源于对大量纷繁复杂的资源和行为进行有序地整合与组织，最终实现各种功能的优化、平衡。自组织作为一个开放的系统，其动态行为与外部环境和自身资源紧密相关，“城中村”形成的复合化功能空间组织，“嵌入”城市区域经济体系，与外部环境不断进行物质、能量、信息及知识交换，偏好于在靠近就业场所附近形成大量租居聚落，呈现出明显的产业依附性，使各区域朝向居住、产业、配套商服等混合功能有机地发展。“城中村”内出租物业亦混质化，孕育了大量小微企业，其中多以非正规经济存在。典型如制造业聚集的空间模式，建筑从平面混质再到垂直的功能分区，“前店后厂带住宿”的产住储混合，空间集成化与邻近成为时空成本控制的积极原则，形成了民本经济特色的人居范式。而村办产业、工厂与住区空间有机融合，往往会促进生产、居住、消费就地平衡，可以降低生存门槛。

即便是制造业较少的“城中村”也普遍促进了混合空间的形成，表现为商住储等多种共同体模式、个体与公共多种混质维度，业态多样化、分工精细化等现象。在这种功能复合化的环境中，城市低收入移民不仅得到生活的便利，容易获取丰富的社会信息，还可进行低成本创业的尝试，或多元化就业，如一家门店兼顾多种经营类别、与他人合租共用，可以减低房租成本，降低创业风险。“城中村”提供了大量小微型私人产业和灵活的创业机会。非正规经济的店铺，地摊，搭建临时建筑，分时、拼租使用店面现象大量自发生成。随着经营的初步成功和对环境的熟悉，以及社会关系的建立，个体可以逐步开始从其他商贩手中转租正式店面柜台，从而步入正轨。

对于家庭式迁移者而言，多种就业机会促进了携眷迁移人口的就业，扩大了家庭“造血”功能，有效节省生活开支，提升生活质量。聚居属性中的血缘、亲缘、地缘、友缘等社群关系，也深刻渗透到“城中村”产住、商住活动的空间组织关系中，这种社群交叉现象不仅出现在“城中村”产业依附性区位关系上，使得“城中村”与外部经济体系关系更加密切，也出现在中小聚居尺度中，进一步推动了“城中村”混合功能绩效的增长。

二、管理精细化

尽管“城中村”缺乏物业成本，但空间秩序的自我维持也有其运行机制，很多“城中村”店铺主自身也住在村内，具有很强的主体性与植根性，由于公共管理与服务的缺乏，居民倾向于以相互维系良好的社群关系以减少管理成本问题，如“城中村”内很多底层店铺老板代住户看管物品，同时对街道安全进行潜在的监督。另外有相当多的非正规店铺并不临街，其生计与服务则依靠居民的“口传”与日常生活的支持，居民们必须相互信任合作以减少管制成本。

在有限的空间和社会资源状态下，在缺少政府公共投入的现状下，“城中村”从粗放管理主动转向内部精细化，在建房层面，地方政府、村集体、“城中村”村民、合作建房者和外来人口构成了非正规住房供给的混合利益主体，合作建房者成为重要的推动者，其相互关联形成多类型利益共同体，推动村内非正规住房的形成和发展[①]，住房的供给受到专业细分的市场推动，如东莞更是在实践中发展出一套较为成熟的机制，由村集体规划供地、农户建屋出租，再到二手房东承包经营，最后由基层政府部门纳入管理、征税，这样一种市场化供给机制，实现了从底层发动到上层采纳，从被动供给到主动供给，也改变了租居市场行为中的机会主义和短期行为，将之拉入规范运作的范畴中。从住房开发环节到租赁经营环节，“城中村”通过专业分工，提升了租赁市场专业化程度，也提升了空间的实用性。推动房屋在设计的初期便具有更好的目的性、目标性。

“二房东”现象实质上是空间自组织的社会分工精细化过程的一

---

① 尹晓颖，薛德升，闫小培．“城中村”非正规部门形成发展机制——以深圳市蔡屋围为例．经济地理，2006，(6)：969-973.

种表现，促进租赁物业走向精细化的发展。很多地方原本的“二房东”“中介所”开始积极向物业“协管员”的角色转型，通过物业管理经验提升，服务于更多廉价租居需求市场，不断提升自身行业的专业化程度和效率，形成了相当规范的市场化供给机制，形成了结构更加清晰的组织，客观上推动了移民聚居空间的成熟发展，降低了政府管理成本①，并促进了空间自我管理的设计模式。另一自我管理的案例是千秋村②，一个典型的产业集聚型“城中村”。当地居民两千余人，而外来人口却逾万人，村内调研发现“新村民”主要来自安徽等省份，于是创造了新概念“外来人口村民小组”，将同省人尽量安排同一区域内居住，通过民主选举选出有管理能力的人任组长，与本村小组长一样同工同酬、同等奖励。还常常评选“优秀出租户”“遵纪守法外来民工”进行适当奖励，该政策有效减少了矛盾，也让外来者具有了主人翁意识③。这个案例说明了传统“乡缘”的社会纽带作用，从“乡缘”到“地缘”，是这类聚合居住本身具有的天然优势，也充分说明了实现“新村民”自治、新老移民共治的可行性。

今天，机械的现代设计与空间管制常常使城市丧失了活力和生机，高成本物业和低水平的组织性成为制约住区走向社区并健康永续发展的一个明显问题。然而“城中村”却通过积极的、传统的低成本策略实现了高效率的城市自治，实现了空间与行为相对有序的组织，更需借鉴的是，管理精细化的背后是智慧性的自主选择。

第四节　机理组织有序

一、发展动态化

机理（graill）泛指人居环境的各种要素，包括人群、活动、土地利用、建筑与空间的功能混合方式，以及各种要素之间的组织状

---

① 褟文昊. 东莞村镇非正规租赁住房研究. 北京：清华大学硕士学位论文，2012.

② 位于浙江省湖州市德清县武康镇。

③ http://cxnews.zjol.com.cn/cxnews/system/2007/01/27/000284275.shtml.

态。从进化论的角度来看，自组织是指一个系统的组织构造和运转形式可以不时自我完善的过程。人居环境具有“遗传”与“变异”的机制特征，通过竞争、互动达到“延续”“优胜劣汰”“自我更新”的机能，其中也包括各种机理关系的及时有效调整。

从建筑学的角度来看，其传达的方式大多是一种“静态”的属性特质，对各种建筑的观察、评论也都是倾向于视觉的、形态的。在这种静态的层面，建筑师保持着话语权与控制力。因而，建筑空间可变性一直是十分缺乏和受到压制的，如果其变化超出了建筑的预设范围，往往证明了设计的失败和专业可信度的丧失。事实上，空间与需求之间往往也是始终矛盾的适配关系，始终充满不可预知的偶然性因素，而在微观人居空间中，这一问题更加明显和可视化，对于外来移民而言，自身个体的差异、家庭结构的变化、就业方式的改变等都会对“城中村”租居空间产生不同的空间需求。

然而，空间毕竟是动态的，空间的生产、衍化也是一个不断调整、无限循环的过程，可调节性是自组织一个非常重要的特性，空间动态性的实质还需要所有参与这个进程的主体，需要交替演绎。约翰·特纳提出：“主要决策权以及对住房的设计、建造、维护与管理等权力，可以极大地激发个体和社会的潜能。而如果对居住过程的关键决策缺乏控制力与责任感，居住环境反而会成为个人价值实现的障碍和经济负担。”[①]

“城中村”在动态演进中，不断与城市发生物质、能量与信息的交换，是一个开放的非线性系统。对于屋主而言，出租屋建设本身是市场导向的，具有多样、高度灵活的特征。早期对原有住宅进行粗放扩张扩容，而后把原有空置闲置的大面积房屋分割成小块出租（类似于其他发展中国家存在的“土地非法细分”现象），将空间不合理进行改造，提高资源利用率，较小的分租面积和低造价成本使得低租的价格对于正规住房市场具有较强的竞争优势。随着租居市场进一步的发展与成熟，市场兼容性更强，整租零租结合，体现了不同功能、不同时期多种需求。而随着“城中村”周边城市环境的变迁，物业类型也会及时变化，不断弥补市场供给的缺位。从简单租居到

① Turner J F C. *Freedom to Build*: *Dweller Control of the Housing Process*. London: MacMillan Publishing Company, 1972.

小型旅馆物业，如长租、短租、时租等多种类型的混置，推动了专业细分市场的高效运行。例如，某些“城中村”从外来务工社区转变为学生社区时，社区环境根据市场原则进行了一些环境改善，但是尤其值得关注的是，与其他现代均质的规划住区不同的是，在这种局部的“绅士化”过程的同时也并未完全置换掉原有居住人群，这在某种程度上归因于原有租居多样性的基底特质。

此外，这一过程是一个非线性的结果，具有某种不可预测性。在时间维度上，新的发展要素需要不断地介入、更替。在功能混沌的启蒙期，通过逐步置换、替代原有的空间功能格局，做到渐进的“序化”。在空间自组织方面，初始阶段应对生产需求和市场时间节奏变化，表现为依托时间性的生计空间转换（如堂屋经济、临时经营、破墙开店等现象），而到了中后期，则居住功能与其他相关如生产功能经历了调适，逐步形成成熟的“二元”甚至“多元”的实质性“交融界面”，这种混合维度的成熟表达从没有固定形态走向多种创新形态。也就是说，这些子系统不停地涨落，寻求相对优化的形态，从而不断地将人流、物流、信息流的组配达到最优化的结果。

二、聚落稳定化

本书认为，人居聚落的稳定性概念是相对的。子系统需要一定的非稳定性，而不是完全静态的社会空间结构，才能不停地运动求变，促进前文分析的动态发展，但是，人居聚落的成熟发展需要一定的稳定性环境，这是人居空间作为“栖居”场所的必然需求（安居乐业）。这种稳定性环境能够促进自然、经济、文化等层面形成互动的生发条件，形成一定的协同效应。也就是说如果没有一定的稳定性，那么人居空间系统则很难进行形态的优化组织与有序演进。

对大多数非正规聚落居民而言，对产权安全性的感知比形式上的产权安全更加重要[①]。因此，社区归属感的营造、基础设施和工作机会的提供，也能够提高非正规聚落的产权安全性水平。“城中村”非正规租赁住房大多数是为出租专门设计的，不会出现因为自住或转卖而收回住房的问题。一般情况下，专业化的租赁住房使得租客

① 赵静，薛德，闫小培．国外非正规聚落的改造模式与借鉴．规划师，2009，（1）：80-84.

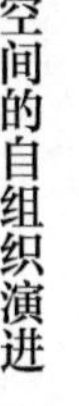

与经营者都会倾向于长租。租居双方都具有稳定的预期，且居住满意度较高。而“城中村”较为宽松的管制、租居空间的扩展则保障了总体可供应量和充分竞争，避免垄断。另外，现实中朴素的租约形式与乡规民约文化注重调解的纠纷处理机制，节约交易成本，而诉诸法律的成本反而更高。

另外，在改革开放初期，北京“城中村”的相关研究也提出了浙江籍的“城中村”的乡缘网络构成了相对稳定的人居空间，聚居族群关系网规范着村内生活次序与经营者的商业道德，稳定的传统网络与道德、情感因素维系着空间秩序，在这一熟人或者半熟人社会内，如果做出不守信用的事情，日后将无法在同行面前做生意等，在此可以认识到的是，村庄中的人际关系与传统文化绝非是一种落后形态，而是发挥着聚合、重组、规范的社会功能。而商住、产住关系等重叠与复合所带来的社群网络的复合化也有利于聚落空间的稳定化演进，从领域感、小圈层认同感、逐步交叉混合使用、邻里网络扩大等分析来看，其更能反映出聚落人居基本心理需求。

同时，聚落具有“趋利避害”的理性需求，在弱势性空间背景下，个体与族群之间追求利益共同体的协同发展，对于移民而言，劳务、创业等很多方面需要频繁而灵活的相互协作，流动租居由于没有空间的固定束缚，集散更为自由，具有选择性意愿。从某种意义上说，这种当地村民的固定性因素与易变的外来租居的混合住居主体结构就是一种非线性的发展，其功能发展和空间需求不可完全预测，这成为一种重要的优势属性。

小　结

经过系统要素的多样协同、自组织人居结构的有序演进以及自组织空间绩效的涨落寻优，人居空间环境得以不断维稳补漏、完形趋整、进化升级。无论是自组织机制中的直接建构空间，还是人居行为“自下而上”重新定义、改写空间，均形成了一种设计调节机制。

在时空剥夺背景下，社会空间绩效反馈出自组织的恢复机制，还原了住居功能的内在整体性，有利于我们揭示和深入了解驱动力因素，从而把握规律、顺势作为。

自组织人居在应对外界环境和满足自身绩效的双重目标下，不断形成对复杂要素的载体生成与形态组织。从广义设计学来看，“适宜性”建构的重点在于形式应对需求的更为“柔性”的承载关系，关键在于物质生活环境是否适应特定的群体的社会需求。在系统自我组织过程中，功能是显表的，而结构是内隐的，生活方式的保护、渐进是关键，其不仅弥补了城市融入过程中的负面性，更成为移民深度城市化的“稳压器”和环境人本化的“助推器”。

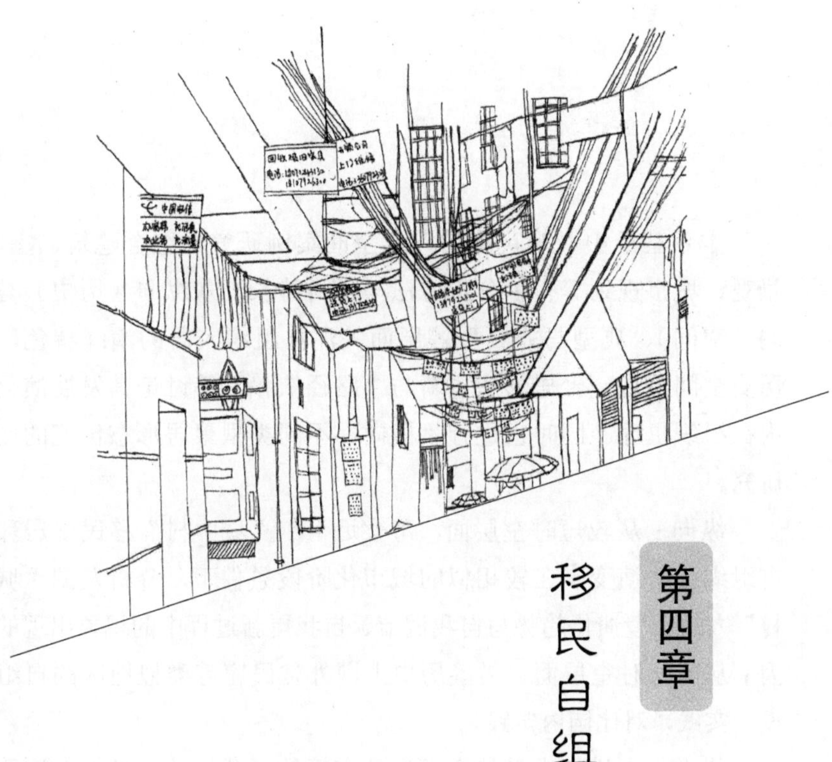

第四章 移民自组织人居空间的案例研究

本章基于中微观尺度的人居空间案例研究，综合建筑、室内、景观、城市规划等多种分析方法与学科特长，从纵向（历史）与横向（空间）、典型与非典型等层面关注自组织人居的演绎特色，从历史空间演进、聚居形态更新与“路径依赖”等讨论其发展演化的内在组织机理。同时也进行“横向”不同类型聚居形态价值的比较研究。

纵向：从较短时空层面，考察近十年“城中村”移民聚居环境自组织营造演变，在较相似的城市化阶段条件下，分析发掘“城中村”人居环境演化趋势与自我调节、自我更新过程中的现象出现的原因；从较长时空层面，借鉴历史上国外贫民窟等类似地区的自组织设计实践，对比国内实践。

横向：在进行大量社会调研和空间数据分析的基础上，选取具有代表性的案例，从区位因素、空间布局、居民构成、居住环境等不同层面比较不同“城中村”空间自组织发展演化特征。

第一节　杭州城西“城中村”案例

浙江经济活跃，也是流动人口大省。杭州市流动人口类型较为丰富，性别比例、婚姻状况、省内外流动数量比等方面显得较为平均，具有典型研究价值。

本书采用了 2009~2011 年笔者针对杭州西湖区外来流动人口相对集中聚居的住区进行的社会调查数据。该社会调查选择了西湖区的四个街道（镇）作为调查区。它们分别是：古荡街道、文新街道、留下街道以及小和山高教园区[①]。同时，笔者从建筑设计、环境设计、乡村规划等专业层面进行过一些具体的项目实践，掌握了比较多的前期调研数据，为研究的展开奠定了一定的基础。

新移民在城西的聚居地是本书考察研究的选点，依托于天目山路、西溪路和留和路等城市主干道交通，从古荡—杨家牌楼、留下—小和山—石马等沿城市主干道形成了若干大型的“城中村”“城边村”移民社区。

一、屏峰村案例

（一）概况介绍

屏峰村位于杭州西湖区留下镇的西部，东临横街村，西接小和山高教园区，周边群山环绕，环境清幽。小和山高教园区入驻学校众多，高校学生聚集了人气，也带来了很多服务行业的商机，解决了大量外来人口和本地村民的就业，形成了城市移民与高校学生混合居住社区。这里邻近杭州西站，公交线路较多，公共交通转换有B支2快速公交可直达城东，另外213夜间公交可运行到晚上11点，虽然去往市中心均有一个多小时的车程，但仍然较为方便。

屏峰村原有农田被征用，拆迁至新农居点（新村），留有一点零星的农用地。老村住宅破旧，但租赁需求旺盛，随意搭建现象相当严重，空间拥挤，基础设施当初仅是用来满足农村低密度的建筑和人口需求的，生活设施不齐全，公共安全隐患多。很多建筑本身用途已与最初设计相背离。本书通过实地对屏峰村外来移民的考察访谈，从经济状况、工作状况、居住状况及其满意度等方面进行个案分析和社会网络、邻里关系的调查了解，调查结果简要归纳如下。

调研数据表明，老村居住人口主要是外来务工人员，年龄年轻化，为劳动力市场所需求。屏峰老村附近有留下镇天堂伞集团、西子仪表等多家工厂，还有学校。工厂用工和大学生后勤生活需求带

① 笔者前期在杭州西湖区五联、留下、杨家牌楼、屏峰村等十余个新移民聚居区曾经展开过多年的调查研究活动，总共发放样本问卷数量3 000余份，收回有效问卷2 447份，并进行了大量访谈和田野调查，积累了大量课题研究储备。

来了许多低端就业岗位，形成了目前劳动力供求相对稳定的局面，吸引了大量就业，也在屏峰新老村形成了基本完善的后勤服务和商业空间（表 4-1、表 4-2）。就业类型主要为：大学生活区流动摊贩、高校后勤工作人员、个体店铺老板、环卫工人、商场销售、工厂工地工人等，大部分工作与居住地相距在 1 小时车程内。工作相对稳定，通勤时间短，逐渐形成流动人口非流动性居住环境。调研发现很多人长期（3 年以上）租住在此，已经较为适应这里的环境。

表 4-1　屏峰村内部三个不同区块的特征

名称	建造时间	背景	道路	建筑	场地	功能	人员构成	特点
老区	20世纪70~80年代	该地区在浙江工业大学用地规划内，但是其没有及时进行规划建造以至现在处于无人管理的尴尬地带				主要是以相对比较低的价位出租给外来务工者	绝大部分为外来务工者，居住者大部分为来自浙江工业大学后勤部、大学门口的摊贩、天堂伞集团和西子仪表等的员工	其中有的道路不平整，违法建设、违章建筑和私搭乱建严重，市政基础设施匮乏，房屋破旧，无独立卫生间，环境脏乱
新区	2000~2005年	在屏峰，横街这块土地被征用，政府统一规划建设，该地区农民向居民过渡				当地居民居住及出租给大学生或外来务工者，部分则改为旅馆或者商铺	当地居民及小和山高教园区学生及毕业生，或者在附近上班的上班族	环境相对干净整洁，有基本的商业及配套设施，但是无休憩活动的开阔停留空间，绿化面积少

续表

名称	建造时间	背景	道路	建筑	场地	功能	人员构成	特点
工厂及学校	20世纪60年代	原通信大厦旧址，现一部分租给教育学院成人教育充当教学楼及宿舍，一部分出租给小工厂进行生产				小工厂进行生产活动，教育学院成人教育的学习	原通信公司的保安、工厂职工及教育学院学生	路网整齐，并且沿路种植高大水杉，环境优美，人烟稀少，基本无商业空间，基础设施匮乏

资料来源：姚龙博参与绘制

表 4-2　屏峰村商业店铺的类别统计

类型	名称	新村数量	老村数量	总数	类型	名称	新村数量	老村数量	总数
基本需要服务类	餐饮	18	15	33	基本需要商业类	杂货铺	10	3	13
	理发	2	5	7		水果店	3	2	5
	图文	1	1	2		卖菜铺	2	2	4
	电脑维修	2	0	2		服装	1	3	4
	干洗店	2	0	2		蛋糕店	1	0	1
	补衣补鞋店	1	1	2		超市	1	0	1
	浴室	0	2	2					
	开水房	0	2	2					
其他	手机充值店	3	1	4	高层次需要服务类	旅馆	18	1	19
	取款机	0	1	1		网吧	0	2	2
	药店	2	1	3		美容	1	0	1

（二）屏峰村出租屋空间研究

屏峰村在城市化进程中，由于全部或大部分耕地被征用，部分农民迁出旧村到新村居住，土地暂时得不到开发，老村房屋大多用于租赁，成为游离于现代城市管理之外的环境水平低下的棚户聚居区。老村居住人口工作多为低端就业岗位，收入多为800~1500元，由于老村生活成本低，收入能满足基本生活需求。住房多为2~3层，破旧不堪，外来务工人员租住房间是在原房屋基础之上简陋划分的“格子屋”（表 4-3）。大多为一室（无独立厨卫），每间租金在 100~250 元、居住面积 10~25 平方米。生活、洗漱、晾晒和储藏都是亟待解决的问题。临近街道主要为商铺与自住混合。居住群体更替使得这些旧的房屋再次发挥了使用价值，既物尽其用，也满足了大量最低收入人群的需求。

表 4-3　屏峰老村五个建筑构造案例

位置	现场图片	平面图			居住户数	加建照片
		原貌	加建后	功能布置		
屏峰老村161号				加建房间 原有房间 厨房 客厅 淬室 卫生间 洗衣房 储藏室	三层共17户 一层：11户 二层：6户 三层：加建中	
屏峰老村153号		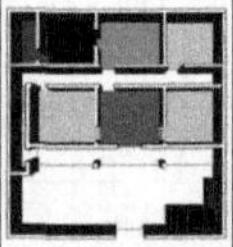		加建房间 原有房间 厨房 客厅 卫生间 洗衣房 储藏室	二层共11户 一层：4户 二层：7户	
屏峰老村134号		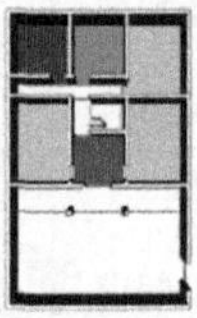	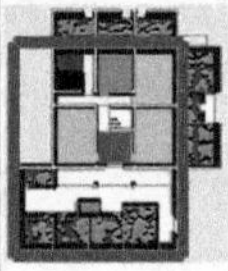	加建房间 原有房间 厨房 客厅 卫生间 洗衣房 储藏室	二层共18户 一层：14户 二层：4户	
屏峰老村127号		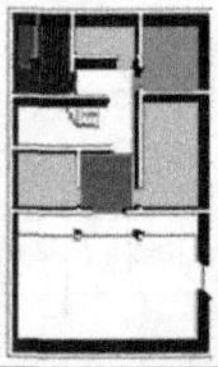		加建房间 原有房间 厨房 客厅 卫生间 洗衣房 储藏室	二层共13户 一层：8户 二层：5户	
屏峰老村103号		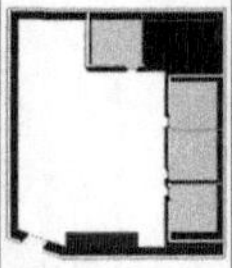	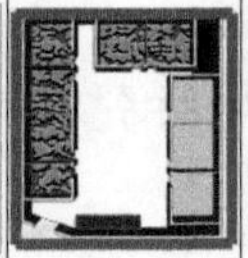	加建房间 原有房间 洗衣房 储藏室	一层共9户 一层：9户	

资料来源：单道遥参与绘制

由于现有租赁收益比较可观，为增加租赁面积，房东不间断进行最大可能的加建，致使老村房屋形态、道路环境等多方面处于混乱无秩序的状态，在“小投资—中收益”的经济利益驱动下，有以下几点可供分析。

（1）简单加建房屋的小投资的成本可以获得较高的出租回报率。

（2）当前“城中村”政策对加建的容许程度不明晰，拆违风险较小。

（3）政策的不确定最终导致房东简单加建而不是较好地改造租赁房。

这种加建逻辑直接体现在最简单的建构方式上，多利用原有墙面、地面搭建屋顶，用最廉价、最少的建筑材料得到最大的建筑空间，不断在水平维度拓宽空间(图4-1)。加上一些住户自身再次加建，十分零乱无序。房东与租户各自利益最大化的矛盾也偶尔凸显。房东尽可能采用低成本的建筑材料加建，疏于维护，存在诸多安全隐患，公共空间狭窄，环境恶劣，对外表现脏乱差的消极空间，形成这个“棚户聚居区”的外观状态。租户为了节约居住成本，或者勉强将就，或者积极动手来应对生活空间的改善和其他生活问题。在村内，形成了大量形形色色的自建房，尽管建造水平低下，但在快速发展的城市化过程中，“城中村”非正式建构活动的活跃，在有限的条件下如何使居住环境得到有效改善是值得设计学深入研究并反思的。

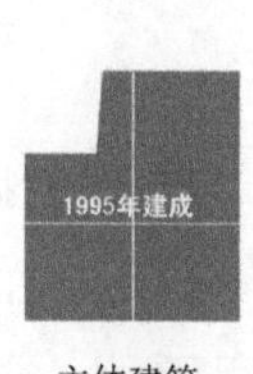

主体建筑，用于居住

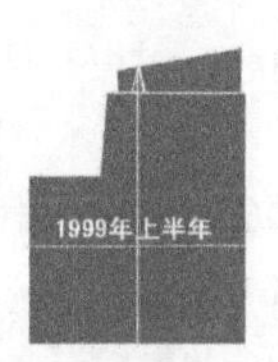

由于屏峰村周围社会环境的转变，户主看到了这里的商机，便将一楼改造为小店，沿着纵轴方向向后拓展搭建了货库

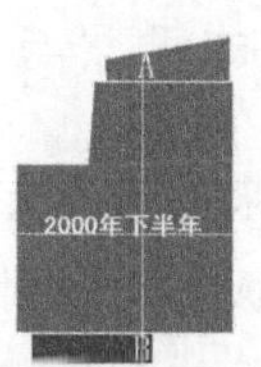

户主一年后将小店变为超市，从而需要更大的空间，但由于后面的空间已扩展到河边无法延伸，便向前扩展他的店面

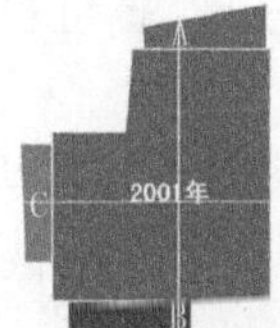

随着外来人口的增多，屏峰村出现了租房热潮，户主在前后已无法扩展的情况下，沿着横向轴线并依着主体建筑，向左建起了一座小坡屋，用于出租

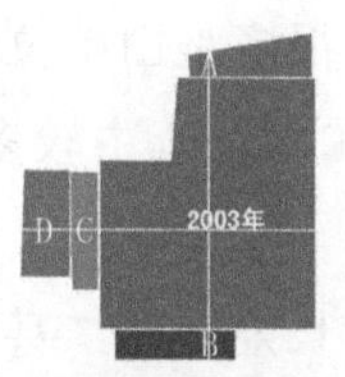

户主继续向左靠着先前建的坡屋扩建，同样当作出租屋使用

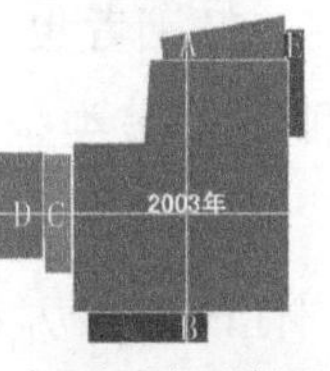

户主在向左无法扩展的情况下，又在建筑的右边小巷中搭建了一个简易的厨房，并和主体建筑连通，供自己使用

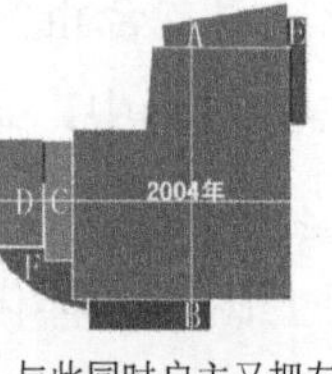

与此同时户主又把左边两间坡屋租给了菜商，菜商基于此地的区域优势开了小型菜市场，用彩钢瓦等简易材料搭建了一个虚空间

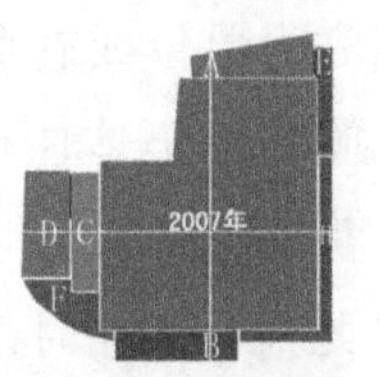

户主搬出了这套住宅，把主体建筑和以前的货库、厨房一起租给了现在的快餐店老板，并又沿厨房向前搭出了一个简易棚

图4-1　屏峰村某住宅加建历史平面图示（1995~2007年）

此外，新村租赁空间概况：建筑多为4~5层，近年来新建的农民住宅可以说是租赁房屋的升级产品，大多数户主在建房时已经具有充足的租房经验，并将这些经验体现在建造中，尽可能划分成面积不大的单间，避免浪费空间，如连地下室也略微提高采光口的设计高度[①]，这样做可以保证租赁资金收益。不仅大多数房间会配置一个暗卫，更加具有私密性，水电使用上也考虑到租赁者的需求，用电均设置一户一表，电费计价方便透明，水价每月每人20元。由于杭州本地房东有居住在顶楼的习惯，新农居住宅在上下楼梯设计上根据自用和租赁分开设置，有些一前一后（房东从前面上楼，而租户从背后上楼），减少相互干扰，也满足了各自的私密性要求。

这类租赁房价在250~350元[②]，特点是房屋较新、干净。大多房东也会安装网线，为需要上网的学生和年轻务工群体提供服务。居住的高密度、户型混乱不佳，缺乏布局设计优化仍然是影响居住质量的重要因素，但相对旧村模式显然提升很大。房东自住之余打理住房，成为专业包租人，客观上也成为物业管理角色，较之旧村能更好地、更积极地打理自己的物业。

（三）求租群体的考察与分析

求租群体分为外来务工人员（社会低收入群体）、在校或刚刚毕业的大学生、中低薪人群、临时租住人群四类。屏峰村是学生村与流动人口的混居空间。租住方式总体分为单住、合租两种。合租可分成血缘（家人、亲戚）、恋人、业缘（同事、同学）和地缘（老乡）合租。大学生多以2~4人合租新村套房后再自行划分。进城农民常以家庭为单位或老乡、朋友合租为主，打工者也有很多是由单位老板包吃住，集体住在出租屋中，这种租赁房类型在中青年中较多。中低薪人群以单住和2人合租为主。

此外，租住时间上比较多样化，有很多租房者长期租住，甚至多年租住。常见是最低3个月或者半年交一次租。有些租房者由于工作不稳定，变化较多。房东在租赁关系上拥有绝对主动权，可以根

---

① 原有房屋建设并未考虑地下室用来出租住人，仅仅考虑放置杂物等。

② 需要说明的是，本书对该村进行研究的时段为2010~2012年，这里指的是当时的租金价格水平。

据个人习惯决定是否租赁和租给哪些人群。而由于租赁房较多，当有不满意的情况（如和房东的关系、与邻居存在矛盾等）时，租房者也有自由选择其他出租屋的余地。

户型的选择受经济能力、租住动机、生活习惯等固有因素的影响。如何在经济承受力与个人生活空间的需求之间找到平衡点是求租群体都要考虑的问题，而工作网络、与他人联系便利程度、外部环境条件对租住空间和区位的选择也会产生重要影响。

租住群体存在着诸多隐形的内在联系。调查发现大部分居住院落之间存在血缘或同乡关系（图 4-2），其中多数人选择居住此地是因为熟人或者亲戚在此介绍其来工作，或者跟家人前来同住。也就是说，农民工群体大量依托的是血缘、地缘等初级关系。外来者初来乍到，人生地不熟，迫切需要靠近相近群体，获得信息和支持资源，屏峰村大量供应的廉价房市场满足了打工群体的“比邻而居”（群租需求），这点值得重视。

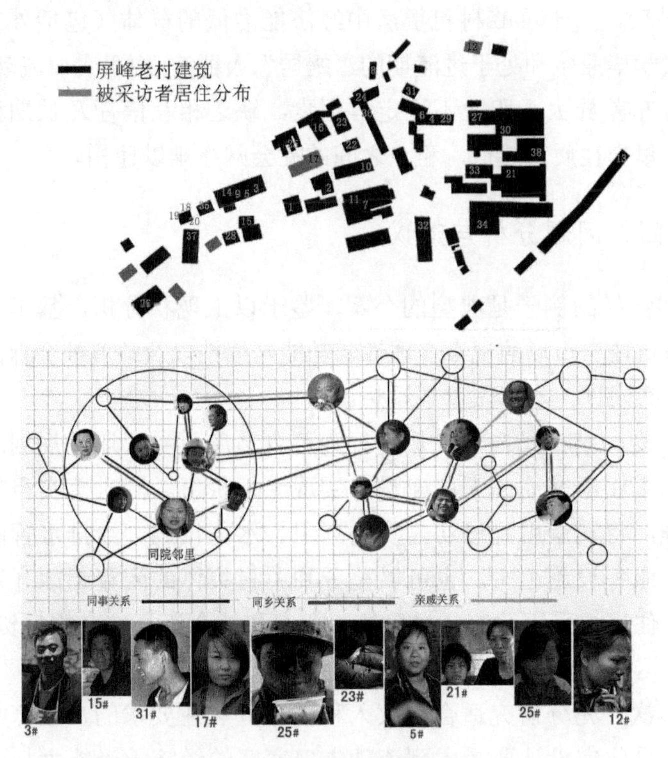

图 4-2　不同院落单元之间的网络关系图
资料来源：郑音、傅赛剑参与绘制

首先，由于新老村的不同建筑环境条件形成不同的居住格局，居住在老村的收入很低的外来务工人员，常常多数人合租，很多是家人或朋友介绍其来杭州工作或接父母来共同居住以照看小孩、打理家务。而居住在新村的多为刚毕业的学生和收入相对略高的打工族群。在租住人群需求比较多样化的现状下，屏峰新老村多样化的居住条件在一定程度上满足了这些人群的需求。屏峰村较为宽松的管制和低效松散的土地利用客观上满足了诸多低收入者工作性质对生活空间的不同需求，如厨房空间的违章搭建、拾荒者的储存空间利用等。

其次，由于房屋的建设初衷并非廉价租房，各种基本生活所需空间不足或空间分配不合理，如无独立厨卫，无足够的晾晒、洗涤空间。公共与私密空间没有良好的过渡空间。人口过密导致住户的隔音等要求无法得到满足，邻里之间存在生活习惯不同等引发的矛盾。但是价格因素而不是产品的质量成了其租赁市场繁荣和住户满意度较高的主要原因，低品质住房的刚性需求十分显著。

最后，居于屏峰村租赁房中经济能力低的群体（包括外来农民工、大学毕业生和处于过渡期的“蜗居”人群），由于人口流动频繁、来源分布差异大、职业不稳定等因素，缺乏相互信任及长期稳定关系，邻里交往质量较低，租户之间的社会网络难以建构。

（四）问题分析与建议

屏峰村的例子是典型的个案，鉴于以上现状分析，基于“城中村”租赁住房市场的现存合理性、功能延续性以及政府社会保障扶持能力的有限性，本书做以下设想。

首先，对村民自建或加建行为可以适度引导，通过规划改造增加容积率而不是简单无序建设来实现土地价值。同时落实租赁税收的管理，将其运用到迫切需要的环卫、水电设施、给排水管网改造等公共服务设施上去。也可以充分利用村集体的闲置土地开发简单的临时住房，采用政府、村集体、个人和社会资金结合的投资方式，以保障这些低收入群体住房比较稳定、长期的供给。

其次，充分研究适合低收入移民家庭居住要求的户型产品。低租金简易住宅设计要考虑到流动人口家庭的经济承受能力与基本需求，强化居住的规范性要求，如配备有小型的厨房、厕所等必需的管网设施等刚性制约，也要有针对弱势群体的政策灵活性，如可允许其使用安全材料自行搭建，落实到具体建造细节，同时允许一定的功能变通性，为不同的租住人群的生活、生产、经营提供便利。

再次，受收入水平的限制，移民群体对生活配套设施、房屋租金等承受能力很低。城市的继续外扩发展，“城中村”的土地价值将必然上涨，会导致此地出租屋供求关系的紧张。一旦周边地块成熟、需求旺盛，租金就必然超出部分群体的承受能力，他们将被迫再次迁居，始终无法居有定所，并且难以分享城市化带来的利益。由于当前“城中村”移民聚居区是由市场自发推动形成，土地供应量十分有限，大部分现有的“城中村”都是通过增加居住密度，在单位面积上容纳更多的外来人口来增加总收入，借此保有上升的土地价值，同时低收入群体可以继续维持这一居住区位。多样化高密度的居住空间对于本地户主和租户双利，这值得我们反思。

最后，还有一个问题是：城西某些“城中村”社区居住人口超规模的放大在一定程度上也加剧了城市社会空间分异问题，加剧了低收入群体集中的趋势。因此，当前迫切需要改变目前较为单一的社会居住群体，政府必须注意规划的散点布局和政策引导，避免形成过大的移民聚居区域。

二、五联西苑案例

（一）五联西苑发展概况

五联西苑位于杭州市紫荆花路和文三西路的交叉口，北侧近邻西城广场，南侧紧靠文三西路，东西两侧分别是金都花园和世纪西溪别墅。随着杭州市城市的发展扩张，五联村的全部 3 000 多亩（1 亩 ≈ 666.67 平方米）的农用土地于 1993 年被城市征用完毕，政府通过对村民的补偿安置把这些农用地变为城市的国有土地。征地后，五联村被分成五联东苑和五联西苑两个农居点，政府对原有村民进行了宅基地的分配安置，由村民自行建造住宅，现属杭州市西湖区文新街道的府新社区。

五联西苑属于典型的 A 类“城中村”，从 2000 年至今，经过十余年的发展，五联西苑内村民新住宅建设完成、外来人口大量涌入，刺激带动村内商业逐渐成熟，对其进行长时段的观察调研具有较为丰富的研究和分析价值。

在村内建设现状方面，五联西苑现占地面积约 9.7 公顷，用地方整。以“三横两纵”的 6 米宽井字型路网、3 米宽的宅间次道路及阵列式规整均质的三层单栋独立式住宅（现均已加建为四层）为基本布局结构。在沿文三路的村自留用地上配建了村集体的商业及集体宿舍建筑（现商业建筑用于店面出租，集体宿舍用于旅馆经营）和社区综合楼。

随着“城中村”租居市场的兴旺，高人口密度、高流动性的特性带动了商业服务的发展，这里逐渐形成了各种各样小型商业空间，在纵横交错的内外道路上形成了丰富的商业业态，生活十分便利。随着租住人口的增多和商业的繁荣，这里逐渐成为有特色的生活服务型街区，形成杭州独特的一种住区风貌。

（二）人口构成情况

经过初步调查（图 4-3），村内居住人口组成概况为：五联西苑内现居住人口约 2 万人，当地居民约 370 户，常住人口 2 000 多人。人口密度高，其中当地居民占 11%，外来人口占 89%（又大致可分为 5% 的店铺经营者，95% 的纯租住客）。无论是外来人口还是当地居民男女比例都较为平均。从年龄结构来看，五联西苑内以 18 岁到 35 岁的青年为主，占人口的 79%。外来人口来源地繁杂，大多以浙江及周边的省市为主，其中数量最多的来自安徽，占外来人口的 26%，其他省份以河南、山东、陕西居多。从职业类型来看，有一部分是 IT 行业，其次是销售与餐饮业。

五联西苑内租住人群主要是城市低收入移民，日常生活行为特点：一是消费水平低，衣食简单，家庭消费以食品为主，收入大多用于消费，储蓄少。二是医疗条件差。三是教育、文化、娱乐活动少，活动简单，精神生活匮乏，精神文化消费明显偏低。另外，由于五联西苑所在区位逐步变成杭州城西的次中心，其他租住群体如青年学生、短租人员、商贩等不断加入，在经历了近十年的演变后，五联西苑内的居住群体呈现混合化的特征（图 4-4），没有完全替换掉支付能力最低的一部分低收入群体，如农民工、拾荒从业人员①。

---

① 研究发现，这部分租户主要通过压缩、降低自身居住空间档次，降低房租来保持原有稳定的居住状态。

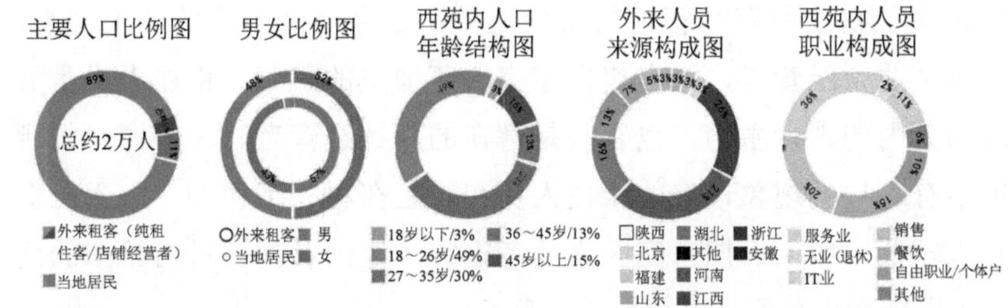

图 4-3　五联西苑的人口概况

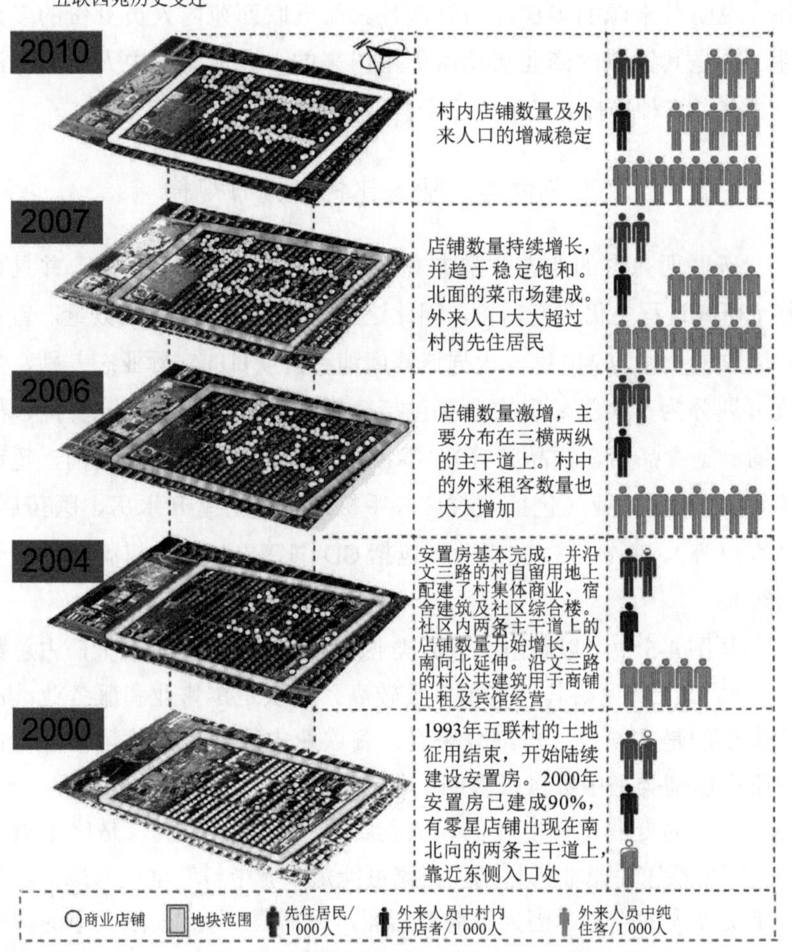

图 4-4　五联西苑 2000~2010 年的空间变迁

资料来源：姚龙博参与绘制

在长期调研后发现，五联西苑内居民常常具有多重性身份：房东、租住人员、店铺经营者。三者的身份具有一定的重叠性。例如，

房东除了物业所有与管理的身份之外，很多还是西苑的环卫工人，偶尔是业余经营者，如出售自家小块菜地里的蔬菜。租住人员是五联西苑内的消费主力，也有些是潜在的店铺经营者。在所调研的店铺中有这样的现象，有的租住人员起初是在村外工作的，由于工资收入较低，加上后期家庭因素的考虑等，他们看到了村内繁荣的商业氛围转而也在西苑内做起了生意。

店铺经营者大部分在本村内租住，也有很多租赁经营者来自村外，说明其来源的多样性与开放性。而五联西苑内人员身份的多重性，也是其繁荣的商业活动所催生出来的，这使得村内人员的生活方式有了多种选择并且形成了千丝万缕的联系。

（三）五联西苑内各类业态比例和分布规律

五联西苑内的业态非常丰富，由于小型店铺更替频繁，并且在整个研究过程中仍有变动[①]，因此这里无法确切统计店铺数量，暂定店铺数量一共为240家。根据这些店铺经营项目的实际业态差别，大致可划分为5大类：餐饮业（包括简餐店、风味饭店、零食铺、早点铺、副食品店、饮品店等）、零售业（包括水果店、杂货铺、超市等）、生活服务业（包括洗衣店、手机通信、浴室开水房、医药店、维修点等）、服饰业、文娱业（包括CD书籍出租店、棋牌室、文印店等）。

从图4-5中可以看出，五大类业态中餐饮业的比重最大，占总数的50%以上，说明其恩格尔系数较高。其次是零售业和服务业，占比最小的是文娱业。再细分来看，餐饮业中简餐店的数量最多，也是所有店铺类型中数量最多的。零售业中杂货铺的数量占了近一半，说明零售的专业化程度较低。洗衣店占服务业的35%，是比重最大的。其中搬家生意非常特别，搬家可能是“城中村”里投入最少，却也是最红火的生意。因为不需要店面，只需要一块A3纸大小的牌子（上面注明名称及电话号码即可）挂在其他店铺门口即可，“城中村”租居人员搬家是常事，所以不担心没生意做。这些商业业态的基本特点与低收入中青年移民的生活需求与消费结构密切相关（图4-6）。

---

① 数据来源于2011~2013年的调研结果。

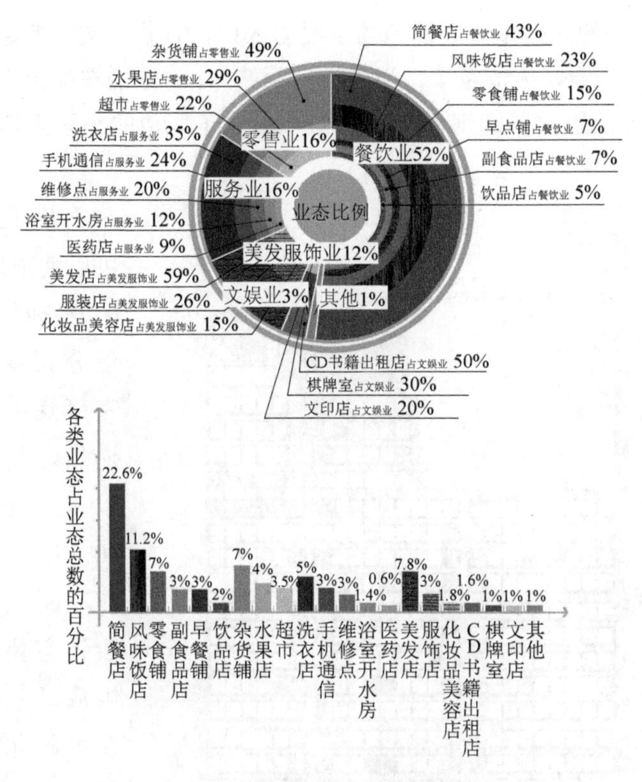

图 4-5　五联西苑业态的构成比例

资料来源：姚龙博参与绘制

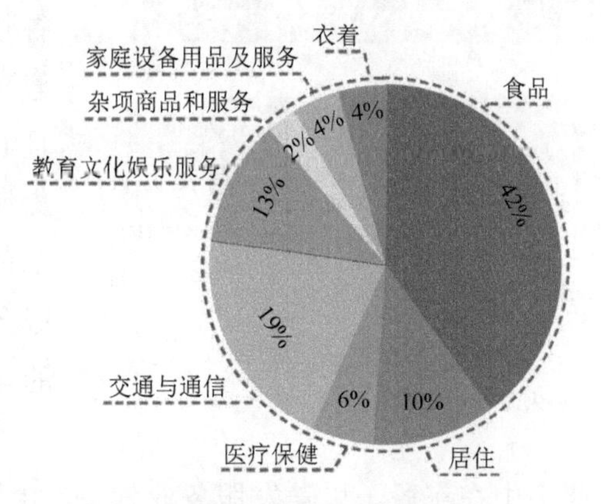

图 4-6　五联西苑租户的消费结构图

为了清晰地表述，笔者将五联西苑内的主干道进行编号，“两纵”从西向东编为 A、B，“三横”从北向南依次是 1、2、3，从图 4-7 可清楚地看到，这些店铺沿西院内主干道混置分布，主要分布于 A、B 两条道路上，特别是 B。而横向道路中 1 道路人流量最大。原因是：

A、B 道路的南端是五联西苑的主要出入口，且临近文三西路的皇朝花园公交站点，人流量大，消费活动频繁。1 道路的东端出入口与五联西苑外的道路联通形成十字路口，沟通了周边的小区人流，聚集了人气。

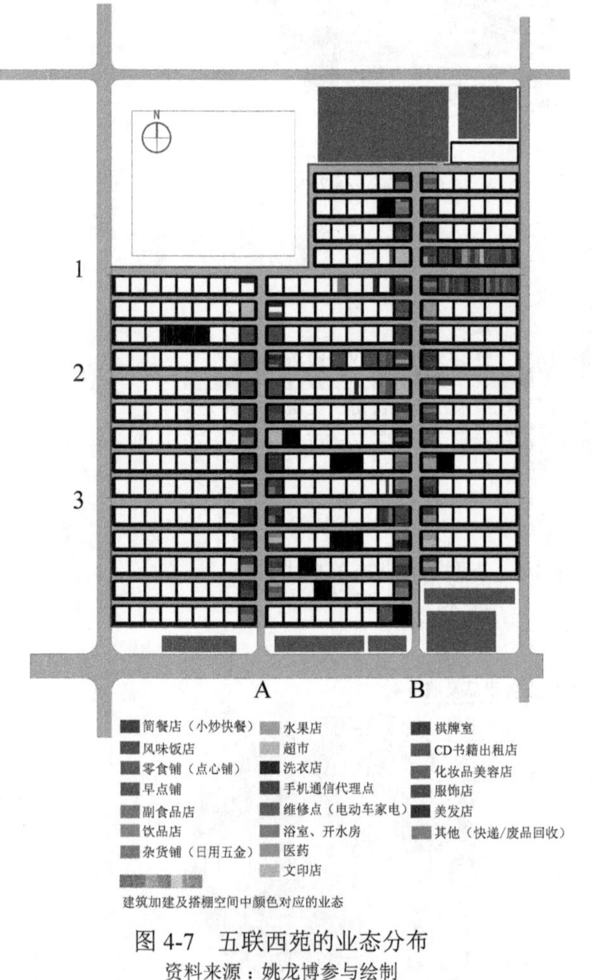

图 4-7　五联西苑的业态分布

资料来源：姚龙博参与绘制

从图 4-7 上可以清晰地看出：B 道路的店铺数量分布由南向北密度递减，面积递增。其中一半以上为餐饮业，20% 以上为零售业，面积较大的店铺主要是风味饭店（主要集中在道路北段）和超市。B 道路的店铺 60% 以上是餐饮业，其中零售业占 19%，而且 B 道路也是聚集服务业店铺最多的道路，占了服务业店铺总数的 47%。

其中，1 道路上的店铺主要集中在东段，以美发服务业为主，由于业态自身特色，店铺外观较新颖，使得该段道路与 A、B 道路的商业氛围有较大区别。2 和 3 道路上的店铺数量少，以餐饮业为主，2 道路的中段有两家店面较大的风味饭店。

综上数据分析，绘制了表 4-4 以详细分析店铺分布的几个特点，具体如下。

表 4-4　五联西苑南北向商业分析

道路编号	A1		A2			A3			A4		
门牌号	编号	商铺	门牌号	编号	商铺	门牌号	编号	商铺	门牌号	编号	商铺
						335	1	阿良美发	334	1	布料、衣袜
										2	豆浆
							2	杂货店		3	早餐
										4	杂货店
						330	1	牙科	329	1	水果店
										2	香酥鸭
							2	麻辣烫		3	小吃店
							3	杂货店		4	大师傅饼店
										5	快餐
						325	1	胖子大排档	324	1	山东水饺
										2	开封小吃
							2	左伟美发		3	杂货店
							3	移动营业厅		4	粥坊
						320	1	好又多超市	319	1	陕西面馆
										2	小吃店
										3	水果店
										4	
315	1	甜甜干洗店	314	1	自家用房	306	1	洗衣房	305	1	沙县小吃
							2	电脑维修		2	杂货店
							3	移动营业厅			
	2	自家用房					4	新秀造型		3	桐瑶局
							5	安徽大排档			
291	1	世纪华联超市	290	2	干洗店	282	1	川味大排档	281	1	水果店
							2	土家菜馆			
				3	休闲食品		3	川味炒菜		2	山东菜煎饼
							4	炒货			
267	1	川府菜馆	266	1	配菜	258	1	大排档	257	1	早餐店
										2	奶茶店
							2	小吃		3	家乡粥粉包
				2	农家小院		3	移动营业厅		4	杂货店
				3			4	一莎烧烤坊		5	自助洗衣

续表

道路编号	A1		A2			A3			A4		
门牌号	编号	商铺	门牌号	编号	商铺	门牌号	编号	商铺	门牌号	编号	商铺
243	1	得来鲜麻辣菜馆	242	1	自家用房	234	1	土烧大排档	233	1	酸辣粉
				2	杂货店		2	敏月饭店		2	何记肉夹馍
				3	天天饭店					3	移动营业厅
				4	干洗店		3	麻辣烫		4	快餐
219	1	荆楚农家	218	1	豫琴菜馆（衢州菜）	210	1	重庆大排档	209	1	早餐麻辣烫
							2	夜宵		2	周记黑鸭
							3	超市		3	天津包子
							4	炒菜		4	快餐
195	1	三头一荤衢州菜馆	194	1	餐饮	186	1	家常小炒	185	1	休闲小食
				2	砂碗面						
				3	辣欢天香川味		2	兰州拉面		2	移动营业厅
				4	干洗店		3	杂货店		3	中式快餐
171	1	随意小炒	170	1	好又多超市	162	1	天下第一汤	161	1	正喜料理
	2	聚友棋牌室		2							
	3	杂货店		3			2	阿峰特色烧烤		2	金莎名妆
				4			3	干洗店			
147	1	伊人发型工作室	146	1	顶鲜排挡	138	1	重庆特色小吃	137	1	傻瓜瓜子
				2	餐饮		2	移动营业厅			
	2	西安特色面		3	安徽大排档		3	烟酒		2	水果店
	3	多味馆（杭、川）		4			4	杂货店			
123	1	郭记手工面	122	1	干记牛肉馆	114	1	陕西特色小吃	113	1	早餐店
	2	水果店		2	移动营业厅		2	开心豆浆吧			
	3	千岛人家菜馆		3	杂货店		3	小烟酒店		2	魅力一百
				4			4	麻辣烫		3	

续表

道路编号	A1		A2			A3			A4		
门牌号	编号	商铺	门牌号	编号	商铺	门牌号	编号	商铺	门牌号	编号	商铺
99	1	徽菜土菜	98	1	自行车维修	90	1	小炒	89	1	渔夫烤鱼
				2	移动营业厅		2	自行车维修			
	2	艺森发型工作室		3	杂货店		3	饰品店			
	3	胖子大排档		4	干洗店		4	移动营业厅		2	同医药店
							5	服饰		3	
75	1	安徽大排档	74	1	麻辣烫	66	1	安徽大排档	65	1	水果店
	2	摩登世界美发		2	现磨豆浆		2	日用品批发部		2	
	3	服装店		3	希赛百货店		3	干洗店		3	平价超市
	4	杂货店		4	韩式烤肉店		4	饺子馆		4	
51	1	严州土菜	50	1	早餐，快餐店	42	1	点心座	41	1	武汉小吃
				2						2	水果店
	2	快餐		3	杂货店		2	嵊州小吃		3	杂货店
	3	同医连锁药店		4			3	早餐		4	
27	1	大排档	26	1	水果店	18	1	四川米线			
	2	动力造型		2			2	天津汤包			
				3	杂货店		3	小超市			
	3	手机充值		4			4	炒货			
9	1	私房菜	8	1	配电房	1	1	快餐			
				2			2	小吃			
	2	杂货店		3			3	冰岛奶茶			
				4			4	早餐			

资料来源：姚龙博参与绘制

整个业态分布体现出布局均衡秩序，但在不同道路上有较明确的主导业态。A、B 道路南端出入口附近是早餐聚集区，也是早晨上班人群必经之路；北段是饭店、超市集中地域，因为此段人流量较少，所以店铺密度降低，腾出来较大的店面空间，满足饭店、水果超市、日用品超市等业态对大空间的需求。总体而言，村内“均质”划分的方格网状空间逐步变得等级化、差序化，原因在于内外空间关系上的“非均质”化（图4-8)，这符合基于空间实际运行的绩效追求。

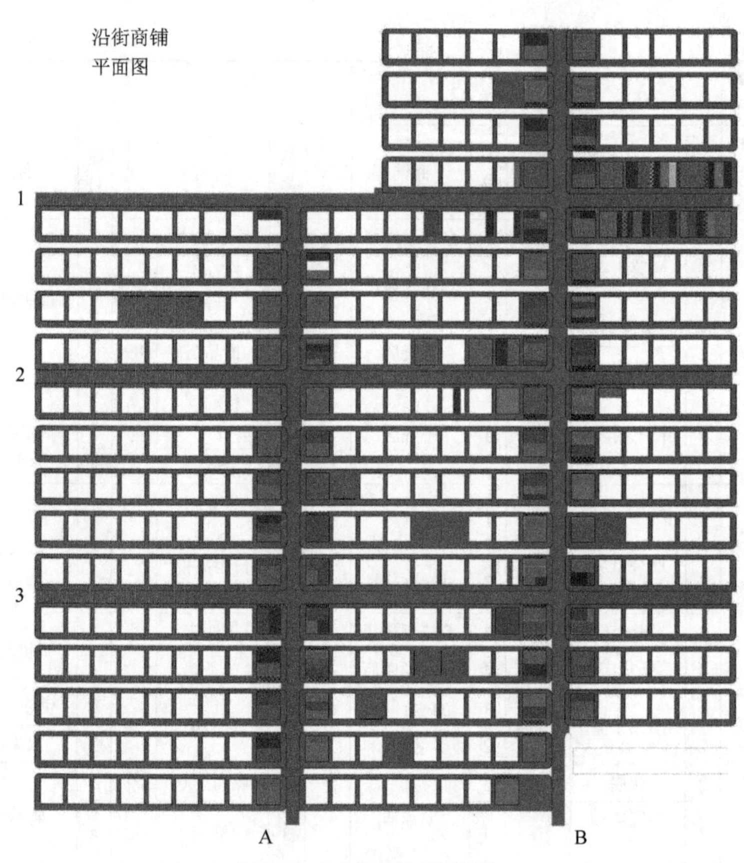

图 4-8 “非均质”化格局

由于小生意多，商业密度大，村民几乎家家经商，每户都有自己的副业。底楼商户种类繁多，经常出现拼租和分割铺面的现象。经营者也往往自己制作、设计、安装广告牌，各种颜色、各色材质混合交织在一起。很多非正规经营属于隐形经济，如三轮车搬家、网线出售等非常低水平的小型业态，小型广告牌数量巨大，包括那些依靠出卖自身劳动力的简易广告。

五联西苑的商铺由于容易更替，商业招牌更新速度快，稳定性低。很多旧的招牌还未及时去除，新招牌就已出现，形成了招牌重叠并置的现象，反馈出密集的商业信息的形态。而各种商业广告也不局限于铺面的常规招牌形式，大量的广告信息通过条幅、悬挑招牌、灯箱广告、传统橱窗，甚至简易贴纸等各种手段进行展示与视觉吸引，虽然杂乱，但这些广泛的、不带任何排斥的信息展示充分说明了商业空间的自由竞争（表 4-5）。

表 4-5　广告牌类型

形式	照片	分布业态
灯泡		移动小摊、水果店
灯箱		小吃铺、医药店、洗衣房、饭店、超市、移动充值等
投灯		饭店
亚克力灯箱	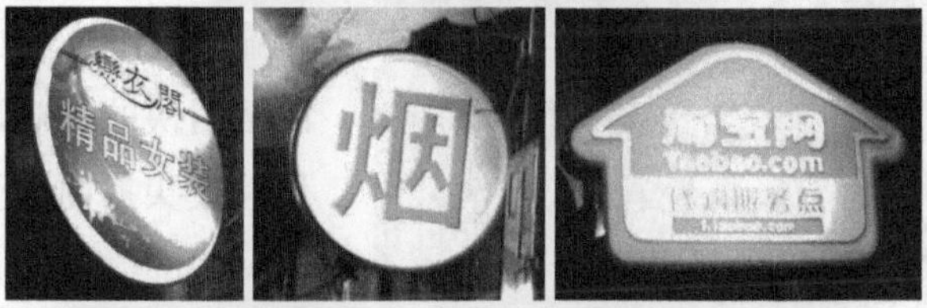	服装店、烟酒铺、淘宝代购点
霓虹灯字		饭店
LED字幕		电器维修

在某种程度上，不同档次的、丰富的信息发布能够提供给消费者不同的信息暗示，说明其店铺的一些基本情况（如消费水准、以往的业态）。另外，很多低成本装修甚至无成本的店铺的存在说明了社会大众的参与性，降低了进入的门槛，那些没有太多创业资金的新移民可以在此进行尝试。

（四）“城中村”的绅士化现象

五联西苑近年来发展变化的一个明显趋势是，随着城西逐步变成一个城市的副中心地带，如西城广场、银泰百货等建设，这个“城中村”的部分地带地租上涨，地皮价值逐步提高，开始出现“绅士化”现象[①]。

图 4-9　上图中农居提档变美，下图中小洋房因加建而变得丑陋

例如，在图 4-9 中，我们可以看出城西“城中村”由于地理位置便捷被快捷城市酒店“速 8”看中，新的快捷酒店由两套连接起来的独立农居住宅拼贴合并而成，这两栋房子的顶楼简易棚屋也一并纳入进来，房子主要通过粉刷外立面、虚实对比、简洁明快的外观形象设计使其改头换面，彻底摆脱农民房的原有形象。在这里，时尚化的设计似乎为这栋楼房的华丽转身提供了条件，但是这不是根本原因。这种美化运动的现象的本质在于：土地商业价值的最大化利用对资本的吸引力。这种商业业态是否可以成功营运取决于地段的消费能力以及商家的收益能力，设计只是起到推波助澜的作用。仔细分析后可以发现，这个“城中村”沿街的建筑，由于区位较好，临近大马路，还是有其明显的特殊地段优势的。显然，整个“城中村”地块尤其是那些内部区域就不一定具备这种转换的前提与能力。

无独有偶，与这个“美化”案例相对应的是，在另一个角落里

① 绅士化（gentrification），又译中产阶层化或贵族化，是社会发展的其中一个现象，是指一个旧区从原本聚集低收入群体，到重建后地价及租金上升，吸引较高收入人士迁入，取代原有低收入者的现象。

却发生着“丑”的事件，如图4-9中的下图所示，可以看出，原有精心设计的四层独立式农居房（外表贴着精美的小花砖，为典型的现代欧式风格），却变得丑陋。由于房价的上涨和求租人群的扩大，这些房主不惜破坏美丽的建筑外观在顶楼加盖出租房。恰巧以上两个情景发生的位置都在同一“城中村”内，一个是美化，另一个却是丑化，从表面上看是一种矛盾现象，两种不同的取向。无论对于哪一种外观的追求，简单的美学原则显然完全失去了解释力，其背后的根本原因还是在于利益最大化的驱使作用，也是其形成了“绅士化”的结果。

在这场“绅士化”的进程中，我们不免需要关注的是，在地价提升后，外来移民的居住生活必然会受到影响，甚至被高租金驱逐。但是“城中村”的房主同样可以通过自行加建房屋、增加可租面积来提高收益。这显示了一种自组织机制下的“动态的平衡”。

这种加大密度、换取数量的行为对租户和房主是双利的，而且由于在当下政策环境中，即便遭遇拆迁，自建房仍然有机会获取政策补偿，因此，对于村民而言，选择这种方式更加保险。

三、城西三村案例比较研究

这里的城西三村是指“五联西苑”、“屏峰村”与“杨家牌楼”。由于这三个村都属于杭州城西范围，深受杭州城市外扩的影响，且在发展上具有不同的时序特点，因此充分体现出其内在发展规律。另外，由于多案例研究可以体现差异复制和逐项复制的原则，在不同的环境中可以得出比较结论，因此城西三村具有较高的比较研究价值。

本书选择这些人居研究案例的出发点在于典型案例的研究价值。国内很多城市在城市外扩和边郊“城中村”的衍变上有诸多相似之处，在笔者调研期间[①]，处于杭州西的城市近郊区的土地价格、居住成本相对较低。大量农村集体土地产权的“城中村”廉价出租房供应充足，这些“城中村”社区天然地成了低收入移民聚居地，外来人口远远多

① 大致在2000~2010年，杭州城西城市边界迅速外扩，城西近郊地段处于城市化快速发展和衍变期。

于本地居民，甚至是本地居民的数倍。但在外部空间关系上，大多没有连接城市与其他社区的网状交通体系，更多的只是一两条主道路联结至大型干道的“飞地”，属于隐蔽性较强的、从城市干道空间上不易感知的地理空间。而在五六年之后，这些“飞地”之间的“飞白空间”逐渐被填补，“城边村”变成“城中村”。

城西三村都是在城西“天目山路—小和山路”沿线主干道发展起来的，尽管用地形态与周边环境差异十分明显。“五联西苑”是城市次中心地块中第一次“城边村”改造中预留下的一个方正的集体居住用地块，而杨家牌楼则是在山坳中具有历史延续性的一个村庄聚落，屏峰村则是从老村向新村搬迁后的若干新老地块拼贴的村落形态（图 4-10）。但是这三村具有相似性，可以发现这三个村都有一到两条十分明显的主道路商业街形态，从传统的“村口”部位延续到地块的深处，形成空间组织的“轴线”，而其他街巷的主次依从关系和等级体系都是后期依附于此逐步发展起来的，当然也是充分自组织的结果。

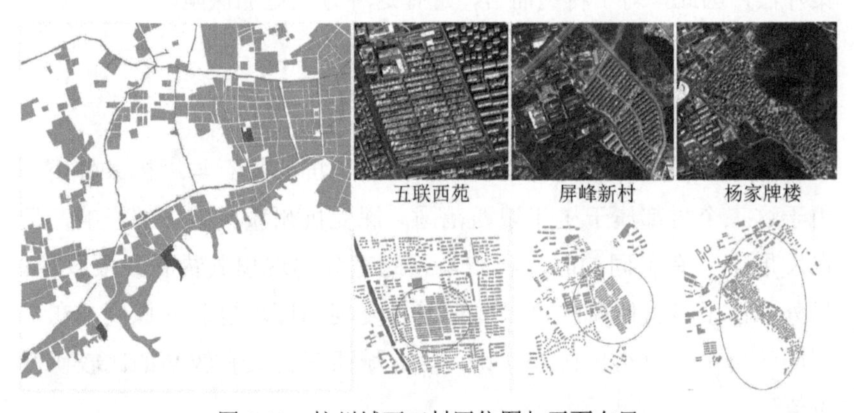

图 4-10　杭州城西三村区位图与平面布局

（一）自组织“空间修复”

在村内吸纳外来租户的初期，很多消极的、不被重视的环境因素，如垃圾堆放、废弃房屋、环境脏乱、缺少市场管理规范等各种问题要素十分明显，在初始阶段，这些商业街优势很受影响。无组织、缺乏统一规划管理等问题也较为突出，商业服务业态呈现出典型的低水平、重复性和不稳定的基本特征，很多局限于餐饮杂货铺等低水平的业态。而经过一段时间的协调和自我梳理，空间逐步经过自组织的修复，形成了比较稳态积极的模式。

在图 4-11 中可以发现，屏峰村原来是按照“新农村”住房的高标准布局进行建设的，结果设计楼间距较大，空间形态比例反而显得空旷，较难满足商业空间多层次的功能需求。这种建筑空间布局往往不能主动适应商业空间的发展和良好环境的形成，从而造成较严重的空间浪费现象。

图 4-11　屏峰村与杨家牌楼街道的巷道高宽比

而有趣的现象是，由于三个村庄现有商业空间的管制方式不尽相同，带来了不同的结果。有些“城中村”管理方默许临时摆摊，有些对摆摊者收取较高的管理费。“城中村”管理属于村集体的范围，政府对社会空间和社会管理良性变动调控乏力，决策权完全在于“城中村”的内部管理层，摆摊者的流动性和不确定性较大，但是这也正说明村组织这一微观权力单位具有很大的主动性空间。例如，在屏峰村调研访谈中发现村管理部门基于利益垄断的需要，禁止外来生意人在新村内摆摊设点，这造就了新村商业氛围冷清的结果。

杨家牌楼的商业空间比较紧凑，宜人化，同时允许一定多样化的摆摊空间的存在，成为杭州城区少有的地摊街市，吸引了附近很多逛街人群，呈现相当繁荣的景象，人气极旺。这种线性的传统集镇商业街道形态在承载交通的同时，在很大程度上决定商业生活的空间秩序十分紧凑，并与商业行为一起塑造了商业空间的意象，构筑了一个生动有活力的公共活动场所，共同承载了各种丰富多样的社会生活和内涵。杨家牌楼商业类型已经相当丰富，有各种中小型商业中心、餐饮店、超市、便利店、食杂店、维修店、洗染店、美容美发店、书店、音像店、家庭服务等几乎所有社区商业业态，相比较一般的居住小区，其产品与服务的丰富程度令人惊叹，并针对低收入群体衍生出众多细微的分工服务行业，如专门的开水铺、洗衣铺等。其基本形成了一个业态较完备、功能较齐全的低消费城市社区，主动弥补了大型移民社区商业配套的不足。

（二）空间“再细分”与时间“再细分”研究

总体而言，城西大量的外来租住群体的生活需求，刺激了这些“城中村”个体商业的发展，城西三村商业设施自组织逐渐成熟完备，几乎可以满足大部分日常生活需求，达到自给自足程度。这不仅为社区生活提供了方便，也为村内外无业人员提供了就业和增加收益的机会，形成了独特的“城中村”商业街市，内部的街道自发成为与租户生活联系紧密的商业街。

以屏峰村老村及新村为例，商业形态主要以零售、餐饮、服务业为主，分布较为合理。在新村初建阶段，由于人口结构较为单一，传统简易的经营内容暂居主流，老村商铺以简易搭建和改造为主，大部分为满足基本生活需要的低水平服务业。新村中的商业在初始阶段，其人流量也较低。同时，大量的临时小商业摊贩和自建建筑逐步生长起来。

具体到建筑层面，由于“住改商”，大部分商业门脸是后期租用者临时改造的，其初始建筑设计并不与商业空间经营匹配。住宅店面使用呈现一种错位现象（图4-12）。不同的是杨家牌楼社区，由于其建筑与人口密度都比屏峰村大，宅间距离较小，大多从一开始便以“前店后居”“下店上居”的形式展开，租赁商铺的人往往商住合一，充分节省空间成本。因此，两个街区在空间使用的绩效上有很大差异。

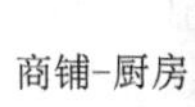

商铺-商铺

商铺-仓库

图 4-12　住宅店面使用的错位现象

这种以沿街底层小商铺为主要模式的商业在“城中村”社区空间中占有重要的地位。街市空间呈现出线状分布特点，并向内部街巷延伸，商业种类多，快捷方便，服务半径短，可以满足低收入群体的大部分需求，这是“城中村”商业服务的特色。同时，还具有很强的灵活性。

首先，部分经营主为了能有更高的利润，或是摊薄租房成本，往往使得商铺有很多附加的功能，几个业态类型叠加。如图 4-13 所示，这个小店经营业务广泛，有电话、充值业务，还卖杂货、蔬菜、饮料、香烟等，同时还是奶茶店和馒头店。多种经营内容，保障其经营不至于过于单一，以扩大收入的来源。

另外，我们发现，如果现有的门面房过大，则大多会自行改造为多个商铺，空间可以根据需要再次划分。这种细分法十分精明，促成高利用率集约化的使用。如表 4-6 所示，同一住宅的室内

图 4-13　自建临时建筑

功能 1：小卖部；功能 2：电话、充值；

功能 3：奶茶店；功能 4：馒头店

资料来源：姚龙博参与拍摄

店铺被分割成四个面积不同的小空间，并进一步与室外空间进行组合。A、B、C、D 经营内容不一样，导致沿街立面变得较为复杂。

A 为小吃店，由 50 多岁的老年夫妇经营，其开间所对应的路边摊位，也可以优先使用，这些路边摊位的使用权主要由房主支配，由店铺租户使用，也可以转租给其他摊主，但都需要向社区管理缴纳较低的费用。

表 4-6　同一住宅内的空间细分现象

案例	分类		A	B	C	D
三家店铺房东相同，店铺面积由房东划分，各种费用独立缴纳	照片					
	平面图					
	店铺面积		约7平方米	约10平方米	前店后住各10平方米	无店面，棚下约10平方米
	店铺租金		2 000元/月	2 500元/月	约3 000元/月	1 000元/月
	经营项目	主业	小吃	饼类、点心	包子	特色小吃、砂锅
		副业	服装	现磨豆浆	粥、豆浆	凉皮凉面、酒类
	开店时间		2007年	2010年末	2009年	2010年
	店里人员情况		老两口50多岁，经营小吃；女儿20岁，经营服装	亲戚4口人，18~35岁，分工轮休	小两口＋婴儿	40多岁夫妻俩
	祖籍		湖北	安徽	安徽	安徽
	生意繁忙时段		小吃：傍晚、中午；衣服：下午5点多	早上、傍晚	早上	晚上
	营业时间		10:00~24:00	5:00~22:00	6:00~20:00	8:00~次日2:00

老年店主在早上高峰时段或者人流量多时就靠近路边摊位进行

经营，到下班时间，女儿下班回来，则使用这个路边摊位卖一些低价的衣服，店铺有时采用“三班倒”[①]的时间安排，有时“两班倒”。因此，在空间上是一种混合使用，而在时间上则是交错利用，体现了时间和空间综合利用的智慧。与之相对应的是，A、B、C、D这四个被细分的店铺都与门前的空地进行着这种交错编织的业态组合关系，其中有很多是巧妙的互补搭配。最终形成了同一栋住宅地点，却能够形成十几个不同的经营类型，由不同时段进行调配的微妙的关联。这种细分也可以降低经营成本与经营风险，店铺很容易改变经营内容，空间形态约束性较低。

（三）社会分工“再细分”研究

“城中村”当中也有明显的社会分工现象。在“城中村”中，大多数住宅的室内空间都较为狭小，功能不齐全，如没有完整的厨房、洗浴间等。因此这些专门从事于提供公共空间或公共服务的行业应运而生，如大众浴室、烧水房、“自做饭馆”等（图4-14）。

所谓“自做饭馆”，类似于一个公共厨房的概

图4-14 “城中村”内的社会分工现象

① 三班倒的大致时间分布为：早班6:30~10:30；中班14:30~18:30；晚班18:30~24:00。

念。大多数住户都缺乏在自家烧火做饭的条件，可每天在外面餐馆吃饭的费用对于他们而言又是不菲的开销。再者，餐馆的饭菜也不一定合乎口味。另外，住户们休闲时间较少，也没有过多的时间花费在厨房内。正是在这样的情况下，村内自发创新，形成了一个新型业态——“自做饭馆”。至于这个饭馆如何经营，油盐酱醋如何消费，是次要问题。至关重要的是，它为住户提供了场所与工具，让那些没有足够多的时间去做饭（包括买菜、洗菜等全部厨房事项）却又想在闲暇时烧火做饭的住户得以满足。作为商家，“自做饭馆”更是从一个非常细腻的功能定位满足了住户的需求。

“自做饭馆”是一个全新的概念，它介于上餐馆和自己做饭之间。上餐馆或吃简餐虽然可以减少家务时间，但是不一定合乎口味。还有一个不太被注意的问题是，家务的乐趣也被剥夺了。而完全由自己去完成厨房的一整套厨事流程未免太过于烦琐，成本较高，而且还需要另外破费租赁厨房空间。“自做饭馆”在效率、成本、乐趣和口味之间寻找到一种平衡，一种新的业态创新模式得以产生。

“大众浴室”这一产业则体现出“城中村”集约化的生活方式。根据开水所标识的价格信息可以推算，不计水电费，住户购买一个烧水壶的价格足以让他在烧水房购买一年乃至两年的开水。也就是说，对于开水使用量不大的住户来说，去烧水房买水反而是更加经济的选择。由此看来，就那些不需要每天使用大量的开水，但又不能完全不使用开水的单身男女、短租游客或室内条件十分受限制的住户而言，烧水房的存在恰好能够化解他们的矛盾。一方面，住户省了钱；另一方面，商家也从中获取了利益。可以说是双赢的。实际上，对于商家而言，经营浴室所能获取的利益并不多，但他们在经营烧水房的同时，还能进行其他多个副业。从图 4-14 中可见，该商家在开水房门口做缝补生意，而“城中村”的大多商家正是通过多元化就业来改善自身生活的状况。

“城中村”是一种独特的居住生活社区，其自发的商业服务行为的细分有其丰富的价值：为社会提供了大量廉价服务和商品，尽可能多地降低了人们的生活成本，繁荣了当地经济，利于第三产业的发展，多渠道地解决外来人口的就业生活问题，其中很多低成本、低收入的小本经营、无本经营给携眷迁移群体中的非主要劳动力提供了低门槛的就业机会。各种非正规、多样化的商业空间作为居民社会交往与对话的重要场所，使人们感受到自身的社会存在，社会信息得到了方便的传播与交流。某些传统“集市”的理念也穿插其中，互为补充，其商业景观空间不追求华丽和多余的装饰，在于满足功能需要，实实在在服务低收入人群和本地居民的生活。当前应该客观分析利弊，避免简单将其看作脏乱差现象，盲目取缔拆毁，而重在适时进行局部整治，增加公共活动场所和配套设施，加强管理，促进其特色化良性发展。

（四）空间复合化与混质维度研究

这三个村庄的案例，比较而言，杨家牌楼的空间复合化十分显著。在该村，生活网络与生产经营网络有机密织，促进了产住共同体的发展（前店后居、下店上居、近距离店居网络），商业和各种小生意可以将居民联系起来，形成互助网络和有机社群。这既是对传统村镇街巷空间和生活的延续，也是对其现代化转型的某种吸纳。这些演变不仅最大限度地方便了年轻居住群体的生活需求，也扩大了人们的交往。

同时，我们也可以发现区域混质需求的外部驱动力，由于城西地区属于新近开发的地块，缺少相应配套设施，也没有成熟的大型居住区可以依靠。例如，在屏峰村，周边的用地多为学校，功能单一，因此，一个“城中村”内就迫切需要混合各种功能需求，形成混质的空间形态。周边新开发的低密度居住楼盘，层次内容单一的商业规划服务体系和模糊的定位，以及地价攀高带来的消费门槛的提升，导致这些新开的楼盘商业长时间冷清（如屏峰村边的九月森林居住区）。“城中村”逐步吸引人气，很大程度上“捂热”了这些半生不熟的新区。中国城市化过程中城市空间的碎片化、新区街道功能的丧失问题是明显的，“城中村”“城边村”等移民社区则通过不断填充的人气规模以及更高效的自组织空间开发设计模式，在某种程度上缓解了城市新区的某些问题，这在城西三村得到了印证。

在居住密度和多样度的自组织设计中，密度既是基础，也是最大影响因子。尽管不同“城中村”初始规划密度较低，但通常经历租

居市场的成熟以后,“城中村”人口密度大幅增加，促使容积率（加建）成长至一定的最优化上限，促进该区域的成长。在居住密度和住房供给的需求得到保障的情况下，人口和居住空间的多样性得到发展，商住混合聚居形态得以发展。对于“城中村”户主而言，对现有住宅进行多种类型和方法的扩容，较小的分租面积和低造价成本使得低租的价格对于正规住房具有较强的竞争优势，更便于出租。而在吸引到足够的商业业态之后，也会推动对空间层级、功能的划分和优化以及住宅周边环境改造的日益成熟与多样化。

在空间集约化的状态下，“居住 + 就业（创业）+ 休闲”的功能复合模式，表现出多种使用模式与多种混质维度。表 4-7 即表示了“商—住”关系中的四种基本类型：时间混合、共享混合、水平混合与垂直混合。

表 4-7 “商—住”关系的四种类型

混质维度	时间混合	共享混合	水平混合	垂直混合
界面表征	功能间歇性调节	显分区、弱界限	“前店后居、上居下店”的界面划分	
模型	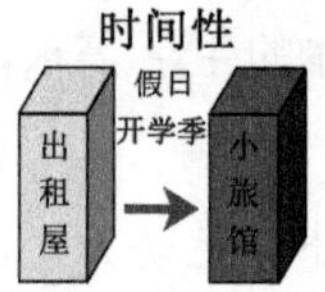 时间性 出租屋 假日 开学季 小旅馆	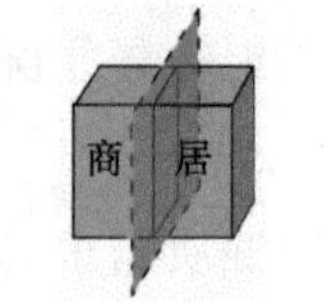 商 居	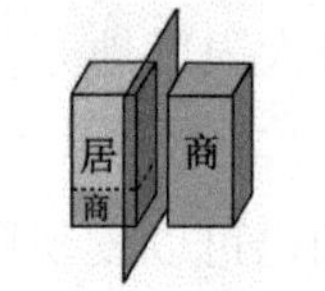 居 商 商	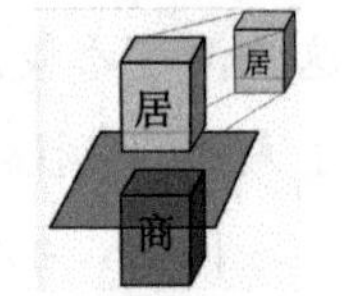 居 居 商
案例	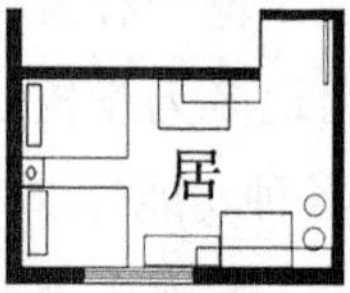 居	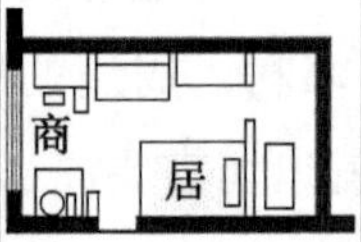 商 居	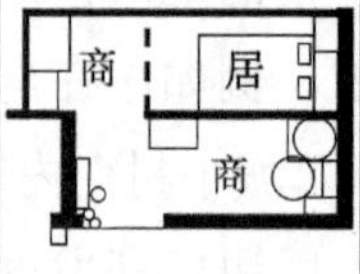 商 居 商	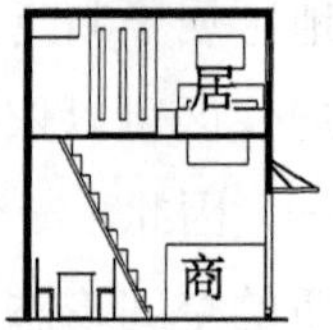 居 商

第一种为时间混合模式，如出租屋在假日、开学前等特殊时节即可摇身一变，临时作为小旅馆经营使用。其中，小旅馆的模式与出租屋模式之间还可以进一步细分为“钟点房”“日租”“月租”“长租”等多个类型。这在杭州杨家牌楼社区附近的大量沿街旅馆可以得到印证。第二种为共享混合模式，很多小型生计“租”“居”合一，以最小的租金成本满足创业与居住的双重需求，空间强调紧凑利用，具备基本要素，而且还具备随时转换的可能性。第三种、第四种为水平与垂直混合模式，也就是传统概念中的“前店后居”“上店下居”类型。另外，这两种模式还可以共同存在。

具体来看，住居空间内具有一个相对明确的界面分割，保障了居住的完整性和质量，但是这种模式只是第二种“弱界限”的同类版本，拥有一个物质界面并不一定就比第二种更高级。而且，在调研中经常发现，在内部的住居空间内，往往也混合着、孵化着其他的副业存在，如前文提到的开水房与缝纫店的混合经营等。因此，“共享”与“混合”是一个基本的概念，其核心精神就是“共存”，而水平混合与垂直混合只是衍生出的具体空间的设计类型。

在垂直混合类型中，除了上下对应的混合模式，笔者还提出非直接垂直对应的模式。例如，在“城中村”中，由于出租空间非常密集并立，相邻的楼栋并不远，居住空间与经营空间往往还可以表现出很多近距离的互联模式，如在商铺不远的另一栋楼内居住，或者底楼的小店使用另一栋楼上的出租屋作为仓库。

从住居学和人类学的角度而言，以上住居功能的细分化与整合是不断整合发展的，人居设计模式也在不断分异、整合，并不存在进化与退化、高级与低级的分野，新的人居功能也是过往人居功能的某种新的涌现而已。

由于“城中村”出租屋数量大、类型多而且可以自由划分，因此为这些根据灵活性的衍生模式提供了设计的条件。而且，这些不同的空间类型彼此相互依托、连接，激发活力，显现出极高的空间紧凑性与设计效率。

例如，杭州杨家牌楼更是从主要以垂直于外部主街的骨架逐渐转变为纵横向道路格局（图 4-15），其自组织组构模式将原本离散的建筑物及空间界面集合成一个个小型“组团”联合体，反映出“城中村”特有的微观社会经济活动的影响，并进一步形构了社会文化因素等地域性特征。发展的“城中村”不是孤立、静止的。可以发现，杨家牌楼表现最为典型，这一社区道路空间连接度逐渐变得较高，即经历从简单到复杂，从无序到有序的发展历程。以主街为核心的鱼骨状街区，吃喝玩乐游购在一条街上紧凑完成，最大限度地方便了年轻居住群体的生活需求。而鱼骨形的次街（巷道）比较安静，往往有几个小铺子、开水房等近距离生活服务设施。随着这种业态成熟的趋势，居民行为趋于复杂化，更多的消费者将吃饭、购物、娱乐、休闲结合在一起，促进商业空间的自组织与精细化、专业细分与合作。不断细分的市场、业态相互渗透与融合，这些低门槛水平的业态也不断走向成熟与稳定。

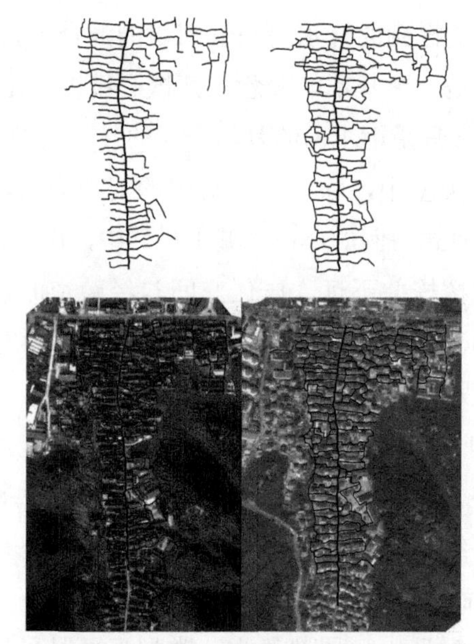

图 4-15　杨家牌楼 10 年内的形态变化（2000~2010 年）
资料来源：根据谷歌地球 2000、2010 年图像合成

（五）公共活动及其社会网络研究

公共景观空间是住房、工作地以外的第三个地点。从自然村—新安居点—“城中村”非正规聚落的演变轨迹来看，城西三村公共景观的演变与发展都经历了一个逐步成熟的过程，介于乡村与城市之间的不断混合变异。这个变异体景观对于村民、外来人口等不同群体具有相对稳固而渐变的影响因子，形成具有中国特色的城市亚文化空间。

由于“城中村”缺乏公共开放空间，这些村落早期主要商业街道便承载了公共活动空间的大部分功能，并成为不同群体聊天、休闲、散步的场所（图 4-16）。移民交往的活力点集中在各餐饮点以及街边带状空地和道路空间。虽然缺少休憩的绿地空间，但由于闲暇时间有限，这类接近道路的空间往往人气较高。例如，屏峰村在晚上下班的时候，沿着公交车站、人行道一直到新村内的路上，沿途有很长的一条自发的小商贩市场，主要是水果、烧烤食品、服装、小饰品等，而夜晚这里也就成了工作一天的青年人饭后休息交往的重要场域。在冷漠的城市打拼一天后，乡村小镇般的温馨与随意带给他们归宿感。访谈中发现，由于低收入群体工作压力大、休息日短暂，大多数人还是选择在屏峰村内及附近活动、休息，不愿花费车费和精力去远些的地方，这样无疑限制了这类群体接触城市的机会，强化了隔离感[①]，封闭、内向、松散等消极影响可见一斑。

图 4-16　一个开水房边的交流空间

针对屏峰村的调研显示：打工族群业余消遣主要是看电视、和老乡聊天，其次是看报纸杂志、打扑克、上网等，而逛公园、看书等休闲方式则很少。访谈中发现极少有相关企业会举办活动丰富打工者的文化生活。"80 后""90 后"新生代农民工希望接受城市的审美标准，他们大部分的娱乐是看电视、去网吧、打台球、和老乡打牌聊天等。当有了收入以后，年轻人会考虑花一些钱用于穿衣打扮。精神生活的低层次满足也大部分依靠聚居地，由于缺少文化娱乐设施尤其是书店、电影院等，屏峰村的娱乐交往生活往往局限于一些文化层次较低的活动，更多的人选择打扑克、麻将，有些则进行一些小赌，矛盾纠纷也时常出现，不利于这一群体得到教育与技能素质提高的机会。

从城市社会学的角度来讲，融入城市的过程也就是社会网络变迁的过程，在结构主义观点看来，各种社会关系的塑造、维系与改变往往受到特定空间关系的影响，而且还由于特定空间结构状态下，人的思维、生活方式与行为方式等难以避免地受到其所在空间结构的形塑，从而具有相应的特定性。很多研究认为这是一个新的"社会空间"。在这个"空间"里，不同于其他社会群体的生存方式、行

① 况且对于某些最低收入群体而言，公交车费也是需要节省的。例如，在访谈中有很多低收入者表示自己来杭州以后都从来没有去过西湖等风景区游玩，而另一些采访对象则表示一年难得去几次。很多人只是在去汽车站、火车站的时候才会观察到外面距离并不远的城市。

为规则、关系网络乃至观念形态也在不断“再生产”，人际关系中的社会距离也在空间因素作用下被建构起来。而且这些要素在不断地被“再生产”，从而形成这个群体在改变自身困境方面显得弱势的社会和空间要素。而根据其社会网所嵌入的关系网络一旦形成某种特征及规模，便具有沿着结点不断自我增强，从而使行动者很难选择别的更优网络的依赖性特性。

由于这一群体背靠着地缘、血缘等传统乡土网络来到城市，对城市的异质性文化具有不适应性[①]，社区公共景观在空间上具有明显的社会再分异现象，大学生租赁群体、外来打工者、本地居民往往在生活方式、休闲习惯上各异，在公共开放空间的游憩活动很少相互交流与混合，往往局限于低质量的日常买卖等商业服务活动中，呈现一种邻近而半封闭的状态，这在某种程度上强化了亚社会的生态环境，缺少整合要素。从整个区域来看，边缘住区生态族群的单一化问题严重，各种阶层的社区往往形成多种类的“飞地”的状态。例如，在小和山高教园区，毗邻屏峰村的还有“九月森林”别墅园区，但是由于这类住区人群都有私家车，去市中心较为方便，不会选择到住区周边进行活动，而小和山地块尚没有吸引这些人的大型公共设施和公共空间，不同社区人群之间的相互交流极少，从而加强了社会分层的“内卷化”效应。

（六）聚居文化与心理比较分析

生活空间认同与社区文化的建构是一个重要的内容，“城中村”休闲空间的自组织是建立在个体与公共领域的互构共享的基础之上的，一方面，商业的公共性会对居住的私密性构成负面影响；另一方面，商住结合能够更好地培育独特的社区生活意识，能够让个体更全面地从多个方面融入这一社会空间之中。村民与移民都在某种共同生活范式下，其原来划地为界的传统、封闭、内聚的村落意识潜移默化地转换为一种新的空间共享观念，移民社区通过混质社区

① 调研发现典型老一代移民常常安于血缘家庭式的活动，而生活幸福的指数主要在于赚到钱和家人团聚，对于平常各种生活中的需求和难处也是想到老乡、亲戚等，生活半径局限在同质性空间中，所获得的大多数信息局限在同一个空间的老乡圈子里，不利于信息流动，也难以联结不同的等级地位层次的网络。

的构建，淡化“房东”“租户”这一身份区隔感，即同为市场化主体，通过市场化的办法，移民则获取了一定的主体身份。这是新身份建构问题与城市社区的适应性问题。这一点在杨家牌楼社区感受最为明显，杨家牌楼尽管外观形象杂乱，但其城市性和城市融入效果却显然更高（表 4-8）。

表 4-8　城西三村的主要聚居特征比较

社区	概况	租金水平	非正规就业机会	主导聚居原因	主要居住群体	内部居住群体的分化
杨家牌楼	用地20万平方米，人口5万人	低	很强，就业种类很多	依附型向混合型转变	制造业工人、打工者及家眷	分区域聚居
五联西苑	用地16万平方米，人口3万人	中、低	一般，主要为摊贩	区位优势型	打工者、外来就业者	单栋内楼层分异
屏峰村	用地20万平方米，人口2万人	低	一般，摊贩	依附于大学园	大学生、餐饮后勤服务人员	新区与旧区

“城中村”通过不断演化的聚居行为，相当程度地满足了移民群体的特定需求，客观上丰富了当前城市空间融合的发展模式，产生了不小的社会价值、经济价值甚至文化价值，对其价值的评价就不能仅凭工具和单一指标来衡量。例如，“城中村”商业空间形成了文化杂交，这是一场冲突、碰撞、变异、融汇的过程。不同文化碰撞会产生火花，差异文化融汇会生长出创新文化。例如，在杨家牌楼随处可以看见川菜馆、湘菜馆、徽菜馆、江西菜馆、东北菜馆这样的各地风味餐馆，它们不仅使城市的居民有更多的口味选择，也使每一个新移民都能轻易品尝到家乡的美食，毫无疑问它们的创办者大多也是新移民。

在杭州城市的快速扩张下，杭州移民聚居地的变化也是一个持续性过程，以杭州城西古荡、文新街道区域为代表的杭州城西板块日渐变为成熟的高档社区，原有聚居在这一地块的低收入群体逐渐向城市边缘转移。城市建设用地扩张将边缘地区逐渐城市化的现象也必将影响到这些人的生活。可以说，在大部分人并没有稳定住房的情况下，城市化会不断地“驱逐”流动人口，使他们被迫流动。在高企的城市居住门槛面前，稳定长期的住所很有可能只是这一群体单方面难以实现的愿望。

第二节 武汉市大学城“城中村”案例

一、大学城“城中村”发展概况

武汉市在近些年城市化快速推进过程中也曾“孕育”了大量“非正规”人居空间——“城中村”。然而自2009年以来，市政府加大“城中村”改造力度，明确提出“在2011年底基本完成改造任务”。因此，近年来“城中村”在武汉主城区已经成为过去式，在近年来的武汉建成区版图上，近城的“城中村”已经逐渐消失了声影，大面积的拆除使其逐步碎片化。但是也可以发现，随着武汉市向郊区外扩范围的增大，更多原本位于远郊的村落，又进一步循环演变为新的“城中村”，如洪山区藏龙岛、汤逊湖等地。

武汉高校密集，大量学校主要集中于武昌、洪山两区。在城市外扩的过程中，大量“城中村”“城边村”同这些高校校园紧密相邻，由于邻校的区位优势使它们获得了独特的生存发展空间，成为学生们生活与消费的独特场所。这些空间十分典型，它们被俗称为“夜市”“堕落街”“垃圾街”“×× 村”，与大学生群体的生活方式紧密相关，对他们的未来也产生了深远的影响。而穿梭于校内、校外的拼贴生活也构成了当代大学生真实的生活方式，这些生活方式即便在“城中村”大面积拆除后也一直以各种其他的空间方式延续到现在。

武汉市“城中村”类型很多，主要有以下两大类型，一类是产、住结合的“城中村”。例如，原汉口汉正街的大量小型制衣工厂，在汉正街整体拆迁后，其中有很大一部分迁往硚口发展新区的“城中村”（如长风乡等区域）。而另一大类是“学生村”，主要以出租房的方式给高校学生提供生活服务，与高校相邻相伴。邻校“城中村”的出现与繁荣是城市扩张与高校扩张共同带动的[①]。由于大部分农地已被征用，村民不再靠其生存，而选择“种房子”以满足学生后勤生活需求，邻校村与高校学生之间存在着紧密的依赖关系。

从某种程度上来说，高校学生在读期间，一是从未成年进入成

① 自1999年开始，全国普通高校大规模扩招。武汉市2007年高校在校生即已经高达104.10万人。资料来源：徐金波. 武汉在校大学生数量居全国城市之首. 湖北日报，2010-05-07.

年，是参与社会生活的开始阶段；二是大多是从外地到大城市就读，是参与当地城市生活、体验城市的过程。因此，可以说，大学生充分演绎着进入城市的“新生代移民”的角色。从城市融合的角度来说，学生群体也不同程度地面临着经济、社会、文化等多个维度的融合问题，在中国国情下，尽管学生拥有学校的组织性与家庭的经济支持，但他们仍会不同程度地面临着一系列城市融合问题。

从空间的角度来说，中国很多大学新区的校园规划和后勤安排往往是出于现代规划理论（如功能分区[①]）与封闭式学院空间的理想。校园的“单位制”以及中国校园的特色“封闭式”管理，导致了校园空间与外部城市社会空间的隔离，同时还带有福柯所说的“规训的空间”的问题。在此情形下，高校周边的“城中村”以一种迥异于校园的空间状态出现，在某种程度上体现出一种相互拼贴的状态[②]，根据这种拼贴概念，其不仅表现在物理空间的拼贴（现代校园与传统“城中村”聚落）、社会生活的拼贴（校内两点一线与校外自由散漫），也体现在时间上的拼贴（校内的课时制与“城中村”的夜生活）。

在特定的晚上或傍晚时间（即学生课后），临校“城中村”的各种商业活动频次比其他城区高。当然，这些活动依托更多的是自组织的空间形态（如摊贩），这些空间不仅在日常生活层面满足了大学生的需求，同时城市生活的体验与经历在其毕业后很长一段时间内仍对其留有十分深刻的影响，甚至会产生一定的“恋地情节”。而且，由于空间环境的熟悉感和社会网络的积累，大学生在毕业后也有很大一部分在在读的城市区域就业，从城市的预备“准移民”变成“新移民”。

例如，武汉市洪山区某些原有的临近大学城的“城中村”地块，部分经过产权变更和地产的发展，由原来的出租屋变成了“小产权房”，而这些新的居住空间类型，又以一种新的空间功能状态满足了刚毕业的大学生的聚居需求[③]。

---

① 如宿舍区在校内的集中一个区域布置，导致校内学生居住群体的高度集中，并带来校内通勤和生活不便等问题。

② 陈煊．拼贴城市——以武昌高校密集区及其周边“学生村”拼贴发展研究为例．城市规划，2012，（11）：20-28

③ 如民族大道新竹路地段的青年城高层社区，房型小、数量大，非常适合年轻人短期租住。

二、政院新村案例

（一）基本概况

由于地理的便利条件以及获取资料、素材的方便性，本书选择了政院新村作为一个重要的案例进行实证研究。政院新村位于武昌洪山区，属于临校“城中村”的一个典型案例，首先这种典型性表现在与学校空间发展的关系上。

政院新村位于南湖大道与民族大道交叉口附近，占地面积 120 亩左右，已无农业用地。南侧紧邻中南财经政法大学，东北方向为中南民族大学与武汉纺织大学两所大学，因此，这一小块空间居然近邻三所大学园。北侧为南湖，西边为 20 世纪 90 年代的新小区“卡迪亚”居民小区，通过考察发现其在空间关系上并非“孤岛”，而是已经嵌入在成熟的校区和住宅区等城市空间之中。

具体看其发展历程，新村所在地原本是江夏区一块闲置的土地，1999 年开始到 2004 年，经过征地后的安置，逐步形成现在新村的规模。新村建筑以相对整齐的形式排列于主道两旁，每排的楼层高度高矮不一，矮则一层，高则八层。政院新村受高校扩建和城市建设征地影响，原本整齐的空间形态被挤压成了异形（成为一个不规则的多边形区域），但这也意外地给村民增加了近 3 千米长边的沿街门面，加之该区块距武汉光谷城市商业中心仅 2 站路之遥，故受到学生和小商贩的共同青睐，从而使得政院新村成为学生—小商贩供需循环聚集、人气旺盛的特殊社区。据调查统计，新村共聚集餐饮、教育、医疗、娱乐、日用等多种服务设施摊位 550 多家（含夜市），涉及就业人口约 3 000 多人（包括部分勤工俭学的学生）。来此租房的多为大三和大四的学生，其次是刚参加工作的毕业生。前者租房主要原因是学习考研、宿舍条件差、兼职工作需要、生活方便自由；后者主要原因是工作单位不提供住房保障而自己又无力租住商品房，“城中村”生活方便又便宜，毕业生刚离校尚有较强恋校情结等。

（二）地块发展演变

从图 4-17 的平面图可以看出，政院新村的地块极不成形，是由普通住宅小区与拆迁空地相夹形成的一片三角区块。其南面为中南财经政法大学的西门，但因其不靠近南湖大道，所以从西门到南湖大道，“城中村”是必经之地。原来这片地块没有系统规划，缺少商业配套，但因它地理位置优越，往来人流量大，时间累积，这片区域不断发展，如今变成了西门口的一条商业街，主要面向学生经营。显然，这并不是规划的预想结果，而是偶然发展形成的，非正规街巷与城市市政规划道路相互拼贴的情况，反而显得特别随意贴切，与周围的已规划区域融为一体，商业氛围感浓厚。这条商业街与学校门口关系衔接非常紧密，商品品种、业态一应俱全，形成了非常有秩序的校园入口主干道商业空间。

图 4-17　政院新村的总平面图与道路分析

另外，在已拆迁区域北侧，有一条施工中预留的 Y 字形的便道，弯弯曲曲，尚未成型。这条便道是由学校通往南湖大道公交站的一条捷径，因此逐渐形成了一条极度热闹的、各类小商品应有尽有的、大多是由摊贩构成的马路市场，具有很强的吸引力。

直出学校西门左转的区域，原本也是萧条荒凉的地块，也是受南侧马路市场的影响，得以发展，将各个商业区串联到了一起。

（三）居住人口概况

经过初步调查（图 4-18），政院新村内常年租住人口约有 0.5 万人，流动人员多达 2 万人，人口密度高，其中外来纯租住客达到 78%（外来店铺经营者占到 10%），当地居民占 22%。不论是外来人口还

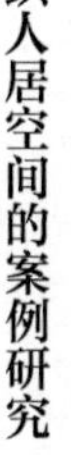

是当地居民，男女比例相对均衡。从年龄结构上看，政院新村以 18 岁到 45 岁的中青年为主，占总人口的 70%，外来人口的来源地繁杂，大多数以湖北及周边的省市为主，其中多数来自湖北、湖南、河南。可发现，住户来源主要为附近高校学生。这些高校学生中，不仅有来自周围的中南财经政法大学与中南民族大学的学生，还有来自距离稍远的武汉纺织大学、武汉理工大学等高校的学生。这表明政院新村是一个适于大学生居住生活的社区，因此吸引了较多的大学生在这里租房居住。

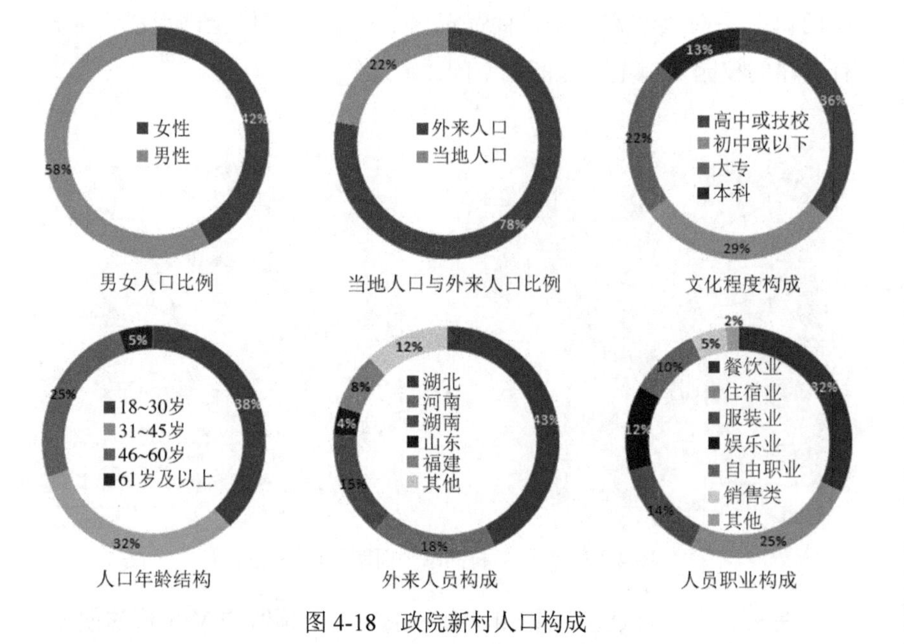

图 4-18　政院新村人口构成

（四）业态分析

政院新村内的业态丰富，但由于小型店铺更替频繁，并且在整个调研工作中时常变动，因此无法确切地统计店铺的数量，暂定现阶段店铺总数量为 402 家。根据这些店铺经营项目的不同以及档次的差别大致可分为六类：餐饮业 119 家（包括简餐店、风味饭店、早点铺、副食品店、饮品店等），零售业 20 家（包括杂货铺、水果店、超市等），服饰类 129 家（男装、女装、鞋包、正装、内衣等），美容美发 35 家，文娱类 35 家（包括 CD 书籍出租、棋牌室、文印店、网吧、KTV、桌球、桌游、清吧等），服务业 64 家（包括洗衣店、通信服务、医药店、维修点等），这些店主要分布在主干道两侧，混置分布。

如图 4-19 所示，政院新村内的商业店铺是围绕纵横交错的街道来自行组织的，体现了很强的绩效。餐饮业均匀散布于商业区各个最佳空间点，以确保更便捷服务于这一小型区域。零售业与餐饮业不同，零售业的数量最少，但分布规律与餐饮业大同小异，稀松地穿插在街道的各个角落。住宿类，它通常出现在街巷可达性比较低的地方，既不影响餐饮业与服饰业的经营，又能保证一定的自身环境。服饰类与美容美发业，大多分布于街巷可达性较高的街道边。服务业，与零售业类似，店铺数量虽不多，但作为必不可缺的部分，选择了散布于街巷之间，以“点辐射”状的形式更好地服务于小区块消费人群。

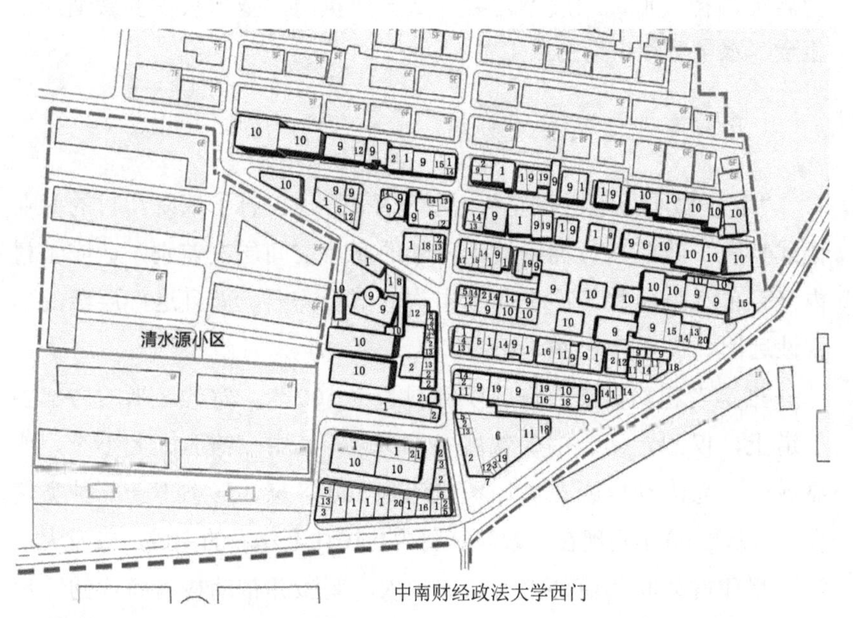

1. 饭店
2. 简餐店
3.零食铺
4.饮品店
5.副食品店
6.超市
7.水果店
8.杂货铺（日用、五金）
9.旅馆
10.出租屋
11.CD书籍出租
12.娱乐（网吧、棋牌室、琴行）
13.化妆品美容店
14.服饰店
15.饰品店
16.美容美发店
17.花店
18.眼镜店
19.门诊、药店
20.生活服务（送水、洗衣、维修）
21.其他（派出所）

图 4-19　政院新村业态分布

总体来说，不同业态具体的空间布点、需求特性决定了不同业态的空间分布状况，它们是紧密关联在一起的。

在政院新村，沿街小商铺表现了政院新村的主要商业形式，活动中心呈现出带状分布的特点，以沿街小商铺为主要模式的商业街在“城中村”的空间中占有一个重要位置。这些商铺面积10～50平方米不等，基本上以零售业、服务业为主，零售业所经营的商品，吃穿住一应俱全，承载着大型超市的功能，甚至很多小店所提供的也是从吃穿住到通信服务等，包罗了日常生活需求的方方面面。在政院新村生活的居民以及中南财经政法大学、中南民族大学两大高校的学生可以很方便地买到自己日常所需的东西，享受到日常所需的服务。

笔者在整个调查过程中访问了多家店铺，了解到政院新村的经营店铺门槛较低，一般不需要什么营业执照，基本只需要缴纳店铺租金、水电费和少量的卫生费①。

（五）商业空间层次分析

“麻雀虽小，五脏俱全”，这句话很好地诠释了政院新村的商业模式特色。政院新村拥有较为清晰的商业空间层次差别，适应了村内复杂的人群结构下产生的多层次的消费需要，而且这一层级的丰富性远比一般小区更加突出和明显。

据笔者粗略调查，在政院新村长约500米、宽约8米的内部主干道上，仅固定门店的餐饮就有119家，其中，铺面大大小小，或显或隐。而流动摊贩在高峰期也达到200多家，形态不一，种类繁多②。从2000年到现在，政院新村内村民住宅建设的完成，以及大量学生租住群体和其他外来人口的涌入，刺激并带动村内商业的逐步成熟，也使得政院新村这个小型“城中村”变得热闹非凡，各种生活服务设施十分齐全。

因此，有必要详细分析政院新村的商业空间与业态自组织设计。首先，在政院新村，拥有两个面积较大的市场：清水源商业街和北

---

① 城市管理部门仅在2012年10月对政院新村小吃街进行了整顿，发现很多商户无照经营、健康证过期、监管责任人不到位的问题，并且乱搭乱盖现象普遍，在当时进行了一次整改，有关问题也得到了妥善的解决。

② 根据笔者在2012~2014年进行的调查数据整理。

苑市场。北苑市场拥有一个规模较大的菜市场，包括了店、铺、市的综合空间，消费水平偏低。在两个市场中这6大类的业态比例中（图4-20），并不难看出餐饮类与服饰类都占有较大的比例。而且，由于紧邻大学城，具有一定数量的时尚消费空间。

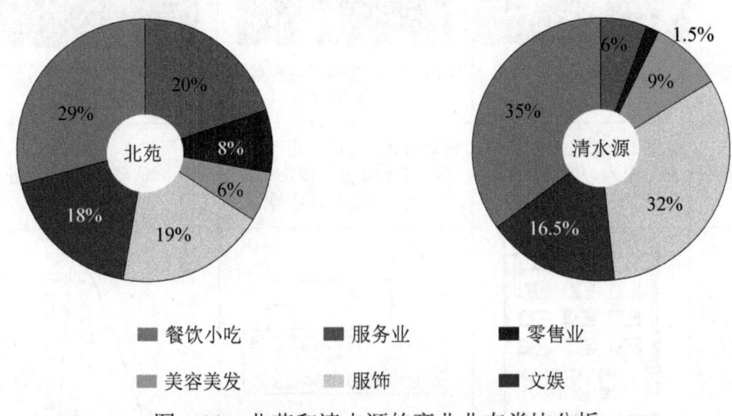

图4-20　北苑和清水源的商业业态类比分析

资料来源：刘薇参与绘制

从调研分析中得知，有的店铺非常简陋，甚至没有室内空间，而有的店面则有一定的装修，较大的店面有系统的经营模式，根据店面的大小、经营项目、经营模式的成熟度、有无自己的店名等分为摊、店、市三个层次（表4-9）。摊是层次最低的商铺，没有室内空间，流动性强，主要涉及小吃、水果、维修点以及早点等。绝大多数摊铺的经营者此前并没有相关的从业经验，而大多数有规模的店铺经营者都曾经有过相关的从业经验。

表4-9　商业空间形态分类

空间形式	摊	店	市
级别区分	等级低，简陋，经营项目单一	有店面，经营项目一种以上	同类业态聚集，各种项目并存，氛围好有吸引力
位置分布	街角，较宽敞的道路旁	大街小巷的两侧与市场内部	中南财经政法大学西门外和中南民族大学南三门外各一个

续表

空间形式	摊	店	市
现场照片			
空间形式	室外露天或遮阳雨棚	室内空间，面积不等多数为20~80平方米	集中的一块室内空间，半开放式摊位
主要业态	水果、风味小吃、大排档、早点、廉价饰品、服饰、手机配件等	日杂用品、饭店、超市、药店、美容美发、服饰、文娱、通信代理店等	菜市场、美食城、商业街
铺面平面范式			
影响因素	天气、季节、城管	比较稳定，拥有稳定的学生消费群体	季节、物价

级别较高的店铺，拥有自己的店名、招牌；店面较大的进行了简单的装修。经营的主副业明确，主要涉及小饭店、超市、美容美发、服饰、饮品等。由于面向学生，其经营类别与内容更符合学生特色，如“coco”“慢时光”“爱情麻辣烫”等特色店铺①。这些店铺的经营者对信誉与质量有了追求与关注，他们具有了一定的品牌意识，说明这里的商业经营正在逐步走向成熟与稳定。

从图4-21中可以看出，大多商铺都沿主要街道、路口分布，偶尔有些店面铺面在巷内经营，但是都不会太过远离主要街道。消费等级最高的连锁店、加盟店面，因其占地面积大，且都在室内经营，所以占据了最大的商业空间，分布最广。而消费等级最低的摊面项目单一，流动性大，散落于主要街道的角角落落，恰如其分地填补了店面与铺面之间的空隙，将整个商业空间紧密地联系在了一起，形成了线状连续的商业界面，空间利用高效。

① 主要是小型的空间，适合年轻人的需求，消费水平低又有一定的时尚性。

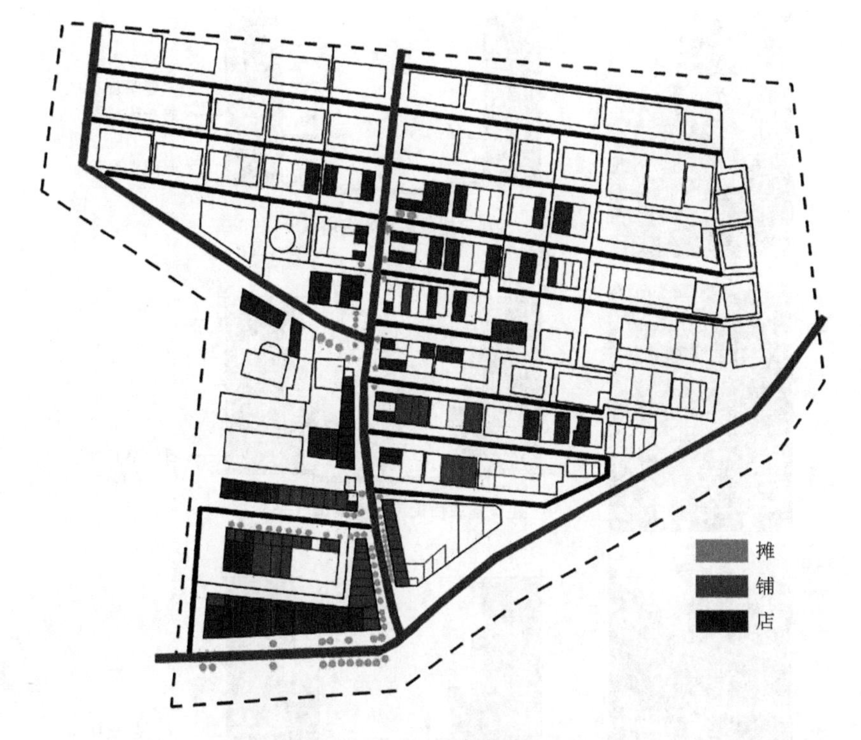

图 4-21　餐饮摊、铺、店类型的平面分布图

（六）商业空间扩建分析

对商业空间扩建的分析主要从以下两个方面进行：

一是纵向扩建，从政院新村的建筑外观上可以看出，这些原本三四层楼的建筑经历了多次违建，居民不断地向空中索要空间。

二是横向扩建，为了满足加长增宽等水平方向的铺展。商业空间的需求，政院新村的住民在原始建筑上进行了。

由图 4-22 可看出，第一次加建行为是在原有建筑的基础上将部分台阶扩建为室内空间，扩大了内部空间；第二次加建行为是将所有台阶空间都扩建入室内空间，占据了原有的人行空间；第三次加建行为是在前两次加建的基础上又搭建了外棚，街道边界再一次缩减。原本宽敞的街道在被住民进行三次扩建后形成了狭长巷道。

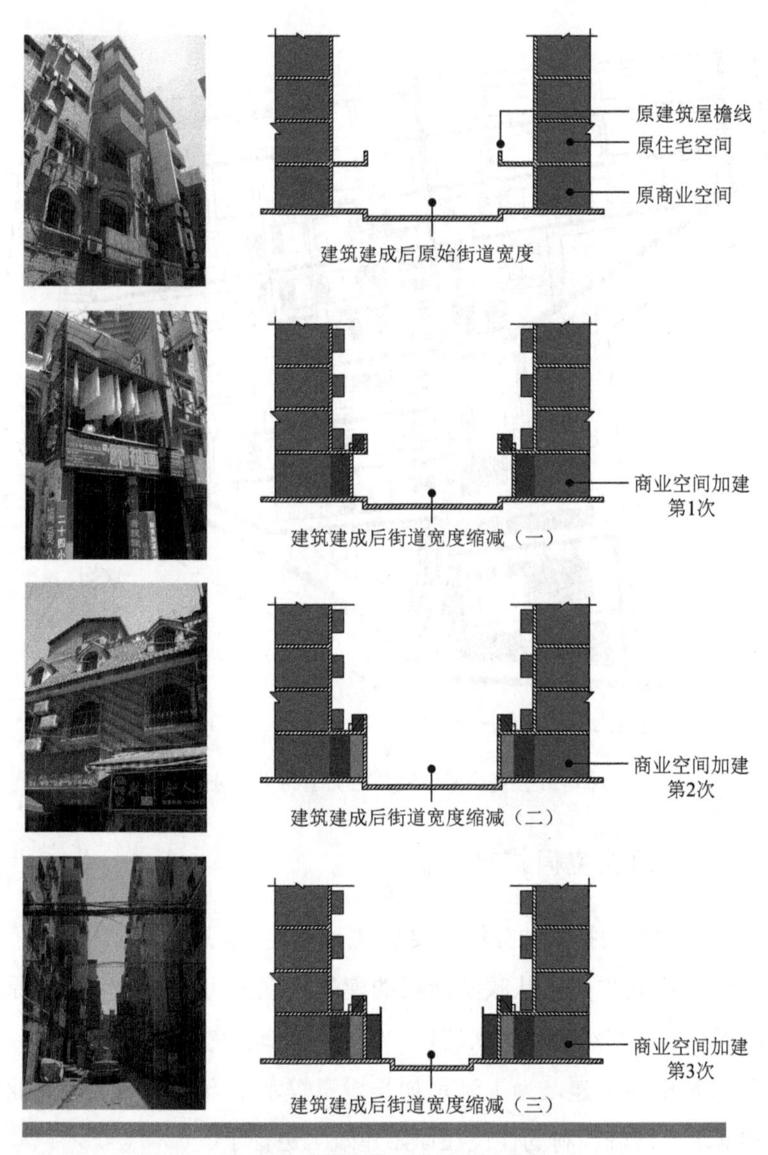

图 4-22　街道宽度缩减变化分析

资料来源：武力鹏、房圆参与绘制

图 4-23 中，浅灰色部分是居民占据大量街巷空间违建的棚屋，后被管理方强制拆除。而居民自行给建筑加层的部分（深色区域）却被保留了下来。这正体现出“城中村”的改扩自有外在秩序约束的特性。“城中村”内的居民擅自拆除或改建建筑的行为好比在给这片区域做“空间加减法”，也包括一些试错。其反映了正常空间的衰退、删减与演变，即空间的自组织涨落寻优规律。

图 4-23　两次大规模违建的分布与已经拆除的部分

（七）商业空间自组织设计分析

调查发现，部分商业主体之间关系紧密，且多为初创经营，无经营经验，各商铺之间存在拼租的现象，但各种费用的缴纳以及经营活动都是独立进行的。统一店铺的经营人员的关系多为血缘、亲缘关系，更多的情况类似家庭作坊。有的商铺还存在商住两用的情况，说明这个“城中村”适合初创者来经营尝试创业。如图 4-24 所示，餐饮业的活跃峰值出现在早上 7 点、中午 12 点前后，以及下午 1 点、7 点前后正是人们吃早饭、午饭、晚饭的时段。而娱乐业的活跃峰值则是在下午 3 点至 5 点，晚上 10 点前后。这体现了店铺经营时间与学生课外活动时间相吻合的设计。政院新村的商业繁忙时间段主要集中在下午 6 点、晚上 10 点前后，这个时段非常关键，其一是这与租住人员下班后的活动时间相吻合，其二是符合了周边校园内学生晚上活跃的时间段，而早餐铺繁忙时间段为上午 7 点到 8 点左右，对应上班族人群。

如图 4-25 所示，晚上 8 点后是最活跃的时段之一。不少大学生选择晚上 8 点后在政院新村的街边摆摊。因为政院新村的主要消费人群就是周围的两个高校的学生，大学生更了解这一消费人群的需求。并且，大学生的学生宿舍距离不远，晚上更是他们的课后自由活动时间，为他们的摆摊行为提供了充裕的时间。在摆摊的过程中，大学生既能赚取生活费补贴，又能学习一些经营技巧，逐步融入社会，具有多重价值。

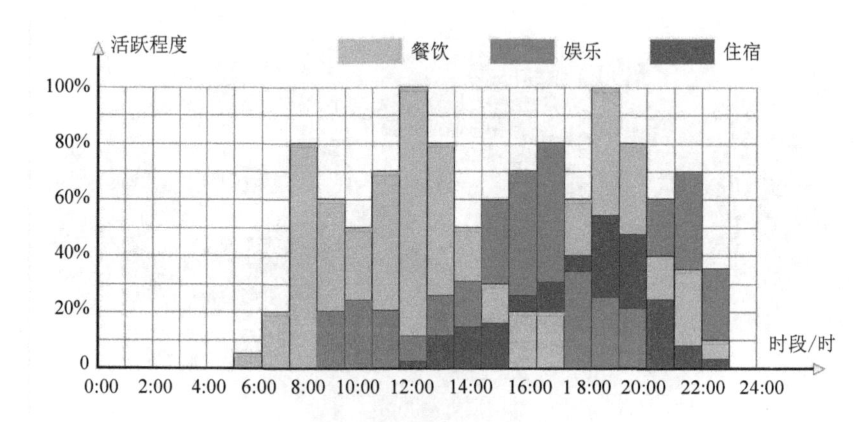

图 4-24　三个主要业态的活跃时段

图 4-25　大学生夜间摆摊与餐饮夜市

图 4-25 的中图则是晚间政院新村夜市场景。可看出街巷中餐饮店、杂货店、饰品店等穿插分布，完全符合学生的喜好。往来的大学生摩肩接踵，折射出夜晚丰富的生活内容。一片商业街区会根据它周边地区的人群需求进行“因地制宜”的发展，从而形成一条独具当地特色的商业街。在图 4-25 的下图中，建筑底楼没有连续的商业界面，街道空旷，而且初始的建筑外立面设计有误，导致有一段范围上没有商业店铺，极大地浪费空间的价值。另外有一家银行取款点也位于此处，由于门前并没有被充分利用，因此也存在开发利用的潜力。从图中可以看到摊贩主动进行空间的填补，将人群的活动填充到这些消极空间中去，形成了一种逐渐完善的后期填充设计的效果。

总体看来，摊贩空间往往将街道保持在合适的尺度，使人们拥有适宜的逛街感受，空间紧凑，贴近人群的购买习惯，为过往群体节省时间成本。这种空间的填补，是一种“即时”性的策略，在特定时间内出现，既不会显得寂寥，又没有过于嘈杂混乱。建筑空间、摊贩店铺、人群这三者之间密切联系，共同塑造着空间的生产。

（八）商业空间的更新淘汰

总体而言，这些店铺更替频繁。政院新村内的店铺存在的周期一般为：3~4 年的占到 80% 以上，而 6 年以上的也占到 7% 左右。店铺经营者的流动性仍然较强，且小店铺经营的稳定性受地域、季节、城管等各种因素影响。因此，通过在不同时间段季节变换经营项目来提高营业额，或者混置业态、合作经营来填补主业生意冷清的时间段。

店铺经营因为是小本生意，容易受到各方面因素的干扰，笔者在调研的整个过程中也目睹了多家店铺的更替，有的是季节变换不利于经营的项目，有的是管理成本，有的是个人流动原因需要离开武汉，有的是人手不够需要缩减店面，等等。这些变更有优势也有劣势，优势在于店铺的频繁更替体现了很强的灵活性以及自我组织能力，更新掉经营不善的店铺，保持了政院新村内的商业活力。劣势在于店铺的更替对于消费者而言其信誉及商品质量难以得到保证，对于城管部门的管理产生了一定的影响。

随着“城中村”租住市场的繁荣，带动商业服务的发展，这里逐渐形成了自给性商业繁荣发展，沿主干道的住宅一层都开设各式各样的店面，根据粗略的统计，如图 4-26 所示，无店名和无装修的店铺占比较大，这些店面的非正规化其实正说明了创业者处于起步阶段的空间需求。在左图中，无店名装修的店铺其实占有相当一部分比例。这种店铺大多都属于生活类业态，如面馆、小卖铺。这些店铺并不需要通过店名来宣传，而仅仅通过呈现经营内容来达到宣传的目的。在右图中，无装修的店铺比例甚至反超有装修的店铺。与无店名的店铺同理，无装修的店铺大多属于基本功能的满足。对于住户们来说，相对于装修精致但价格高昂的已装修店铺，他们倒更喜欢经济实惠，又能满足他们基本需求的无装修店铺。

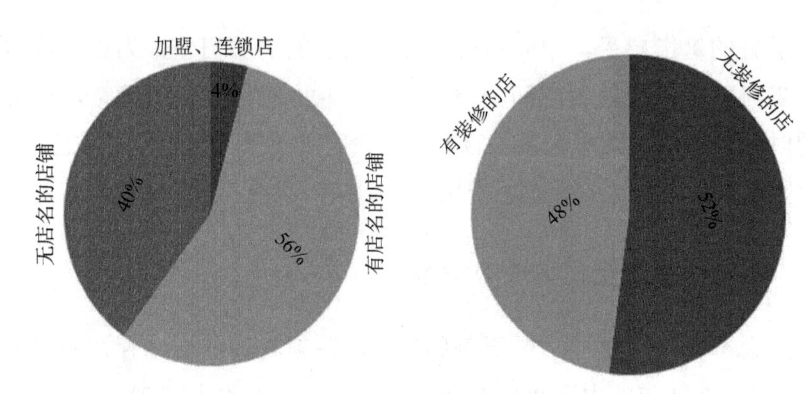

图 4-26　有无店名和装修的比例分析

资料来源：刘薇参与绘制

（九）正规空间与非正规空间的“穿插互动”

作为一个正式空间，清水源商业街的演变值得深入分析思考，其主要的业态为服饰和餐饮类，档次较高。图 4-27 体现出这一正规小区商业空间格局也在局部出现了小型化的精细发展趋势，且与旁边非正规空间互相“穿插互动”，形成有机体系。

图 4-27　清水源的业态分布图

资料来源：徐银莹参与绘制

从图 4-28 可以看出，清水源商业街内的商业空间可分为两部分，内侧部分是较大的静态商业空间，人流量较小，各个商铺独立性强。

外侧沿街部分大多为密集型小型商铺，这片区域人流量大，商业空间密集。

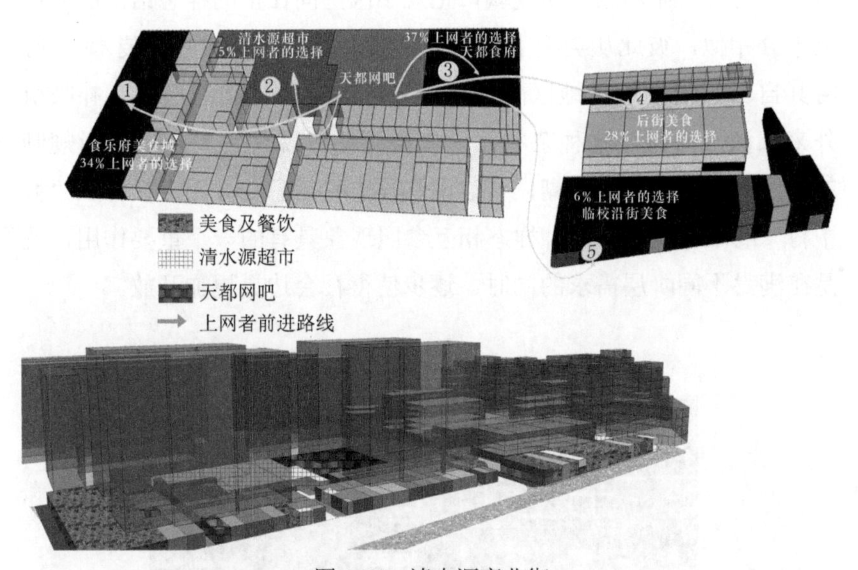

图 4-28 清水源商业街

注：针对学生群体，从超市、网吧、娱乐多个业态进行串联，极大地满足学生的生活需求

这种格局恰好与“城中村”商业空间相互补充，相互渗透，并与之形成了一个新的格局。清水源商业街与旁边的“城中村”地带针对学生群体，从超市、网吧、餐饮、娱乐等多个业态进行串联，完全突破了空间上的既定限制，极大地满足学生的生活需求的同时，也实现了最大的空间效益。

笔者认为，在图 4-29 中蕴藏着一个“空间杂糅”VS“空间隔离”的有趣对比现象。一般研究观点认为，移民聚居区与正规居民小区二者关系“如油在水面”，是一种二元隔离空间，很难融合成一个整合性的社区结构。传统的空间隔离理论关注于城市社会空间资源的不公平状态分布，居住与生活方式、社会交往、阶层认同之间存在着复杂的相互作用，使得社会封闭趋势显性化。这进一步使城市新移民固守狭隘的文化圈，阻碍了其对城市社会的认同与归属。然而，有趣的是，在这个“城中村”毗邻城市正规住区中可以发现，这种绝对二分的景观往往少见，而更多呈现“正规 + 非正规”混杂的空间结构组织，这有些类似于语言学中把两种不同的句法结构混杂在一个表达式中，形成了一种结构混乱、语义纠缠的结果，这样的语病就叫“杂糅”[1]，似乎是一种无序混乱现象。如图 4-29 所示，“城中村”社区的商业形态与现代城市正规小区空间在空间样态语汇的表现上十分相似，彼此从类型上看毫无二致，正像战争中的伪装术一样，将其自身与周围城市地区融为一体，通过业态空间的形态互补吸引外来人流，同时，这种杂糅、模仿策略使得现代性和阶层化所规制的社区空间界限逐渐模糊，传达出这样一种信息：并不存在什么“城中村”的歧视定义。这种样态相互参照现象具有的一个重要作用，就是在满足不同阶层需求的同时，逐步使得社会边界更加开放。

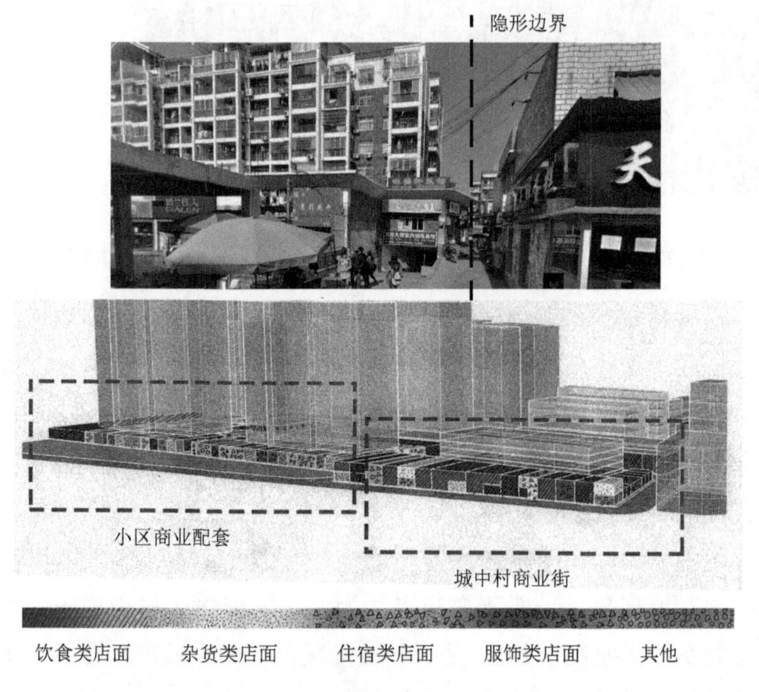

图 4-29　空间的“杂糅”现象

另外一个值得分析的空间演绎案例，表达了临近清水源的“城中村”内小型街巷的衍化主题。位于这个区域内几栋楼间的空地，并未经过仔细设计，是一个留存的“空白”空间。空间利用率低，只是几栋楼间的非常简易的户外空间。由于这里地处校门口附

① 可以参考后殖民理论大师霍米·巴巴所阐述的“第三空间”理论，其在解构美国文化霸权的同时，重塑了自身的文化身份。

近，人流量和密度非常大，因此随之发生了很大的自组织改造，在图 4-30 中可以看到，底层商铺和街道上的商贩形成了空间上的衔接使用，处于低利用状态中的道路空间经过商贩的聚集，原有的空间场地被逐渐填补和进一步细分，形成若干更小的巷道，并被划分为几个不同的商业活动区（户外餐饮、简餐、水果等），最终组成了一个十分热闹而又充满趣味的小市场集合体。

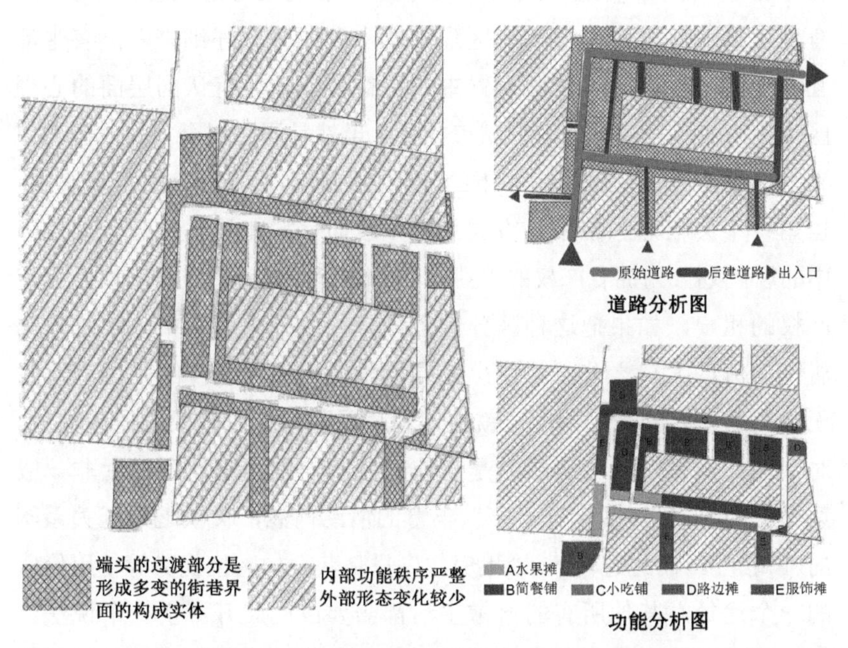

图 4-30　空间由临时摊贩进行了精细化的组织

第三节　其他自组织移民人居案例

一、二元社区 VS 混合居住

武锅社区位于武珞路和宝通寺路的交会处，始建于 20 世纪 50~60 年代，社区的布局以行列式为主，并依照南北朝向这一均好性原则排列。老式红砖房建筑大多为 3~5 层，并在 20 世纪 90 年代后陆陆续续加建了一些 6~7 层建筑。原始的武锅社区由几个基本户型

组成，最小的户型仅有一个单间为 30 多平方米，最大的户型为 80 多平方米。其中主要的户型为：单间 30 多平方米及双间的 50 多平方米的两种户型。随着外来租居者的增多，很多房主为适应租居的需求，将主流户型进行了多元化的设计与改造，形成了户型的多样性，也形成了建筑与室内空间的“微更新”。

租居问题中产权问题是住房的核心问题。围绕着是否拥有产权，城市社区居民自发地形成租户和住户、本地人与外来者两个群体，有观点认为，这两者之间的区隔问题十分明显。仔细来看，有生活互动中的身份区隔、资源配置中的权益区隔，还有认同层面的心理区隔[①]，使租户集中的老旧城市社区，虽然是居住混合社区，但表现为一种低冲突、低融合水平下的二元区隔状态，一种随时可以脱离，也始终不会很熟悉的甲乙方关系。一般而言，在社区层面上把社区中的居民划分为拥有产权的“业主”（本书称之为“住户”）以及没有产权的租户，如果把这种区分置于城市社会的大背景中，则是户籍居民与流动人口之分。与住户不同，租户租房居住有的是因为暂时无法买房，有的是因为上班就近。租房是暂时的、替代的居住方式。对于他们而言，所租房屋只是工作之余的一处休息场所，远非一般意义上的“家”，既没有“家”丰富的情感内涵，又缺乏外延关系网的“羁绊”。在此逻辑下，“租房住”只是获得如区位优势等使用价值的一个途径，其他所有的日常生活都需要以此展开。换一个说法就是：选择在此租住只是为了能更方便地工作。因此，租居从某种程度上并不受重视，既然在空间的权益上是如此，那么在对待日常生活环境的态度上也势必缺少一些主体性。住户和租户之间因此被认为处于一种相对“隔离”的状态，其主要关系是经济层面的浅层次、利益互换的关系。

另外，也可以看到，空间的扩建改造，常与城市发展下不同个体对住房的功能需求相互联系，如出租者为了市场价值和租户，为了使用价值，都会注意居住空间的品质。而在这些老社区中，对自己的老屋进行精心的或者大胆的改造设计，使其便利于租户生活，从而提高租价，常常使得这两者形成统一。有关主体“二元”的论点

① 陈光裕，徐琴 . 租、住区隔：城市中的二元社区及其生成——以产权为视角的个案研究 . 学海，2014，（6）：75-79.

在空间行为的层面有必要做一定的补充和修正。

在图4-31中，这样的户型改造就是出于对出租房的使用需求进行的。原来这个户型的出租模式是在原有的同一户内的基础上，以卧室为隔间单位出租，客厅、厨房和卫生间属于公共空间，供大家共同使用，属于常见类型。然而随着生活水平的提高，便捷性、舒适度和私密性逐渐成了出租户住宅的需求，所以在这里，同一户型被分割为独立并联的两个“独立”户型。其有赖于充分发挥底楼的优势，使入户的门脱离楼道，破窗开门改建在楼外。这使得各个租户之间互不干扰，从根本上消除了公共空间交叉使用的矛盾，也使每个户型的租户更加自在。

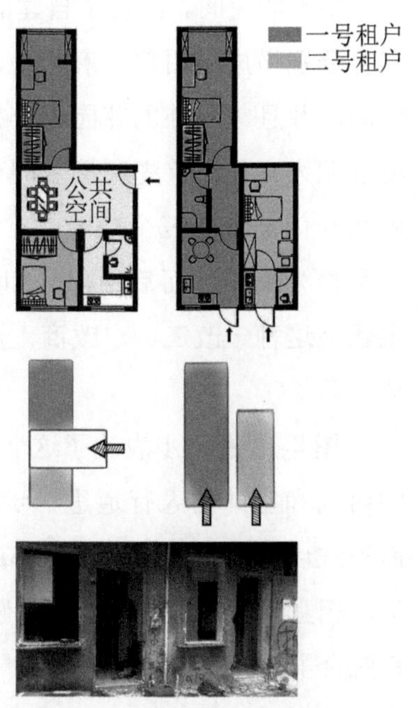

图4-31　某底层住户由原来一户变为两户出租
资料来源：华冰参与绘制

在图4-32中，可以看出该栋楼南面增建了阳台，使建筑的进深

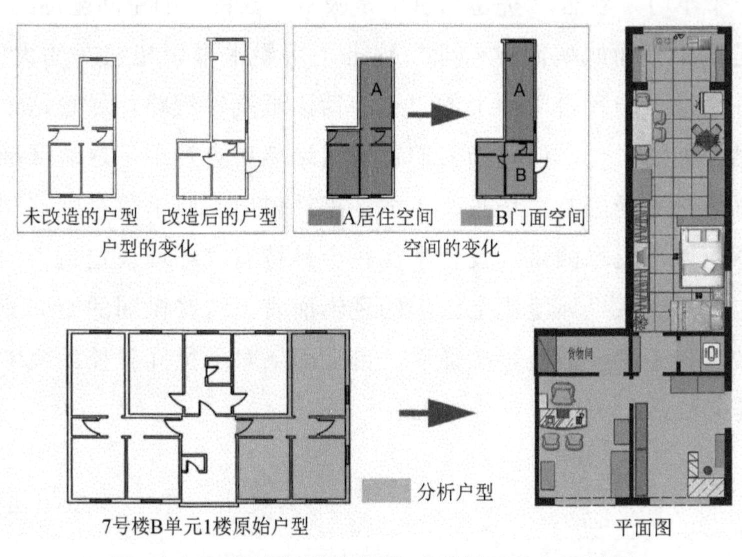

图4-32　某底层户型因不断加建扩展而形成商住格局

加大。到现场多次考察后发现，很多户将它建成了餐厅、麻将房等不同用途的空间。经历了自建的阶段后，每家每户的差异性则更大，阳台分别做成了厨房、麻将房、餐厅、杂物间等功能更为明确的小空间，并且与户外的花园相连接，休闲意味浓厚。底楼的边套户型特点尤为突出，首先底楼空间可以改造成为门面房，其次侧面可以破墙开门，形成三个功能非常齐整的空间。其中一个作为干洗店，一个作为面馆，而后半部分和扩建部分足够作为老人居住的空间，也就是这种一改三、户改商，形成了底楼与环境交接非常丰富的一体界面。

图 4-33 进一步表达了这个微观商业空间的再度细分现象。面馆的店铺和室外的人行道进一步增添小吃、宵夜等不同时段的业态；而干洗店门前又形成了一个小的休息铺。这些小型商业空间十分灵活，相互互补，把这个建筑生硬的角落变成了一个便民生活的节点，也融合了不同的人群交流。

这种小生意的空间和这栋楼内老住户、新租户的生活是融合在一起的，他们在门口看报纸，在人行道上吃饭聊天，让这个小空间富有生活的温情感。拆迁办已经沿着马路和人行道的边线，修砌一道高墙，将这栋楼围得严严实实，仅在单元的入口处留出了一个小门。显然，“先围后拆”是极富中国特色的空间驱逐战术，但是墙上“面妈妈照常营业”这七个用墨水歪歪扭扭写的大字，充分象征了一种自下而上的“空间话语抵抗”策略。尽管这个空间已经被隐形化，但是当人们钻进这堵墙后会发现，这块区域的人气丝毫未受影响。场景、主体、事件依旧，似乎更享受这种围合感。值得反思的是，设计学往往容易持有“环境决定论”的思维定式，仅从“环境决定论”的逻辑而言，这些微弱的空间应该会被清扫干净，但是事实证明，自上而下对于空间管控的概念显然是失败的。

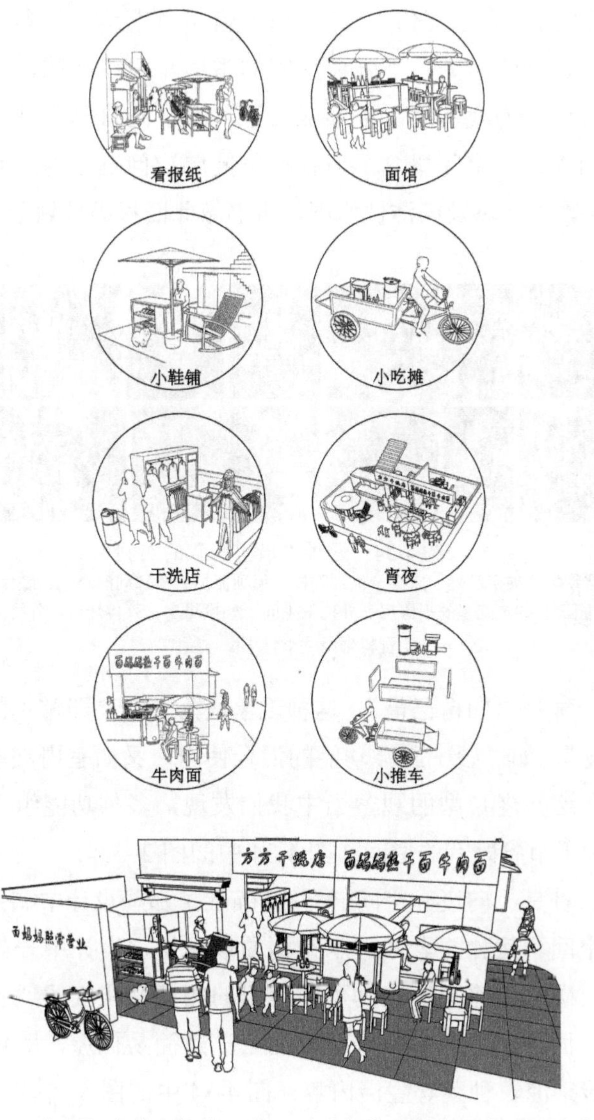

图 4-33　底层门户的商住统一体，以及衍生出的各种小型业态空间
资料来源：阮莎参与绘制

二、自建与占用案例研究

（一）四种“借空间”

在各种自建改造中，不仅有方便快捷低成本的实用主义方法，也有充满人性光芒的设计智慧。笔者根据武锅的自建行为，将其分为四种“借空间”模式（图 4-34），即“向自己借”“向废弃空间借”“向

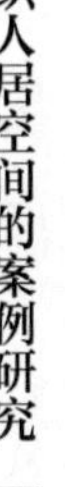

空气借”“向共用空间借”。这里引“借东风”这一经典概念，“借”强调凭借、顺势而为，不强调空间的占用与投机目的，而是充分发掘使用价值，为我所用，不浪费资源。除了向自己借外，其余三类都可以归入公共空间概念，但存在不同层次问题。为了具体区别不同的策略、影响以及简洁性原则，本书做此四种类型划分。

图 4-34　四种“借空间”的实例

依次为：储物架、夹层卧室、床架子坡顶阁楼、屋顶棚屋、楼梯间的小屋、底楼雨棚、底层花园、公共走廊里的小厨房、外挑卫生间、外挑厨房、外挑灶台、外挑阳台

资料来源：李贵华参与绘制

第一种是“向自己借”。这种现象最为普遍，即常说的“螺蛳壳里做道场”，如“餐 + 厨”功能的混合使用，又如室内夹层空间利用层高。在这些老户型的观察当中我们发现，多种功能组合的老式家具也有利于节省既有的空间（图 4-34 中的图 2~3）。

第二种是“向废弃空间借”。其瞄准了那些设计中剩余的和利用率低的空间。例如，老式砖木结构的坡顶层，设计中一般仅作隔热层，但顶楼住户将它改造为可以使用的阁楼，在气候适宜的时节也可以在上面居住。又如，平顶屋面上扩建简易棚屋，既可隔热，也可以拓展乘凉、种菜等生活内容（图 4-34 中的图 4）。再如，红房子公共楼梯间往往尺寸较宽裕，在顶楼会形成一个潜在的可资利用的剩余空间，图 4-34 中的图 6 这一空间竟然被临近的住户改造成一个小卧室，从废弃空间转变为一个富有功能价值的空间。

第三种是“向空气借”。这种方法往往是在自家外墙窗台上，悬挑出一定跨度的轻型构架，可用于灶台、小橱柜、水池与卫生间等，同时增设上下水管道，可极大突破原有的功能约束，因此得到了广泛的推广（图 4-34 中的图 10~12）。

第四种是“向共用空间借”。那些设计中产权属性相对不清晰的空间，很容易在长期的生活中被改变与优化。例如，近宅的底楼空间，在使用过程中，逐渐遵循临近性原则，被一楼的用户分割使用，图 4-34 中的图 7 中被一楼户主改造为半私密半公共的花园。从某种意义上讲，有关空间的公、私之间，并不存在绝对清晰和硬性的边界。如图 4-35 所示，在居住面积完全不能满足基本需求的现状下，利用公共空间的必要性也就获得了充分的集体意愿基础。当然，如何打造有节制的空间就成了这些自建行为的一个重要课题。

图 4-35　挑出的厨卫空间极大地提升了小单间的使用功能
资料来源：郑超丹参与绘制

（二）“火盒子”占用设计案例

武锅 19 号楼设计之初为单身宿舍楼，单间大小在 20 平方米左右，共用楼道厕所，无厨房。老居民包括不断增加的外来租户尽可能利用各种方式，针对自家的位置和环境条件，巧妙地最大化利用空间。显然，“做饭”是首先要解决的最基本问题，也是这栋楼里的难点。经过深入的调研，根据其空间特色，我们形象地称之为四个“火盒子”概念：过道盒子、户外盒子、悬挑盒子、反转（过道）盒子（图 4-36）。

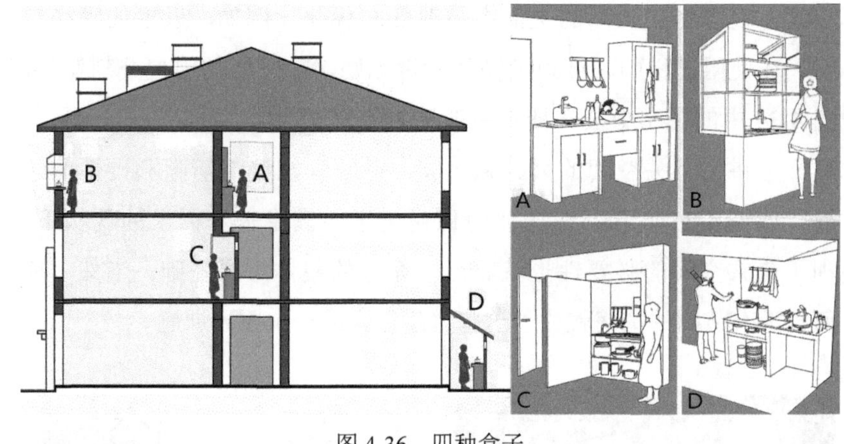

图 4-36　四种盒子
A. 过道盒子；B. 悬挑盒子；C. 反转盒子；D. 户外盒子

过道盒子是数量最多、最常见的利用类型。充分利用走廊空间，将厨房用品以及其他用具放置在自家住户门口，过道遂变成一个公共厨房，尽管像油烟的问题无法解决，形成“一家炒菜满院香”的场景，但这里也是现代社会难见的一种交流空间类型。例如，从各家自建的各式风格的厨台就是一道趣味性十足的展示空间（图 4-37）。

图 4-37　林林总总的各种厨房道具在走道内罗列

户外盒子多为一楼的住户，利用破墙开门的优势将厨房的功能搬移在室外。脱离了公共走道，也无油烟困扰等问题。而悬挑盒子多存在于整栋楼的边套户型中，由于可以多开窗户，在窗洞中搭建外凸的灶台，将厨灶、烟机、水池等设施纳入其中，油烟外排，缓解了室内空间压力，即前文所说的“向空气借”的类型。悬挑盒子和户外盒子一样，属于巧用环境优势的类型。

反转盒子则是一个极富创意性的案例。住户先将自己室内的墙开洞，再通过对外的扩建将走廊空间据为己有，形成一个新的套内厨房。最后在墙上安装门板，在做完饭后将其关闭，既可阻挡油烟往屋内蔓延，也可将厨房杂物尽然收在墙内，不影响室内其他功能。与过道盒子相比，“反转”后的盒子更加巧妙地利用了公共走廊与墙体，将对邻里的负面影响降到最小，别具个性智慧。

所谓“因地制宜”“就地取材”，甚至“变废为宝”，一直在建筑学传统中表现为积极的意义。根据环境特点与自身条件进行改造，成为发掘个体生活智慧的一个基本原则。不同住户会充分利用自身优势改善空间功能。例如，对于住在楼梯口的住户来讲，本来私密性较差，但是由于面对楼梯间与走廊有更多缓冲空间，这一位置的住户往往顺势加建体量稍大的“反转盒子”（并不影响公共的通行），而将劣势化为优势（图 4-38 中 C）。

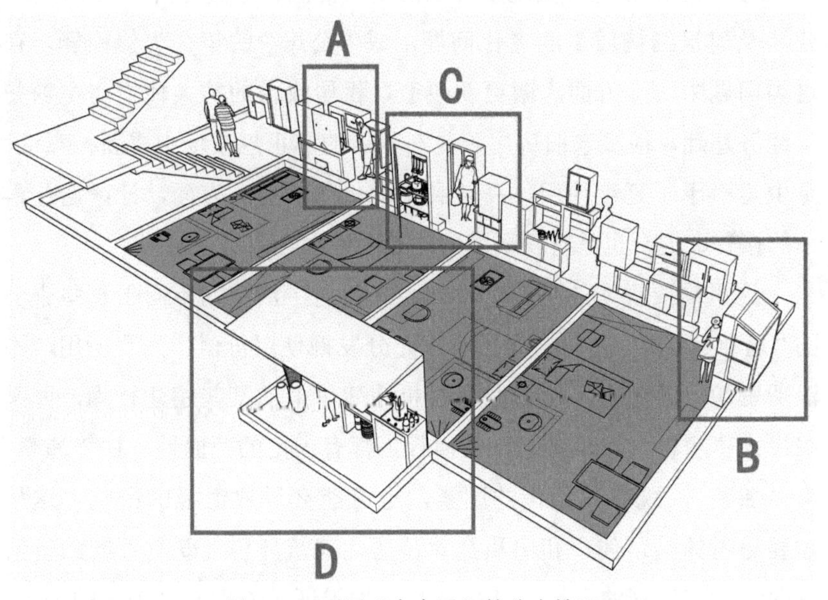

图 4-38　不同“火盒子”的分布情况
A. 过道盒子；B. 悬挑盒子；C. 反转盒子；D. 户外盒子

“火盒子”的建构现象与意义绝不只是各种空间的简单占据和利用，其表现出来的多样性生活形态足够让人眼花缭乱，在某种程度上它彻底颠覆了我们今天对于厨房这样一个几近标准化和模块化的空间概念，而其中关于设计、生活与环境的那种血肉关联和现实动态演绎过程更加引人深思。外来流动人口购置新房往往遥不可及，如何改善居住条件？他们以更加积极的心态来面对挫折，在坚持“认真过日子”中细心经营生活的主体性，因此，“借一点空间”就不仅仅是其生活智慧，而带有更多积极的“栖居”精神。同时，利用废旧材料节省资金，利用剩余劳力从事材料加工，普遍的自建行为利用自身或社群力量，降低对主流消费市场体系的依赖，即便是在今天，这些劳作风景依旧是弱势个体应对贫困逆境的途径之一，也可以看作是传统建构文化的一份特殊的“遗产”。

具体分析来看，各种设计与改造的微更新现象从表面上看是为了提高租价、获取更大的收益。但仔细分析，这只是其中一个主要目的，由于在老社区中，涉及很多其他方方面面的居住限制，如许多房屋的室内装修老化、也有很多房主希望搬出另辟新居所，这种“以租养租”的行为其实是某种空间使用价值和地段价值的互换手段，或涉及建筑结构质量的老化问题，或“公房”的年久失修问题。在这类问题中，一方面，微更新改造、租居收益的扩大使得房主获得了经济基础，很多老旧房屋正是在租居的非正规市场中重新被盘活，至少是赋予了延续使用、高效利用的价值；另一方面，社区居住群体的接替、混合也具有积极的居住社会性融合的潜在价值。

这里需要说明的是，这类低收入租居生活空间不同于那些强势的“违章建筑”，它们的存在旨在充分发掘使用价值，为我所用，不浪费资源，而完全不同于获取投机违建价值的某些违建行为，如某些投机建房行为。事实上，任何行为都有一定的两面性，如“违章”与“加建”，既有其积极的因素，也可能会导致消极的影响。这里需要思考的是，住户和出租户对待居住建筑环境，既有不同的价值取向，又有相同的目标，其关系是一种辩证、矛盾而又统一的关系。只不过，简单从自上而下的管制概念出发，是无法判断这一空间的真正内在的设计价值的，这种价值也就是围绕生活与居住的劳动以及由此生发的“栖居”精神的价值。设计学研究不能停留于物质设计方法以及对物质的简单表象评判，而应该关注由物到人之间的互动性，以及这种互动性带来的社会影响，并由此思考如何介入和导向各种关系的走向。对于这一问题，本书将在最后一章进行详细论述。

（三）自组织外立面研究

建筑原始外立面的门窗洞口通常是整齐划一的，出于建筑受力的考虑，上下窗墙洞口的关系往往是一致的。然而在图 4-39 中，窗洞轮廓被住户微妙地改变，其中有小改大、大改小，还有位置偏移、一分为二、相互连接等类型。有形成一个通透的长条，也有直接封闭弃用的。这些轮廓的改变从外观上虽打破了原有的整齐，但也在一定程度上冲破了原有格局的呆板。住户们在自建过程中往往也会仔细考虑洞口的实际尺寸，采取比较妥帖的办法。从某种程度上来说，对于这些自组织空间的研究更需要从打破建造物原初的完整性的角度来追溯其空间具体适用的塑形的过程和意义。

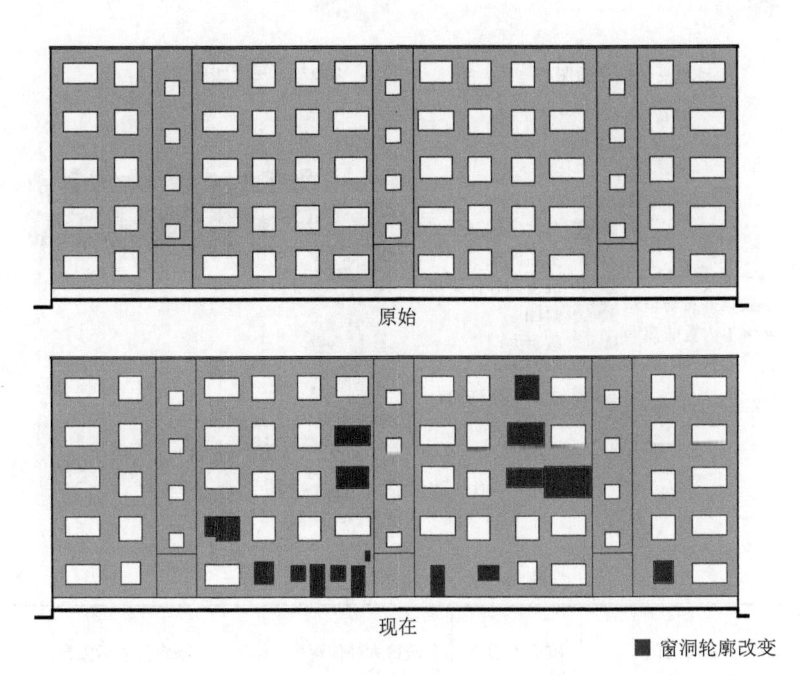

图 4-39　正立面门窗洞口外轮廓改变

资料来源：巫静萱参与绘制

从图 4-40、表 4-10 中可以看出，居民对建筑外立面进行的改造多种多样、形式不一，具体展开来看，有外伸厨房、生活阳台、外搭铁质衣架、棚屋、防盗网、新开门窗等。不同的改造都充分展示了满足住户多样化的生活需求，而且将原有空间的不适应部分逐步改变。

其中，底层住户、顶层住户和中间层住户改造依据的环境往往很不相同，如底层住户通过底层开门，将近宅的消极空间转化为更为实用的院落，将原有的筒子楼的品质在某种程度上改造为类似于“开放式联排花园”的住宅（不排斥邻里使用）。看似一种影响整体环境的“占用”行为，但其却营造出更具使用价值的空间。

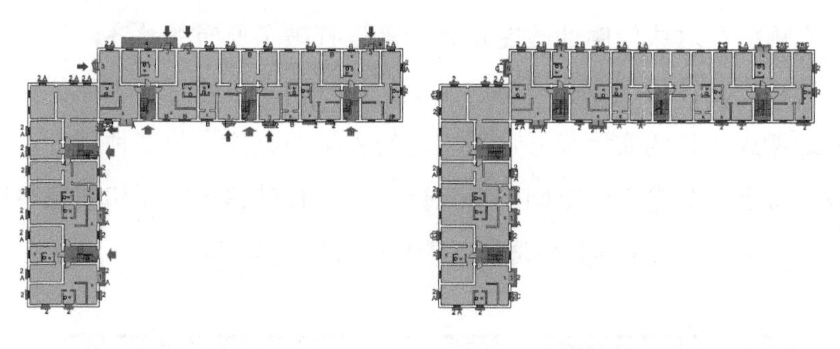

改造后一层平面图　　改造后二层平面图

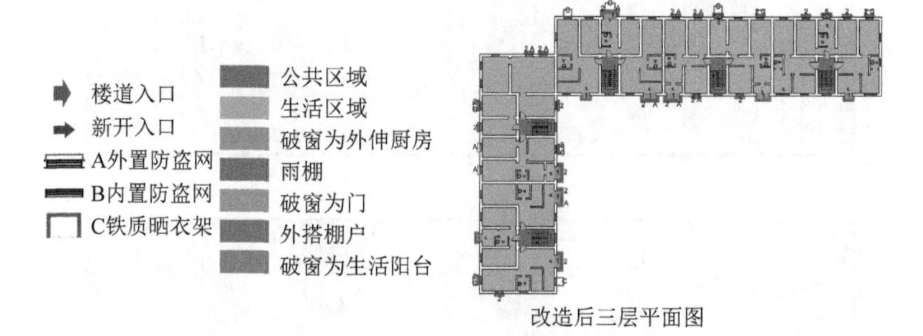

改造后三层平面图

图 4-40　改造后平面分析图

资料来源：陈雨萌参与绘制

表 4-10　外立面改造的类型

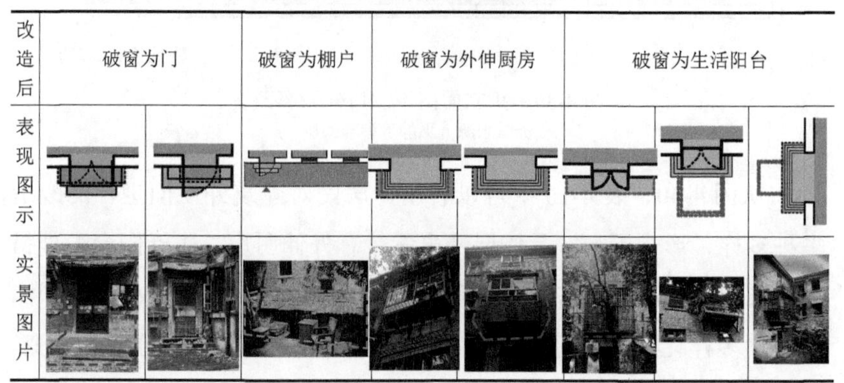

改造后	破窗为门		破窗为棚户	破窗为外伸厨房		破窗为生活阳台		
表现图示								
实景图片								

续表

改造后	破窗为门		破窗为棚户	破窗为外伸厨房		破窗为生活阳台		
优点分析	方便出入；双开防盗门增加了通风面积，增强了房屋的通透性；宽大的雨棚提供了一个能暂时避雨的空间	方便出入，为老人出行带来便利	增加了自家的空间面积，使一些杂物可以有序地堆放起来；增加入口，方便出入	通过架空，增加了厨房的使用面积，操作使用起来更加方便；排烟效果加强	通过架空，增加了厨房的使用面积，操作使用起来更加方便；增强了厨房的通透性	防盗网围出的阳台空间，面积增加的同时安全性也相应地加强，房屋的通透性也得到很大提高	方便晾晒衣物，增强通风和采光；增添了生活情趣	方便晾晒衣物；最大程度利用了外部空间，利于储物；通风和采光加强

资料来源：姚龙博参与绘制

如图 4-40 所示，将居民对建筑外立面的改造进行了详细、系统地分类后可以发现，尽管这些改造方式花样繁多，仍是有规律可循的——这些改造大多是向外借用空间。可能是向外挑出阳台，用来增加与室外的交流空间；也可能是外挑厨房，来扩大在室内的生活空间。更有部分生活在底层的住户选择搭建棚屋，既能扩大室内空间，又能增加内部与外部的交流空间。这些规律性的展示尤其可以说明，空间自组织绝不是无序的，需要纠正对其“混乱”的判断，这些环境建构极少是刻意通过破坏原有建筑环境而获得私有空间使用的。它们共通的“规律性”说明了基于空间使用价值的普遍需求。而根据不同的空间资源和条件，休现出一种“因地制宜”的设计智慧。这与传统建构的精神是一致的。

（四）小卖铺的自组织界面分析

图 4-41 为武锅社区内的一家小卖铺。这户人家属于外来长租于此的小商户，但夫妻双方仍然是农村户口。严格意义上，他们是久居城市的老移民。店主在面向主街的一侧搭建了钢制棚屋，形成雨篷下的空间，开门营业。但由于该住户的户型为建筑的边套，侧面是小区的次要入口，为了能够更加方便地服务更多的人，店主又在建筑的另一侧凿出三寸见方的洞口，站在窗口前就可以进行售卖。

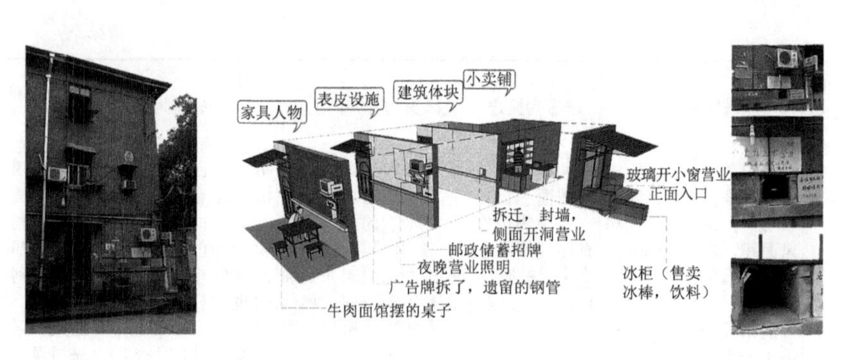

图 4-41　小卖铺分析图

资料来源：刘薇参与绘制

本书参考和依据人类学家阿摩斯·拉普卜特（Amos Rapopport）理论[①]，以分解的形式将建筑界面分解为四个层面：一是固定性界面（建筑体块）；二是半固定性界面（表皮设施）；三是非固定性界面（家具等）；四是内核空间“小卖铺”。

固定性界面即建筑墙面、洞口等一般不易得到变动的建筑体块，一旦变动，将改变界面的基本属性；非固定性即附属于建筑表皮的设施，如雨棚、外装固定格架，具有一定的可拆卸性和灵活性，进一步巩固了界面的实用功能；家具、人物则是游离于建筑的外表皮，它们是极具灵活性的元素。在清晨或傍晚时，店主便会将桌椅摆出来出售早点、夜宵，午间时便将桌椅收回屋内，具有一定的时效性。

小卖铺的洞口设计十分巧妙，当顾客靠近洞口，便能听见屋内电视机的声音（店主一边娱乐，一边看店），屋内的人背对洞口，面朝电视，顾客在洞口讲话时，店主马上便能给予回应。电视机的声音一直保持常开，无形之间告诉路上的行人这家店铺的存在。

人类学理论以添加“冗余信息”（redundancy）的概念揭示了建成环境的意义再造。空间的冗余信息大量是通过这些半固定特征（如装修改造、陈设、随时可能被拆除的临时建筑、棚户）甚至转瞬即逝的非固定特征（人的行为表征、人与空间的互动关系）来实现。对店主而言，侧面开门可以满足基本的进出使用，但是商品售卖则需要开辟窗口，开大的窗户显然成本过高，选择这一小窗户显然满足

① [美]拉普卜特 A. 建成环境的意义——非语言表达方法 . 黄兰谷译 . 北京：中国建筑工业出版社，2003：73-169.

了需求，配以声音“信号”，传达出经营的状态。对于很多人而言，走到小窗前而不用绕到正面显得十分方便。

除去声音，行人还可以通过语言文字了解到这家小卖铺的存在。洞口边摆放有各式各样的大字报，如“豆皮照常营业”“烟”“副食店正常营业”“报纸”“杂志”“充值”“欢迎光临”，还有“各位新老顾客，购物请到侧面窗口”“谢谢惠顾”等。商户正是通过这样的一种辅助的“冗余信息”设计，让一个很小的洞口表达出了一个不亚于正常门面的吸引性、设计感，从而在这一具体的环境中获得积极的存在感。

（五）比对思考 ：“脏乱差”VS“国际奖”

“茶儿胡同”作为2016年阿卡汗建筑奖[①]的获奖作品，坐落于北京城中心的一个安静的区域，其中的8号胡同是典型的大杂院，而该建筑创新改造的主题就是——“大杂院”。具体来看，杂院里面曾经有十多户居民，狭小的空间在漫长的日常生活中不断地被分割、使用，形成了一个个建筑的“补丁”。在过去的城市化和城市更新活动中，大杂院即将被拆迁成为一个新的主题背景，于是原居民们逐渐都迁出了这个院子，杂院转化为一些低租金的外来户的出租屋空间。

该建筑的改造十分成功，不同于那些将传统四合院还原成古建筑传统的“复原”设计，新设计的核心理念是一种新的“添加术”，它在院子内重新加入了几个盒子，并将这些盒子和原有的室内空间混合、并置，连通使用。

比起今天崇尚外观精美、还原经典空间、整齐划一的建筑设计，该获奖作品提倡在更新中保留那些小的、零星的、简陋的建筑部分作为建筑杂院的核心价值。在重新设计过程中，尽可能多地使用这些非正式的附加建筑而不是一味拆除（图4-42中的图1），既保护了重要的历史层次，同时也将最容易忽视的人文环境承认、保留了下来。该作品对院落内部的零星小型建筑予以肯定，充分认同了外来租户和临时使用者的使用需求，保留了原有的厨卫建筑，并

① 阿卡汗建筑奖是具有世界性影响的建筑大奖之一，每三年评选一次，奖励和支持那些关注于转变与提升建成环境质量的建筑作品，同时，该奖项要求其参赛作品，必须经过三年的业主与居民的使用才可以参加，这表现了奖项对建筑与大众使用者关系的尊重。

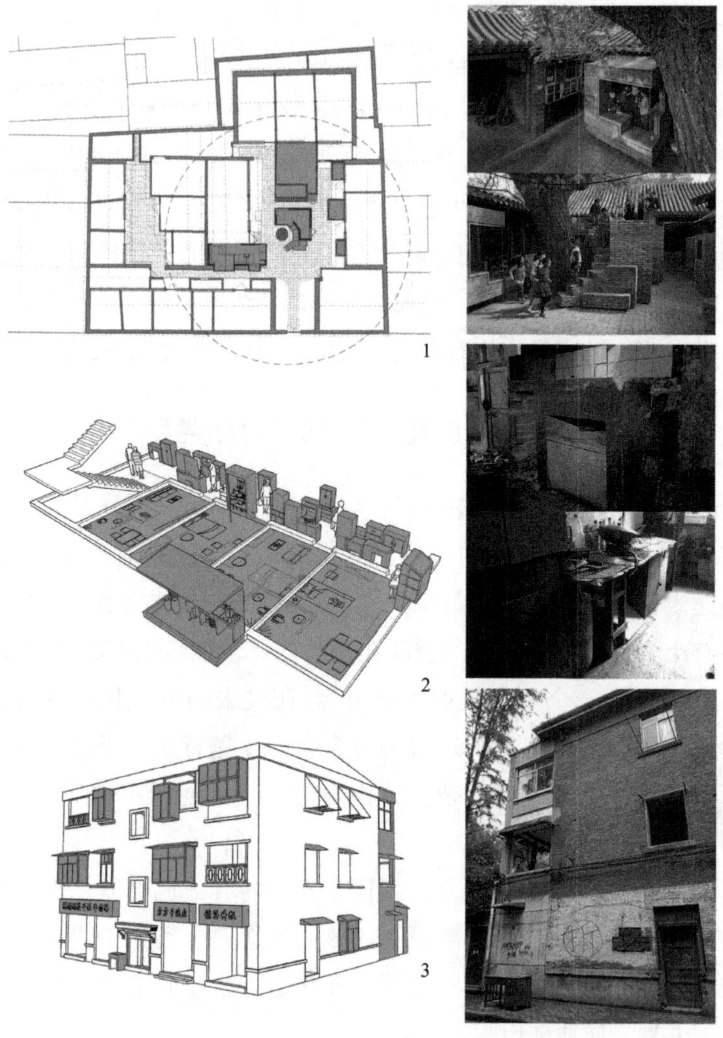

图 4-42　占用空间对比

1. 北京茶儿胡同内院落的分割占用平面图；2. 武锅集体宿舍内公共走道空间的占用示意图；
3. 武锅外立面对室外空间的占用示意图

资料来源：李挺参与绘制

融入了新的公共空间功能（一个小型图书室），充分将原有的私属院落的性质转化为社区公共空间的色彩。

图 4-42 是三个加建案例的比较，从上到下依次为北京胡同改造、武锅集体宿舍的内走道占用、武锅外立面空间的占用三个类型。不同地域环境和社会历史背景在面对不同阶段的社会需求下，总是会有自下而上的改造产生于人们的日常活动中。借助“占用”这一概

念，人们可以质疑和改写那些原本框定于私人或者公共的空间，而新的设计活动也就此产生。只不过，传统局限的视野常常认为占用是出于私利，是一种落后的、退化的现象，但是值得借鉴与反思的是，有些对无效的公共空间进行的占用与私化，也会促进更加合理的功能生成，给空间带来意想不到的活力，增加新的“公共性”。

从北京到武汉，在不同的城市历史阶段，从传统的旧四合院落到新时期单元楼内外，自生长和改造加建都贯穿其中，满足着不断更替的居住者的要求，无论是大众认知的所谓“简易搭建”“违章建筑”，还是获得阿卡汗建筑奖的胡同改造案例，都是同类性质的人居空间行为，是一种真切而直观的生活需求的表达。在胡同改造的案例里，主题依旧是空间“占用”，从而阐述了一种跨越时间维度的连续性主题。

小　结

本章以中微观尺度的人居空间案例研究为主体，分析自组织人居的演绎特色，研究了具有历史价值和地域特色的若干“城中村”案例。案例选择以不同城市、不同类型的移民聚居空间为对象，囊括典型与非典型案例。

在杭州城西“城中村”案例中，显然，杭州的“城西”现象是近十年来中国城市郊区快速城市化的集中体现，“城中村”也是一个极富代表性和说明性的缩影。在这种郊区化的过渡空间中，“城中村”的自组织形态不断演绎，充分反馈并强化了城市生活形态应有的集约与绩效。

武汉市大学城周边“城中村”（政院新村等）等典型案例，则充分表现了在特定的地域和特定的“移民”——学生的主体需求下，“城中村”如何与其生活进行长期的互动影响，从而不断演绎出适宜的空间设计形态。

而武汉市老旧社区等其他自组织人居现象，则显示了通过“混

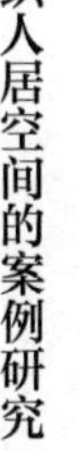

合聚居”的本地与外来群体，如何共同接替性、延续性地设计、创造微观的生活栖居空间，并自发形成一种社会“共同体”，抵抗贫困逆境问题。案例也呈现了在城市旧城空间中新社会“底层群体”创新自组织住居空间的形态特征。

综上所述，面对不同案例中大众的自组织行动，从“填补”到“滥用”，设计学不应该视而不见，而要积极地换位思考，关注真正使用主体施加于建筑环境的无声行动，促进设计跨越专业屏障，伸张主体对于空间的权利。

本章从“城中村”到“泛城中村”的视角延伸，避免了“就村论村”的视角局限，关键在于发现自组织人居环境中有关人、物、事之间的共性。从典型到非典型，从狭义到广义，拓宽了对自组织人居的价值认知。

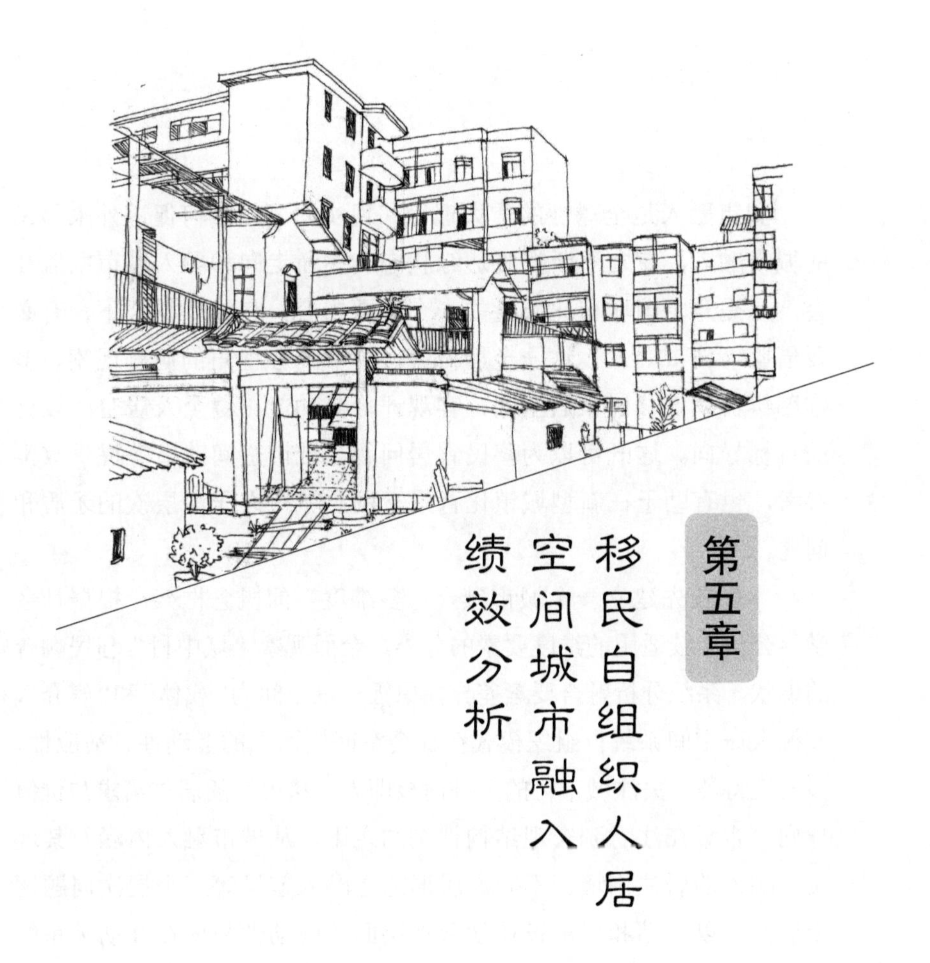

第五章 移民自组织人居空间城市融入绩效分析

移民本身是一种旅行的文化，它包含着连续和断裂、本质和变迁以及同质和差异的历史性对话。

——克里弗德（J. Clifford）[①]

① Clifford J. Traveling cultures//Grossberg L，Nelson C，Treichler P A. *Cultural Studies*. New York：Routledge，1992.

城市融入是全球性的重大理论和现实问题。如何促进外来移民的城市融入，使之不断摆脱边缘状态，逐渐走向和融入城市主流社会，是提升中国城市化质量的一个重要内容，在这一框架下，有必要借鉴“城市融入”这一全局概念，衍伸社会视角的问题观察，多维度辨析我国移民聚居空间，客观评价其功能，健全人居空间设计的目标导向。这既可以为移民宜居问题、城市空间改造等提供政策参考，也有助于在新型城镇化背景下洞悉城市人居深层次的矛盾和问题。

本书首先建立一个城市融合“多维度”的概念框架，根据社会学界公认比较适用的维度要素的分类，全面观察“城中村”移民融合的现状，系统分析融合要素差异性原因。以空间为“载体”和“媒介”，发掘人居空间系统自组织模式在社会空间层面上的互动性、适应性、多义性特征。关注城市化的关键内核即人（移民）的居住需求与价值导向，本章在注意到宏观结构性制约之下，从城市融入内涵及其现实、融入的居住困境、不同人居形态之融入差异等三个层次问题逐步展开，以反馈和提出设计学微观层面的能动性与内在互动关系的设计原理。

第一节 “城市融入”内涵及其现实困境

一、城市融入之内涵特征

“城市融入”一词，在不同社会语境中有不同含义。虽然在学界没有一致的概念，但可以确认的共识是：移民的城市融入是一个过程，城市新移民向城市市民全面完整地深度转化的过程，转化内容则包括身份地位、价值观、社会权利、生活方式、行为方式等诸多方面，其内涵特征可以归纳为以下几点。

（一）多维度性

多维度的概念在于强调问题的全面考察，城市化就是一个农民向市民深度转化的实现过程，仅观察单个维度是不全面的，研究者普遍认为城市融合概念具有多维度。出于不同研究框架进行分类，如张文宏和雷开春分为文化、心理、身份与经济四方面[①]，杨菊华则提出经济整合、文化接纳、行为适应、身份认同四个维度[②]。田凯概括认为融合需具备经济、社会、心理或文化三个层面[③]。总之是一系列特征的转变，不是简单地获得了城市户籍便等同于转变，或者是获得了城市里同样的社会保障，等等。

（二）阶段性与渐次性

城市融合具有长期性，不可能在一夜之间迅速完成。童星和马西恒从较为宏观的层次提出新移民与城市社会融合经历二元社区、敦睦他者和同质认同[④]。田凯提出城市适应性分为三个方面，职业与其相关的经济收入，由此形成的生活方式构成社会维度，通过社会交往达成观念转变与文化认同，即文化心理维度。朱力认为其表现为一定的层次性、依次递进的：经济是立足城市的基础，社会层面是融入城市生活的进一步需求与广度，心理和文化反映参与城市的深度[⑤]。也就是说，不同阶段的融合过程有相对主要影响因素，循序渐进。而杨菊华则认为各维度的发展没有一定的秩序，也不一定平行。

---

① 张文宏，雷开春．城市新移民社会融合的结构、现状与影响因素分析．社会学研究，2008，（5）：117-139.

② 杨菊华．从隔离、选择融入到融合：流动人口社会融入问题的理论思考．人口研究，2009，（1）：17-29.

③ 田凯．关于农民工的城市适应性的调查分析与思考．社会科学研究，1995，（5）：90-95.

④ 童星，马西恒．"敦睦他者"与"化整为零"——城市新移民的社区融合．社会科学研究，2008，（1）：77-83.

⑤ 朱力．论农民工阶层的城市适应．江海学刊，2002，（6）：82-88.

（三）不平衡性

各融合要素之间是相互联系、存在长期互倚的关系，也有状态不一致性，可能性假设有：一是在经济融合的基础上，文化融合与心理融合始终限定与滞后，或主动或被动地保持游离状态，无法完成全面的融合，即“经济吸纳，社会拒入”，或称之为经济交换。二是已改变某些原有生活方式和价值观念，向城市文化体系靠拢。但职业、经济收入等层面的低下水平，直接妨碍了在社会层面的交往和接触，进而又妨碍了他们在文化层面上与城市文明的融合等[①]。

（四）互动性与实践性

包含了主体与客体互动的特征，也就是移民这一融入的主体与城市经济社会之间互相塑造，在互动过程中促进彼此完善与提升，是以城市为目的地和归宿地的城镇整体体系结构、城市承载能力等与移民城市融入的方向、速度、数量、深度等一系列复杂的关系[②]。

二、城市融入之居住困境

中国快速的城镇化进程累积了各种“伪城镇化”“半城镇化”问题，其中最突出的是人的城市化严重滞后。大量“另类”人居环境表象一直屡遭诟病。我国学者进行了大量系统研究，但也是争议最多最为复杂的社会空间之一。其承载了移民居住需求并长期发展运行，反之也影响城市社会融合进程，在社会空间理论体系下可表现为正功能与负功能：前者适合于移民的过渡性需求，移民在聚居行为中不断建构调适，使之具有培育、促进的价值，发挥融入的“跳板”“媒介”功能，良性循环。而后者则表现为居住陷阱，被空间结构性控制，恶性循环，不利于城市融入能力的提高。从空间的功能辩证来看，融合与分异是一体两面、一对矛盾统一体。不存在单方面的进程，任何人居环境特征可能同时具有多种正负功能表现，不能简单

① 徐志昊．进城农民工家庭的城市适应性——对福州市五区132户进城农民工家庭的调查分析与思考．福州大学学报（哲学社会科学版），2004，(1)：106-111.

② 冯奎．农民工城市融入：实践分析与政策选择．首都经济贸易大学学报，2011，(2)：62-66.

肯定或者否定。

我国移民聚居区与城市居民小区两套是相互独立的社会系统，是两个完全不同的研究样本，学界争议颇多，但大量研究认同其居住与城市空间分异的格局，“社会排斥”“内卷化”等成为主要议题。典型观点如居住在城市隔离的孤岛之中，边缘化的生活状态表现为隔离化、非正常化等特征①。

在城市空间研究领域，不论是迥异于周边城市住区的外观，还是居住主体构成、居住生活样态的异质性、不同于城市正式住区的形成机制等使移民聚居区成了城市居住分异与社会隔离问题的代表。空间评价也就更多地从负面效应的角度，如孤岛化、空间极化、被“固化”于新贫困空间上等。显然，居住与就业、社会交往、生活方式之间存在着复杂的相互作用，诸多问题表明，其无论是整体城市生活层面还是居住这一层次，均被指向为多维度的现实困境(表5-1)，这些居住的负面影响说明，较差的居住状态无疑加剧甚至迟滞了既有的融入现状。

表 5-1　我国移民群体城市融入的障碍与居住困境

主要维度	融入的障碍	居住层面各种负面影响
经济维度（职业、收入、居住状况等）	收入普遍偏低、增幅缓慢、同工不同福利	房价、租金过高，缺少低收入住房资源与消费空间
	消费方面需要支付比市民更多成本，如医疗、教育等	缺乏社区相关福利，并且办理相关手续繁杂耗时，如暂住、计生等
	家庭负担较重	家庭成员就业难、子女上学难
	职业固化与不稳定并存	居住不稳定，随时面临驱赶
	通勤能力差	居住偏远、职住分离
社会维度（人际交往、生活方式、休闲方式、生活习惯等）	同质化、不稳定的业缘关系	居住分异，与城市居民生活隔离
	工作单一、接触面狭小社会交往的工具性、表层性	不稳定的邻里关系，浅层交往，租赁关系短期性、不稳定
	缺少社会支持网络	居住孤立化
	消费能力有限、人际交往局限	缺少低收入交往娱乐场所
	闲暇时间少，休闲方式单一	居住生活方式单一模式化
	社会原子化，缺少正式组织	作为外来人口，没有社区参与

① 王春光．农村流动人口的“半城市化”问题研究．社会学研究，2006，(5)：107-122.

续表

主要维度	融入的障碍	居住层面各种负面影响
文化、心理维度（归属感、价值观等）	身份认同模糊，介于城、乡之间的第三类人，生活状态消极	空间陌生感、疏离感、邻里杂乱，"暂住"状态、身份受歧视
	归属感缺乏，城市"过客""外来者"意识	家庭分居，精神孤独压抑，社区排斥，文化差异大
	价值观保守，文化资本缺乏	社区公共文化设施缺乏

由于上述论述或偏重于社会分析与宏观的社会空间，并没具体到聚居空间类型，因此中微观分类细化研究显得十分必要。

三、不同人居形态之融入差异

不同地域、形态类型、社会经济特征的移民聚居环境，其融合程度差异很大。何种聚居形态最有利于城市的融入？这一命题吸引了各种研究切入点，且各不相同。对于聚居空间的类型显然有多种划分，吴晓等归纳了各类聚居区不同的类型差别和特征分异，如缘聚型聚居区和混居型聚居区类别，并指出缘聚型社区的内聚性和聚居的典型性较强，而混居型聚居区很难为移民的适应和发展提供更多庇护①。罗仁朝和王德也较早提出不同聚居形态分类与社会融合度差异关联问题，认为自发聚居区、简易安置、集中安置的聚居区在社会融合度上存在显著差异等②。这种分类方法从中观住区层面明确了"城中村"的组织生成与管理特征异同，但单指标分类定性法是单一和粗框架的，容易造成对号入座的主观性，难以解释内在因素多元性。还有如从居住类别特征与相关管理问题的角度研究，认为企业宿舍的发展构成了与空间隔离，不利于融合，而"城中村"出租屋则具有较高社会价值等③④。由于我国移民聚落多为租居，这一类专题细化研究也比较丰富，李志刚研究"北上广"三地"城中村"居住模式由市场因素、制度因素、个人因素影响导致的住房条件差异性，

① 吴晓等．我国大城市流动人口居住空间解析——面向农民工的实证研究．南京：东南大学出版社，2010：78-137.

② 罗仁朝，王德．上海市流动人口不同聚居形态及其社会融合差异研究．城市规划学刊，2008，(6)：92-99.

③ 张新民．从出租屋看农民工市民化的困境．城市问题，2011，(2)：49-53.

④ 丁成日．中国快速城市化时期农民工住房类型及其评价．城市发展研究，2011，(6)：49-54.

差异化的管治措施也在不同程度上塑造了“城中村”移民的居住模式，注意到了地方融合与归属感的重要性[①]。

以上不同的研究内容侧重形成了“城中村”居住现象的多个视角，但“城中村”居住的优势和问题涉及十分复杂，单一分类标准或偏重单一评价标准难以呈现其空间功能与城市融合之间的复杂关联问题。本书从近年来不同学界相关研究关涉较多，且具有较高理论解释力和认同度较高的三个层面（经济维度、社会或网络维度、文化心理维度）做一横向概括梳理，可以归纳学术界对于各维度不同的研究认知脉络。

第二节　基于城市融入多维度的空间绩效考察

城市空间是社会和经济发展的物质载体，具有社会、经济、生态等多重维度属性，且不同属性之间相互影响、相互制约。随着城市空间的发展变化，社会、经济、生态等多重属性的绩效也会发生不同程度的变化。

一、经济维度：从局部到整体

经济基础的融合对于移民来说至关重要，也一直是人们关注的主要问题，是“城中村”非正式聚居空间形成的最大支撑性。然而人居并不简单等同于居住，对于完整的城市工作、生活以及娱乐的新移民而言，廉价的居所只是其中一个方面，对“城中村”的研究，逐渐从廉价租居的单一层面扩展到城市消费、职住关系、增加副业收入以及可能促进工作迁移等更全局化的问题上。

（一）提供廉价租居与低消费社区

由于“城中村”处于城乡体制的夹缝中，管制相对宽松，原有规划密度低，“城中村”村民在宅基地上自行建房出租管理的租居物

① 李志刚．中国城市“新移民”聚居区居住满意度研究——以北京、上海、广州为例．城市规划，2011，(12)：76-78.

业形成了充足的私房出租房源（很多为违建），其作为移民城市生存立足阶段的廉租功能已被广泛认可。在现有“城中村”政策条件和供给机制下，大量研究发现，较小的分割面积、低廉的房租成本、灵活的租居机制，对于移民来说方便实惠，对于部分就业场所并不稳定需要变换居住地的群体而言更加如此。此外，“城中村”租居空间具有多样化、灵活的特征，就单幢住宅而言，既可整租，又可零租，并可以根据需求适当改造，保证了较为丰富的户型，适应了长期租户需求与家庭变化的租居需求。

“城中村”租居空间的扩大往往吸引了数倍于本地居民的外来移民，其在这种迫切需求的推动下形成了高密度的聚居环境，人口密度越高，与都市生活相关的特征就越突出[①]。商家充分竞争，避免了垄断，店铺空间小型化自我分割，业态更具针对性，各种配套服务设施的自发形成使得“城中村”空间逐步改变自身环境属性：农居宅间空间的公共化、街巷格局的功能分布甚至包括临时摊贩昼歇夜作的空间组织机理，“城中村”由纯自住的农村住宅逐渐转型成为低消费移民生活社区，如日杂、餐饮、娱乐，甚至幼儿园、医务室等设施便主动完善和优化，增强了生活便利性和消费吸引力，在一定程度上弥补了公共设施的缺乏问题，并使集聚规模进一步扩大。高密度现象从表面上看是一种违建现状，也因其空间过密的特征广受诟病。但人口高密度、低成本商业的大量集聚以及大量自建房构成了充分的市场竞争，保障低消费水平。

（二）产业依附、职住结合

移民需要和外部经济体系建立更加广泛的联系，获取就业和保障机会，“城中村”低收入群体通勤能力差，受“交通成本”和“居住成本”双重限制，就业依托城市中心服务业、迁往城郊的劳动密集型企业，包括高校等后勤服务行业，偏好于在靠近就业场所附近私房集聚区形成大量租居聚落，呈现出明显的产业依附性，使各区域向居住、产业、配套商业服务等混合功能有机地发展，构成城市生活中相对独立的生活——就业单元，就地混合，降低出行成本。职

① Wirth L. Urbanism as a way of life. *American Journal of Sociology*，1938，(44)：1-24.

住结合的空间绩效保障了企业、城市的人力成本与市场效率，起到了提高城市区域竞争力的重要作用。

（三）促进非正规就业、职业转移

对非正规部门的研究源于发展中国家城市贫困人口的谋生方式，研究者普遍发现移民寻求包括非正规收入的多种收入机会。人口的增长引起对廉价商品和服务需求的增长，低收入群体的需求无法满足时，面向非正规生产和服务的需求生产、经营则应运而生。在我国学界已经认识到的是，非正规就业是城市农民工就业的一个主要渠道。当存在大量高收入无闲暇和低收入有闲暇居住混合群体，非正规就业规模就会很高，如毗邻城市成熟社区的"城中村"，为周边居住群体提供了大量就业机会，其中有相当一部分是非正式服务[①]。还有典型如大学城附近大量的学生后勤需求。以低租金、易进入、空间易变的优势，成为城市非正规经济聚集、就业的社区，以其空间适应性发挥了特殊的社会空间保障作用[②]。部分"城中村"外向型的经济体系，如制造业通过嵌入城市正规经济与城市发展紧密相连，为新移民提供现实创业载体[③]，同时改变打工的身份、为职业地位和社会地位的提升提供可能。而内部产、住混合人居功能降低租金成本，以此新移民可进行低门槛创业与多元化创收。而对于家庭式迁移者而言，可促进携眷迁移人口的就业，扩大家庭造血功能，有效节省生活开支，提升生活质量。

在移民的行业流动中，个私从业者占行业流动总数的20%[④]。个私经营与一般意义的打工有着很关键的区别，尽管个私经营仍然属于小规模、低层次的经营，空间条件参差不齐，甚至十分简陋。但大多个私经营意味着在城市里至少是独立职业者，有初始的经营性资本和固定资产，关键还在于可以带动家庭一同迁居到城市，以家庭协同就业的形式提高家庭收入。

---

① Portes A. Social capital：its origins and application in modern sociology. *Annual Review of Sociology*，1998，（24）：1-24.

② 陈双．中西部大城市城中村空间形态的和谐嬗变．重庆：重庆大学博士学位论文，2010.

③ 夏丽丽，赵耀龙，欧阳军等．城中村制造业集聚的基本特征及社会效应分析．城市问题，2013，（7）：96-102.

④ 数据来源自朱明芬的相关调研。

家庭人口迁移与行业流动紧密相关。本书在杭州“城中村”的调研中发现了不少这样的案例，如个私行业中的小型商贩、建筑业中实行个人承包的小工头，这些受访者很多都已经迁移了家庭人口，形成家庭店、业务夫妻档。而从事一般性工业、建筑业、服务业的农民工往往只能在城市单干，迁移家庭人口的则较少，社会融合度就相对低得多。

移民在就业业态上表现出多元化特点，但无法在正规教育系统内部获得职业转移技能，仍然具有很大的局限和约束性。随着进城年限的增加和群体内部分化，在发生行业转移的移民中，总体而言从事个体工商业的比例较大，根据“分层论”，可以认定这部分人提高了职业地位，融入城市的社会能力得以提升，这也是“城中村”人居空间孵化的结果：正是由于“城中村”提供了大量小微型产业创业机会，以摆地摊，非正规铺面、分时拼租开始，降低了创业风险。随着初步经营成功及对环境、社会关系的熟悉，他们逐步转租摊棚和正式店面，形成渐进的梯度创业。

二、社会维度：从静态到动态

有研究观点认为，底层社区居民从事非正规经济活动并不仅仅是追求经济目标，而更多地是为了建立密切的社会关系和巩固社区网络，从而相互合作[①]，这类观点显示了经济、社会层面融合的整体性需求、“有关系才能赚钱”朴素的生存策略。这一关系网络也可以用“社会资本”来定义[②]，社会学家波特斯（Portes）提出移民过程中诸如迁移、如何适应当地生活等都依赖于社会资本，个体通过社会网络以及获得更广泛的网络结构中的成员身份，进而具有调动稀缺资源的能力，国内外大量研究则发现社会资本可以让移民获取工作机会、廉价住所、互换劳动力、低息借贷等各种资源[③]。

对于移民社会网络融合发展的需求，存在着原有网络的“嵌入”

---

① Williams C C，Windebank J. Paid informal work in deprived neighborhoods. *Cities*，2000，(17)：285-291.

② 社会资本由“资本”这一经济学概念引申而来。波特斯在20世纪80年代发现社会资本概念对于研究移民具有非常重要的价值。

③ Portes A. Social capital：its origins and Application in modern sociology. *Annual Review of Sociology*，1998，(24)：1-24.

与“扩散”的过程，关键在于其生活空间是否具有发展条件。如何扩散，涉及移民结合自身发展的路径选择。学界主流观点认为初级群体为基础的社会网络带来的交往限制，会强化其生存的亚社会生态环境，其社会关系会偏好依赖于原有的网络，不易与本地社会交叉联结。然而在对同质化进行批评的同时，忽视了宏观社会结构的制约性，也忽视了不断变化的趋势，在这种变化趋势中，自组织空间起了重要的作用。

（一）网络建构的先同后异

我国城市移民社会网络呈现显著的链式特征，交往圈逻辑往往按照血缘、地缘、业缘、社会身份的差序格局展开。小规模、高度紧密、强趋同性、低异质性是乡城移民社会网络的主要特点[①]，在“城中村”也往往是聚居，较少有偶然单独居住的现象。同质化与社会孤立化往往是学者认为的阻滞融合的问题，部分移民倾向于与具有较强情感与信任度的亲属、老乡交往。“在城市里复制农村”建立“熟人”或“半熟人”社区[②]。

然而，多个调研结论反映，移民选择在“城中村”居住，不仅是因为房租便宜，更多是由于同质性社会网络在就业、生活、信息获取方面具有更多支持，具有稠密社会网络的群体比网络稀疏者获取多种就业机会要高。吴晓将聚居类型划分为缘聚型和混聚型两种模式，并提出缘聚型对于移民具有更好的支持作用[③]。“城中村”充足的房源和空间灵活性，具有“混聚型”向“缘聚型”的转型条件，为构建、扩张其链式迁移网络提供了很好的环境条件。

另外，租客是“城中村”多样化的主体，在文化背景、职业特点、收入与生活消费等方面仍然具有一定的丰富性。较低的房租门槛把包括外来移民的族群“召集”到了一起，但也并不等于个体没有独特性，这一群体仍然具有多样性，甚至具有很多互换性的网络资源。从临时性住所如集体工棚转向较为常态的居住社区，其互动的范围

① 王毅杰，童星．流动农民社会支持网探析．社会学研究，2004，(2)：42-48.

② 王春光．农村流动人口的“半城市化”问题研究．社会学研究，2006，(5)：107-122.

③ 吴晓．“边缘社区”探察——我国流动人口聚居区的现状特征透析．城市规划，2003，(7)：40-45.

从初级群体扩大到更广泛的范围，互动内容更加丰富，这也是拓展异质性社会网络的空间基础。因此“先同质后异质”的融合模式符合移民群体的特点。他们的社会关系网络逐渐超越血缘和地缘，从“链式”走向“网状”，其中大量是在就业与生活过程中建立的业缘或友缘关系。

近年来，“城中村”新移民表现为居住主体成分多样化、社会关系现代化和空间分散化的特征[①]。随着“城中村”的发展演变，其与外部城市之间的关系相互依存、相互影响。例如，构成多种低消费社区、学生后勤服务区、低门槛创业区等，现代化的交通和通信为开放提供了现实的基础，新移民积极利用聚居区外的社会关系寻求各种发展机会。由于在城市里有着广泛特征、兴趣、价值观和技术的人们，比乡村居民更有可能找到其他与他们相似的人，“城中村”的社会空间边界在重构，且更加开放。

（二）满足家庭化、长期化的居住需求

新迁移经济学理论认为：迁移决策往往不是独立的个体行为，而更多的是家族或家庭的行为（也常常是相关人组建一个更大的单位），不同于新古典迁移理论将迁移决策作为独立的个体行为，它将关注点转向了有依赖性的族群，这一视角更加全面。迁移者的行为和绩效往往依赖于迁移者的家庭偏好和家庭的约束[②]。家庭化流动可节省流动成本（交通成本、回家时间成本），同时可以提高流动人口的夫妻生活质量，维护家庭稳定、保持情感健康，也为其子女提供了一个较好的成长环境。

而从移民城市就业的研究表明，职业流动的行业与工种越好，迁移其家庭人口的可能性越大[③]，即社会经济地位的提升往往是同质化网络聚合的前提条件，因此，并不能孤立地评价现阶段社会网络的同质化问题。“家庭式”“乡缘式”迁移仍然是移民社会的主要保障，也正在成为农民工迁移的主要形式，更是城市融合水平提高的

---

① 李志刚，刘晔．中国城市“新移民”社会网络与空间分异．地理学报，2011，（6）：785-795.

② 赵燕．新迁移经济学对研究我国农村劳动力转移问题的适用性分析．经济研究导刊，2011，（11）：8-11.

③ 朱明芬．农民工职业流动带动家庭人口迁移的实证分析——以杭州为例．中共杭州市委党校学报，2007，（3）：34-38.

标志[①]。因此，"城中村"租居空间多样化的价值就体现了出来，因为它正好契合了移民家庭式迁移的复杂需求。

（三）网络重构、社群交叉

正如项飚对"浙江村"的研究中提出"传统网络市场化"观点：人们不断利用、改造传统网络，增强对外合作能力，积极去"创造"，远不是一个为聚合而聚合的过程。携眷经营方式促进社会网络由小变大，以亲缘、地缘网络为基础不断拓展业缘关系，同时还促使分工体系和"经营网络"的形成，"结网流动"便是一种智慧的创造，无论是同时流动，还是依次流动，本身必然富有预见性地构想着未来的组织、协作方式。例如，研究者们发现北京"浙江村"中的外来工商户群体，由于经营上的需要，各户之间的关系随之发生了变化，从分头搜集信息并共同分享到在生产中也开始分工协作。所以，聚居属性的血缘、亲缘、地缘、友缘等社群关系，能够深刻渗透到"城中村"产住、商住活动的空间组织关系中，这种社群交叉现象不仅出现在"城中村"与外部产业依附性区位关系上，也出现在中小聚居尺度中，推动了"城中村"社群网络的扩大。

另外，突破原有局限的生活网络，不断进行网络的拓展与重构也是一个普遍现象，并不局限于"浙江村"模式，"城中村"中从事非正规经济的大量人群，不断寻求更为广泛的社会联系，倾向于建立多元化、交叉复合的邻里、乡缘、业缘等关系。

（四）基于族群网络的社区合作治理

在我国，大部分城市中民族聚居区相对较少，而籍贯聚居区十分多见。例如，在北京郊区形成的"浙江村""新疆村"，更早的还有上海的宁波人聚落、汉口的湖南新化人聚落等。当大量外来人口涌入城市寻找工作和谋求自身的发展时，其往往依靠地缘、人缘、业缘关系集聚在一起，从而在我国城市内部形成了众多的籍贯聚居，在缺乏社区正规管理投入的现状下，"城中村"一直被视作杂乱无序的另类人居，如无照经营、地下经济等。然而，相对稳定并趋向长

① 朱明芬．农民工职业转移特征与影响因素探讨．中国农村经济，2007，（6）：9-20.

期化的租居需求，聚居族群关系网规范着村内生活秩序与经营交往的商业道德，同时，稳定的传统网络与道德、情感因素也起着重要作用。例如，在乡缘关系的熟人或半熟人圈内，如果不守信用，可能将无法面对同行。而且很多“城中村”小型店铺为降低开店成本，并不靠近马路，其生意来源或依附于大店铺，或者更多依靠“口传”网络，更加倾向于建立邻里合作关系①。

移民积累社会资源、组织化的过程，提高了其应对城市纷繁复杂的人际关系、人际矛盾的能力，进而提高了城市融合的能力。本书对于“城中村”的研究也发现，部分小商贩移民在杭州五联西苑一步步立足的过程，也往往伴随着与房东、同行（同乡）、供货商、工商税务、城管、公安部门等发生交往并不断提高知识应对的水平，这也是提升融合城市复杂社会能力的过程，而且他们往往表现出比本地人更强的社会经验。不过由于“城中村”管理体制的“灰色地带”，这种合作或者“半正规化”的社区治理也是多方力量共同影响的复杂结构②。

三、文化维度：从线性到多元

尽管关于“城中村”的文献浩如烟海，但在诸多讨论移民居住空间的研究中，关注文化心理融入的研究却十分欠缺，在多维度内容框架内形成了非常明显的“短板”现象。在“流动人口聚居区”“城中村”等研究中，首先要回答的是：“为何会聚居于此？”不同理论视角提供了宽广的解释框架，研究尽管来自各个不同的学科背景，在考察选择逻辑和意义时，更多偏好采取“理性选择”预设下的“生存—经济”分析模式③，虽然在解释移民行为时也往往考虑了中国特定的社会、文化甚至政治因素，但这些因素往往被纳入经济学或“类经济学”的分析模式，居住空间层面的讨论也受此影响，如在为低收入者提供廉租房（居住成本）、灵活的租居市场、职住匹配（逐工作

① 陈燕萍，张艳，金鑫等. 低生活成本住区商业服务设施配置实证分析与探讨——基于对深圳市上下沙村的调研. 城市规划学刊，2012，(6)：70.

② 薛德升，黄耿志. 管制之外的“管制”：城中村非正规部门的空间集聚与生存状态——以广州市下渡村为例. 地理研究，2008，(6)：1390-1398.

③ 王小章. 从“生存”到“承认”：公民权视野下的农民工问题. 社会学研究，2009，(4)：121-138.

而居）乃至提供非正规经济活动等方面肯定“城中村”空间的客观价值，在此不再赘述。

受“经济基础决定上层建筑”的线性思维影响，居住条件尚在极低水平时谈论“人居文化”“文化融入”似乎还为时过早。在主流意识形态中，流动性强、居住稳定性差、环境简易等低品质空间样态更易被视作城市的污点，与靓丽的城市化风景格格不入，脏乱差更易与其道德的堕落相联系，更遑论“诗意地栖居”，移民微观的聚居行为、居住发展变迁等“微生态”也就容易被蛮荒的空间想象所遮蔽、漠视。然而以空间实践为切入点，从文化调适、空间实践的互动的角度，可以观察移民与城市共生共变的文化生态关系。

人居文化现象的讨论往往变得简单与模式化。有观点认为在初级阶段，文化融合是随经济融合亦步亦趋地发展，其重要性并不突出，并以“文化堕距”理论[①]支持这类观点。移民必将经历文化震撼—文化适应—文化同化的涵化过程（即同化论），设定了移民文化融合的滞后性和被同化性：村内的生活文化是落后的，乡缘聚落与现代化住区格格不入，阻碍了其进一步城市化并被迅速替代。这种观点偏重采用主流与边缘文化的简单二元划分，其结果往往是陷入线性化的分析视野来看待动态的文化过程，忽视了移民文化的发展变迁，将现实复杂过程简单化，漠视微观的聚居文化因素，也不能解释现实中经济融合之后仍然存在大量移民群体长期保留的亚文化空间问题。从社会文化学的角度来看，城市文化融合存在一个适应的过程，但更是一个互动的过程，没有固定的结果和形式，积极和消极的影响都可能存在，是相互吸收、促进还是相互排斥、对抗甚至完全被同化都取决于互动的结果，就“城中村”而言，其空间具有的文化缓冲、培育、互动等积极功能应该得到重视。

（一）提供心理缓冲与保护

较多研究发现：“城中村”内，本地人与外地移民之间，传统农村生活方式与都市生活方式之间都存在明显的冲突或融合现象。然

① 该理论认为，文化融合在移民城市化过程中属于滞后的，因此相关研究得出要尽快改变落后的状态的结论，尽快同化。

而在不同强弱的力量对峙下（如城市文化对农村文化、本土文化对外来文化，显然外来者处于弱势的方面），面对文化排斥会产生城市边缘人的自卑与焦虑心理，被歧视与隔离感可能导致环境行为的失范，当基于空间的认同被移走时（如迁移），人们会伤心，人们更喜欢情感性和象征性地投身到周围的环境中去，而在巨大的文化转变压力下，按照文化身份认同理论，放弃自身的传统与自我感是不利于维持移民个体的积极心理的[①]。自身乡土文化的退守性不仅在小规模尺度上表现为亲缘或者地缘的小聚落，而且在较大地域甚至整个村落空间也通常表现为乡缘文化区，如"浙江村""河南村""安徽村"等现象。然而，这种乡村不是简单的复制，因为那是根本不可能还原的，而是一种不得已的已然泛化的乡缘网。"老乡"这种关系位序，在家乡不觉痛痒，而在异乡则大大缩进了尺度。都市中的村庄，处在一种特殊的圈子里面，甚至通过语言、生活习俗的自我强化，实质上形成了心理上的自我保护。从而避免移民个体离散化的居住心理，而空间疏离感则往往导致其更加负面、消极的城市生活态度。

漫步在"城中村"小街窄巷，各种简易小餐厅"地方菜"、带有地方风格个性的各种摊贩、小吃，乃至村庄化、自足性的生活形态，都在说明这种环境的文化象征性意义。可以说，移民初始的城市适应性正好在"城中村"这样的城乡文化缓冲区中进行培育，从而避免了过大的文化冲突和压力。由于聚居群体收入水平、社会地位、社会距离比较接近，同时还具有共同的生活背景、在城市中相关的利益需求和相似的观念意识，展现出一种构成上的"同质性"文化，以此保障社会交往的频率和效用，尽管"城中村"存在本地人与外地人经济差距过大、生活方式不同导致的心理差距，但较大的居住群体"集聚"，使移民能够减轻自身弱势心理，并使得社区的内聚性和向心力得到一定的增强。

（二）文化渐进调适

"城中村"初始并不是文化包容性较强的地方，关键在于与移民文化和生活习惯相符合的建筑形式和环境布局逐渐调适成型，尤其

---

① Proshansky H M.The city and self-identity.*Environment and Behavior*，1978，(10)：147-170.

是大量非正规经济活动所带来的社会交往和生活方式，在给原有的人居空间注入新的内容的同时，无疑也促进其变迁的速度，使其与周边关系更为密切，更加具有城市应有的开放性。例如，“城中村”往往没有严格的门禁社区，它日夜都是对城市开放的。这也就促进其由乡村民居向都市复杂社区的转型、演变。“城中村”以移民为主体的文化交流场域正是基于不断发展的社会关系而自行组织，更多交流功能逐渐形成，如移民子弟幼儿园、大排档、夜市、广场舞等，信息与情感交流、心理宣泄、价值认同、生活方式学习、解决日常麻烦等多方面功能在高密度、频繁的交流和密切的联络中逐步形成。从社会心理的角度来看，个人的身份感、归属感需要频繁的社会互动来满足，陌生、疏离的环境压力所带来的焦虑感、孤立感需要在长期的社会互动与环境调适中得以改善[①]。

文化的逐渐调适，亦可逐步适应和改变自身环境属性关系，可以说传统的村落空间已经悄然被添加了更多新的文化因素，被重新“解读”，租居房屋的加建、农居宅间空间的公共化、街巷格局的功能分布、临时摊贩日歇夜作、各种营生的内容巧妙地与生活空间交杂，其由纯自住的农村住宅逐渐转型成为城市化进程中文化混杂的移民生活社区。基于一种长期的双向互动的生活实践，与移民居住需求相符合的环境文化特性在与城市文化规制的矛盾与妥协中逐渐成形，而一种更为开放的文化态度也在逐步调试中。

此外，“城中村”丰富的社会空间增强了新移民的认知参与能力，便于他（她）们学习创业的成功案例。城市融入的成功者所养成的思维习惯和生活方式是新移民在具体的生活和交往中可以学习和参照的。他们可以逐步接受城市性的影响，培养价值观念。相比于城乡文化的直接对碰，这种潜移默化式的文化适应更容易为移民所接受，正是这种文化的承续发展机制使得“城中村”成为新移民学习的场所功能更加显著。

---

① 雷开春．城市新移民的社会认同——感性依恋与理性策略．上海：上海社会科学院出版社，2011：35.

（三）多元互动与文化整合

毫无疑问，不同文化的存在势必导致文化互动，根据文化社会学理论，文化互动在不同力量的强弱对峙下会有不同的结果。这些互动也可以表现良性互动与恶性互动：良性互动表现为相互学习、吸收、渗透，达到取长补短、相互促进的作用；而恶性互动则包括敌意、对抗、全盘拒绝与完全同化。另外，根据文化冲突与融合的状态，表现为消极或积极的多种社会空间，即文化群体之间表现出错综复杂的关系，最终这些关系在城市的生活空间中反映出来，形成各种各样的城市形态类型，如种族聚居区、混合居住或者空间隔离等。

在这个城市生活共同体内，城市人与外来农村移民之间、外来移民相互之间、传统居住生活方式与都市生活方式之间均是由各种日常生活图景的剪辑合成。显然，这种合成存在着各种明显的冲突和融合现象，而移民聚居区与近邻的城市住区之间，更是不同文化冲融的场域。在此需要提及的是，积极或者消极的绝对二元划分是不存在的，良性与恶性互动始终都客观混合地存在，对任何一个主体而言，这既是一个充满希望的空间，也是一个背负各种问题的空间，汇总成微妙的、此消彼长的空间叙事过程。因此，对于移民社区做任何简单的概念分类，然后分别定义为某一类社会空间，并将一系列“类型化”的社会特性囫囵套于其上——“贴标签”，只会使得复杂的空间问题看似简单化，不利于对真实状态的观察。

新移民在吸收异质文化时，总是伴随选择和淘汰。同时，现代性城市的影响也不是绝对的。移民对于城市文化的接受，具有吸收性、排他性、抵抗性、继承性等多种功能。“城中村”文化具有鲜明的独特性，但是在逐步城市化后，“城中村”文化一方面逐渐被城市文化所“同化”，但也必定会给城市文化注入新的内涵。例如，很多“城中村”夜市与很多地域乡俗特征的餐饮文化不仅获得了城市人消费的认同，也成为移民城市经历的感情归依，很多“城中村”中有关城市新移民的电影、文学、音乐的大量衍生与创新，甚至孵化出不少艺术创作，不断地给城市文化带来新鲜的血液与活力，显现出二者间的互倚共生特征[①]，这些获得成功的都市移民题材的文化消费潮

① 李建军．基于城村矛盾对立互倚性的城中村解读．城市规划，2012，（5）：72-78.

流的大量出现，它隐含着一种事实："城中村"文化对城市化带来的影响，不是一味地被动接受的。"城中村"文化一直在调整适应城市化所带来的改变，而"城中村"文化中一些有适应性生命力的成分，也在通过人际交流向外传播渗透。这种状态有利于促进居住文化整合的状态，促进群际认同，克服居住空间分割中的社会分裂、压制和对抗。

中国传统上是一个乡土社会，借助于"城中村"这样一个特殊的文化交流场域，移民传统文化必然呈现出从原乡土社会向城市环境的变迁、调适，乃至重新整合和创新发展的过程。例如，"城中村"内不拘一格的市场空间，充满底层智慧的生计行为，相比城市小区更加细化完善的工商市场，功能混合、灵活多变的空间营造，独特时空利用特征的串街小贩和夜市生活，这些城市低收入群体赖以为生的空间营造，实现了空间对主体需求的意义承载，本身也培育成独特的创新的空间文化。这说明由添加、混合、互动而产生的文化阐释层出不穷，空间知识也不断得到丰富，并实现了原有空间的有机更新，不同"城中村"移民聚居空间由于所处的地域不同、文化传统不同、经济发展状况不同而各具特色，这无疑丰富了现代均质化的正规人居环境空间，也是对城市化、居住区绿化外加超市和购物中心的单一化、宰制性的空间生产模式的对抗，对抗现代城市文化"沙文主义"[①]，尽管这种空间地方的反抗长期处于比较弱势的地位。这里既有追求城市时尚符号的山寨小店，也有乡土文化特色的大排档，这个似真似幻的类都市空间，是一个可以追逐城市梦而又保持文化依恋的地方，走出这里，演绎现代性的成功版本，可以追求经济与工作的同化，而回归于此，族群生活、家乡语言、饮食味道可以抚慰身份转型与现代城市人性的孤寂。

① 储冬爱．乡村原住民的都市想象与文化认同——以广州城中村为例．文化遗产，2012，(3)：141-143.

第三节　资本转换与生活策略

本书结合“城中村”评价研究，对城市融合理论进行交叉归纳分析，总结出以下三点结论。

一、宏观约束与微观能动

人居空间的融合与分异是一体两面的矛盾统一体，不存在单方面的进程。人居环境特征可能同时具有多种正负功能表现，不能简单定性。例如，乡缘式聚居模式，在其被认为是乡土的、落后与初级的同时，我们还应看到其赖以维系生计与文化情感的功能，对其的评价既要具体结合主体性选择，更要立足我国社会现实背景，将其置入我国结构性、制度性背景以及文化排斥性视野来评价。

社会学界提出我国呈现出“两头大、中间小”的哑铃型社会结构，一端是强大的政府，另一端是近乎原子化的个体[①]，而离散化的移民，更是严重缺乏社会中间组织，血缘、家庭以外缺乏基本的信任基础，这些无关系的人更难以组成社团组织[②]，他们虽人数众多，但组织化程度非常低，其“原子化”“内卷化”问题更加明显。在多年的自组织生活空间中，外来移民循着亲情、乡缘、地缘等线索极富积极性地编织了比较紧密的社会支持网络，亲情、传统以及人际关系等资源无法简单复制和传承。相比较而言，城市商品房小区的邻里“冷漠”，在没有组织和投入的情况下，居住分异不断明显，人们反而很容易在简陋的“城中村”发现其中更有机的社群联系，更具有积极向上的生活态度和新城市人融入城市的动力，以及略显杂乱但更生机勃勃的开放式的街区生活。

作为城市生活的个体，首先要克服原子化的城市困境以及社会融合能力弱的问题，因此，“城中村”微观的人居行为空间是被动状态下的主动再建构，这也是客观认知其人居空间价值的重要前提。在宏观的时空结构性制约之下，自组织机制将就业、安居、交往等

① 参考社会学家李强提出的“橄榄型社会结构”理论。
② 蔡继明，程世勇．中国的城市化：从空间到人口．当代财经，2011，(2)：78-84.

需求与其人居结点紧密关联，在微观上积极优化和配置好有限的自身环境资源，形成稳定和可持续发展的良性循环体系，表层上是独特的环境空间个性与充满底层智慧的生活方式，深层上则是从被动性适应到主动发展的自组织调节能力。

同时，本书认为，“城中村”功能价值体系的具体评价，还要看到社会空间绩效所依托的、低廉的社会成本的关系，即它的功能价值的逐步体现是在极度缺乏政策资源的情况下完成的，这尽管体现了城市化成本的现实约束性，需要基于空间正义的深层次道义反省，但更需要承认空间再设计的巨大潜力和能量。

二、资本转换与要素重构

城市融入良性循环必须在其多个层面进行互动。融入是一个过程，是在各个融合维度层面上共生互兴的整体关联，推进全面融合是城市化的责任[①]，也是人居空间品质要求。从设计学科的视角来看，即要求空间环境具有完整功能，满足使用者的整体人居生活需求，如果不够完整，也应该提供自组织机制完善的前提条件，以便渐进地适应。诚然，人居物质环境自身不会言说，但是其环境特征隐含着塑造生活、改变环境的可能性，如何塑造这种“隐含”的品质也应是设计学的责任。

在城市化的进程中，拥有权利的规划者常常设定了某种生活模式，在一类模式中机械完成一个阶段的进程，然后进入下一阶段，在城市新移民的城市生活模式中，常常简单照搬经济融合→社会融合→文化与生活融合的逻辑演进模式。例如，在经济融合阶段中，往往摒除了文化融合，一个打工者在工厂打工，他工作的所有价值就是赚到钱，而其他的社会关联、文化交流机会一概被剥夺，当他回到住地空间时，居住地的所有价值与意义也就仅限于“住得起”，其生活是单一线性化的，从本书研究的视域来看，这些都是各种片面、畸形城市化问题的具体表现[②]。

---

① 陈忠. 复杂现代性的意义危机与微观拯救——基于城市哲学与城市批评史的研究视角. 天津社会科学，2014，(1)：63-69.

② 布尔迪厄超越了马克思狭义的资本概念，即经济资本，把资本的特性运用到了社会、文化等领域，由此将资本区分为三种类型：经济资本、文化资本、社会资本。

资本可分化为经济资本、文化资本与社会资本，城市融合也是一个从局部到整体的过程，在这一融合过程中，需要移民的人力资本、物质资本、社会资本、文化资本等多维度的综合作用，各资本之间不是孤立的，可以有机转化。在某一个阶段，可能需要解决某个层面的关键问题，一个“月光族”可能会花掉所有收入去交际城市里的朋友，这样做能够让他更好地进入一个新的“圈子”，他是用经济资本去交换社会资本，同样，在居住环境问题上，一个收入还不错的、可以免费住亲戚家的打工族也可能会租居在“城中村”的廉租屋，因为，那里还有很多跑业务的工友需要常常联络与合作。在他看来，“城中村”提供的社会资本比较丰厚，且更具价值。

人居空间的设计与营造则需要更加具有多义性，并提供各种多样性与选择性，从而为以上这种“转化”提供空间的“媒介”作用，至少不能形构“转化”的障碍。偏重于经济忽视社会文化，或者令其丧失多样的发展路径的“标准化”居住模式与“形式主义”居住空间问题则是设计学容易走的误区。

对于我国移民主体而言，在宏观的社会结构性制约之下，如何优化和配置好有限的自身资源，形成一个健康、稳定和可持续发展的资源配置良性循环体系至关重要，“城中村”人居自组织、系统化功能说明了其与城市系统相耦合的实践价值，能够体现其能动性。

从移民城市居住空间的演绎谱系来看，从最简单的“一张床”到“一间房”，从早起更多被动式的居住空间如“工棚”“集体宿舍”到后来更多内含着主体性需求的“城中村”“村中城”等的变化，以及近年来宏观层面上的家庭化迁移、新生代移民渴望融于城市的各种新表象，都是对城市融合的整体价值的诉求。而如果在工作中固化于某一环节，在工作之外，则被固化于某一孤立的居所，日益丧失更广泛的社会文化的联系，也就会被不利的社会情境所“限制”，成为生活僵化的被动角色，其必然无法真正、有效地融入城市。

三、路径差异与时空策略

在城市化进程中，无论是沿海还是内地，大城市还是小城市，移民主体都会面临着不同时空状态下的城市融入问题以及不同的环境资源条件。一个“城中村”往往浓缩了我国城乡不平衡、地域不平衡等诸多问题。适宜性、包容性、个性化表达的需求日益明显，所形成的自组织人居空间最大优势即在于对差异性的容纳，在于自下而上的自我满足，并以灵活的机制、微观创新的能力应对动态需求。

城市融入应该是多途径的，并不存在一条普适的路径，也不应将人居环境需求简单化、模式化。对于不同个体而言，适应程度有差异，需要分门别类进行引导，最终激发其多维度的融合能力。单一导向的移民居住政策，只是着眼于住上楼房、人均居住面积达标等，而不考察其人居行为需求的多样性，反而会形成社会空间被剥夺等问题，不利于移民城市化的健康长远发展，典型如近年来保障房社区职住分离、就业难、居住边缘化、生活成本提高等问题丛生，很多郊区的保障房内“空间对抗”“违规使用”的情况再次大量滋生，其最大的不适应就是按照固定“给定”的模式去生活居住，更多的会形成一种“社会空间锁定”的结果，因此，与其建立一套硬性的空间标准，不如空间放权，让不同的移民聚落按照其原有的基础和路径更好地和各自对应的城市社会体系相接轨。

移民对经济资本、社会资本、文化资本等各种资源具有活化转换的需求，如应对经济压力、破解社会网络的单一、心理归属的缺陷，在各个维度上，人居空间是否能够提供一些环境支持，有对应的设计策略呢？

从表 5-2 可以看到，这里不仅有传统的抵抗与变通生活方式策略，如非正规就业；也有很多具有创造性的空间设计策略，本书对以下若干策略进行设想和概念解析。

表 5-2　移民住居系统的绩效与生活方式设计的策略

住居子系统	子维度	评估参考指标	
		空间绩效与问题	时空策略
经济系统	住房问题	居住成本、质量低下； 住居功能残缺不全；	居住面积、条件的压缩； 空间共享、混沌；
	就业问题	职住分离、通勤负担； 职业不稳定、无法积累；	时一空转换策略； 社区多元就业、非正规就业；
	消费问题	消费成本过高	压缩消费、异地消费
社会系统	同质网络 异质网络	交往同质化、生活单一； 社会隔离； 缺少组织化	先同后异； 空间拼贴、大杂居； 网络重构、社群交叉

续表

住居子系统	子维度	评估参考指标	
		空间绩效与问题	时空策略
文化、心理等	归属感、认同感	空间疏离；空间退守	空间流动、主体抽离；乡缘聚落、空间重构；亚文化调试

（1）压缩消费或者异地消费：压缩城市场所的消费，而在乡村原住地进行消费，调节消费的节奏。例如，移民回乡过年时段密集的筵席，弥补城市生活的缺损。在居住空间中，由于居住地与工作地的距离，也可以调节日常消费的场所，改变生活的习惯、时间，以节省开支。

（2）时空穿梭策略：时间与空间的相互灵活转换。例如，农闲时进城务工、农忙时回村，以城乡穿梭的方法进行最优化配置。

（3）基于社会网络重组的空间“拼贴”：生活主体在不同人居生活环境中抽取有价值的空间要素，不拘泥于一个固定的空间。这在某些“外向”型的移民群体中得到实践。例如，在“城中村”中，很多人从多种多元就业场所中拓展出各种邻里、朋友关系。

（4）空间流动、主体抽离：由于文化的疏离感，移民可能将居住环境仅仅视作基本生存功能，而将情感、社会交往的时间从具体的在场环境中抽离出来，移交到手机、网络等虚拟空间或小众群体上，虽然这是一种社会疏离的问题表现，但其能够促使移民在心理上得到补偿，也有可能拓展新的网络空间。

部分人将漂泊无根转化为某种“旅行的文化”，他们或居住于单位临时性居所，或频繁更换工作地，对于他们而言，在这种频繁的“试错”过程中，寄希望于高流动性带来的机遇与偶遇城市生存的新契机。

尽管社会的弱势性、问题背景难以从基本政策上改变，但是新移民具有更积极的应对心态，如灵活使用时空策略，有效地改善了城市融入的效果。这些具体的生活设计与人居环境微观自组织改造一样，共同构成一种广义设计学的智慧，这些都可以在前文的具体案例研究中得到对照。

小　结

移民的城市融入已成为衡量城市化和现代化的重要议题。有诸多研究认为，中国这一总量庞大、基础薄弱、构成复杂的移民群体城市融入短期内不可能一蹴而就，在其经济无能、社会弱势、文化排斥等多方面严酷现状下，低门槛的城市“非正式”人居已经存续并势必延续相当长时间。对这类人居环境的深入观察，包括如何促进移民更好更快地融入城市主流社会的一系列探讨，都必然具有极其重要的价值和意义。

本章在学科交叉和问题导向的基础上，将“城市融入”作为关键理论切入点，借鉴社会学相关理论研究进展，从城市融入多维度、渐次性与内在关联等内涵特征，指导社会空间的自组织原理，有助于我们辨明真正的价值与问题。基于多维度分析框架对移民自组织人居空间展开比较分析与综合评价，结论是：经济融合维度是从局部到整体的拓展，社会融合维度是从静态到动态的观察，文化融合维度是从线性到多元的转变。通过人居景观指数的自组织演绎与城市社会之交互关系的分析，可以看到，其自组织完善的过程机制不断衍生出较为新的社会—空间机理，人的居住抉择既是一种经济理性，也有着社会交往、价值认同等更多整体价值诉求。然而，现实中的人居空间命题总是被“经济”所压倒，呈现出机械需求等级论的色彩[①]，但人的需要总是复杂的，不能机械地绝对地按层次去做划分，事实上也无法僵化地按上述各个层次逐级逐个地去满足。

在城市融入的动态与不平衡进程中，还要注意到几点：融入绩效有其背景约束性；不同融入维度的演进逻辑不能模式化；各价值要素之间不是孤立的，需要主体进行有机转化，形成路径的差异化、多元化。关注城市化的关键内核即人（移民）的居住需求与价值导向，在注意到宏观结构性制约的条件下，对城市社会融入、居住融入的困境、多维度人居价值三个不同层次问题进行逐步展开，以反馈和提出设计学微观层面的能动性与内在互动关系的设计原理。

---

① 例如，马斯洛的需要层次理论，揭示人类复杂的需要的普遍规律性，且具有直观、易于理解、相对较合理等特点，因此成为国内外许多管理理论的重要基础。

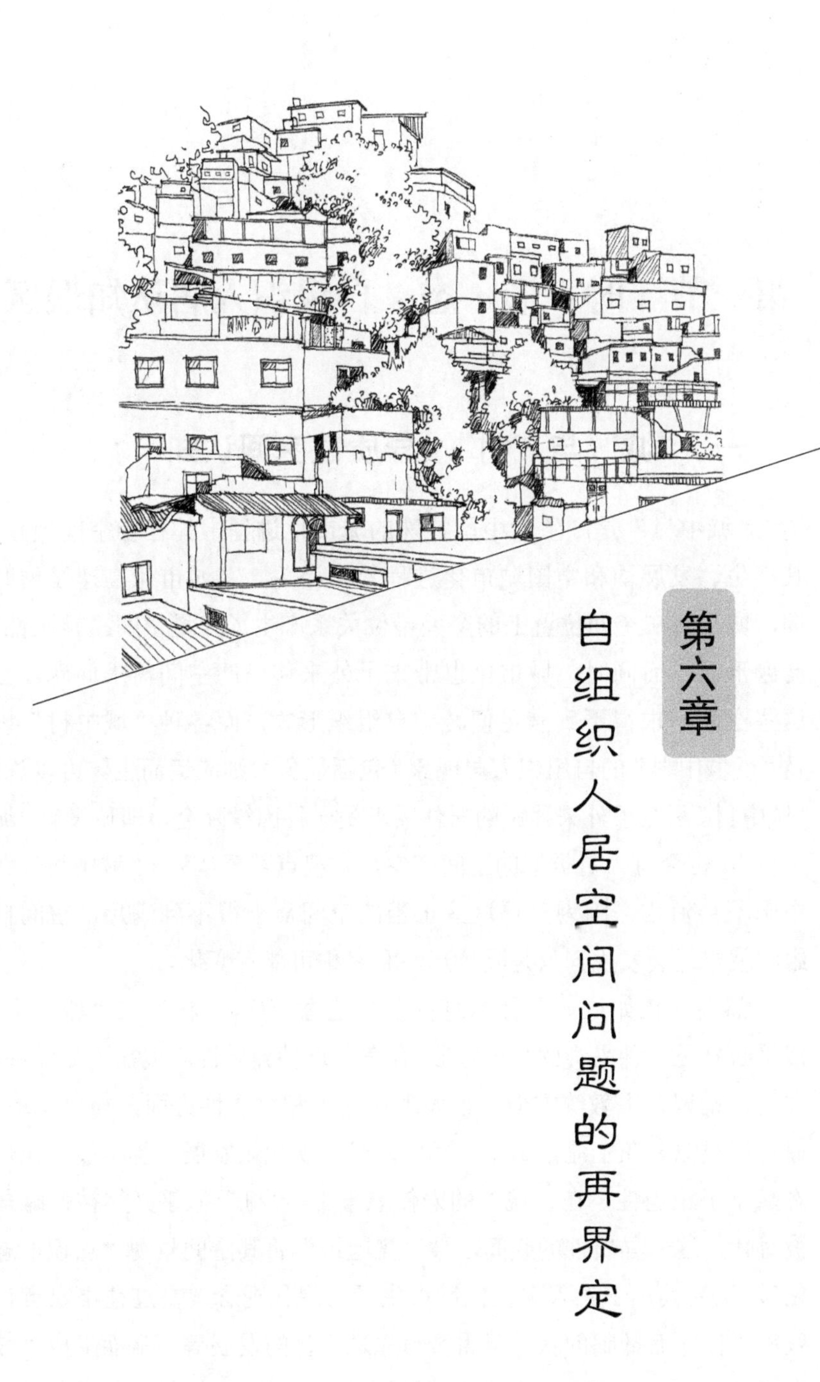

第六章 自组织人居空间问题的再界定

第一节　时·形·态：自组织人居认知误区

一、“城”与“村”：异质性空间认知

“城中村”是产生于中国特殊的城市化进程中的社会空间现象。其产生、发展均和中国城市化进程紧密相关，在城市化高速发展时期，城与村在空间位置上的交叠错位关系产生了大量空间“异质性”问题形态，而同时，城市化也带来了外来移民的空间需求问题，当这些空间需求得不到满足便转向自组织形式，而各种“城中村”以及“泛城中村”的自组织人居现象（包括怪象）则应运而生。可以说，“城中村”承载了外来移民的居住需求是一种因缘际会，即使没有“城中村”，也会有大量类似的空间产生，有观点甚至认为，“城中村”在中国不会消亡，因为只要这些正当的空间需求得不到满足，空间自组织就永远会发生，只是具体形态和名称可能有变化。

然而，正如这一名称本身富含的蕴意一样，“村”在“城”中，似乎必然是一种另类的“异质性”存在，这种异质性表现在诸如经济、文化、伦理、宗教等方面，也表现在地理和物质性方面，与“飞地”概念相类似。在主流话语中，“城市化”“现代化发展”等早被意识形态赋予了正当性，在“城”的宏伟愿景下，“村”似乎必然被俯瞰与被替代，这一异质性的空间，被“先验地”将其空间景观“意识形态化”，认为其难于融入现代化城市生活与现代观念，是过往小农意识残留、保守而抵制创新、阻碍城市先进文化的发展等，从而形成“城中村 = 落后，城市 = 先进”的框子，城市与农村本应互生互利、和谐互动的关系被严重扭曲。

就“城中村”原住居民生活形态而言，长期背负着“小农经济思想”的批评。例如，俗称的“种房子”[①]（通过大量违建获取租金）的现象，被看作是小农的天性导致，实质上是当下不完善的拆迁政策导致的必然结果，即政策制度本身有缺陷，同时也没有做到严格执行[②]。而对待新进入城市的移民，则必然会反馈这样一个问题：为什么这些乡村移民会大量居住在这些落后的“城中村”？为什么不去正规的租房市场获取居住空间？除了房租便宜的结论以外，观念上也容易将其归结为自身生活习惯的延续，“他们适应这种脏乱的环境”，将其城市社会生活看作是农村落后生活方式的延续，是城市先进文化的对立面，如生活习性、交往网络、娱乐休闲等。典型例证是，流动人口赖以维系生计与情感的乡缘聚居则被认为是落后的、初级的，甚至是引发社会治安不稳定的危险因素，这种观点在学术领域显然还普遍存在。因此，“城中村”聚居空间的问题也就随着这些负面问题逐渐被大众接受，最终形成一种约定俗成的偏见：这种居住形态不仅是落后的、是城市现代化的对立面，还隐藏各种破坏社会稳定的因素，必然会被更符合城市的先进文化与居住方式所取代。

“城中村”突破了传统城市与农村泾渭分明的空间二元区隔，呈现一种空间上的异质性——穿插、驳杂、含混的飞地状态，从城市中心论和空间进化论的角度来看是各种无序现象。然而现实空间中并不如规划图纸一般，城市生活并不是同质、线性的，而是具有二重性[③]的特征。文化上也呈现“杂糅”状态，这种状态或许蕴含着新的文化可能性，但却令研究者大伤脑筋。例如，有些研究会珍惜乡村中保留的民俗，认为其原汁原味，将之视为有价值的遗产；而憎恶“城中村”新楼高厦中的民俗，认为其不纯、未进化，是一种落后现象。从内容看，移民的住居生活既带有传统生活的特性，也具有现代特征，二者共存并在。其居住生活势必是由一系列混杂、悖谬现象构成，生活交往有开放性的现代交际，也残存着宗族血亲、老乡圈的传统；生活规则既融入法制、经济理性之现代生活，也有基于“人情”的潜规则；生活方式上既以崇尚流动为表征，也有退归传统的心态。

---

① “种房子”这一名称即是对村民违建的一种鄙称。

② 试想下即便是城市居民在此制度环境下也必然会做出同样的选择。

③ “二重性”来自于社会学家吉登斯的概念，为了解决一向困扰社会学研究的社会系统（结构）与个体行动之间的关系问题，他提出以结构的二重性原则来取代主客二元论。

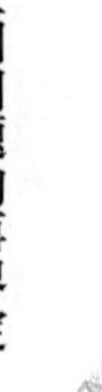

从空间的角度而言，在“城不像城”“似村非村”“亦城亦村”的贬义性表达背后，却是真切的混杂空间意象和结构表达，这些不合规划的甚至与现代城市格格不入的结构混杂空间，却恰当地满足了不同城市亚群体的需求。杭州城西屏峰城边村（图6-1），即从原有村民的单一群体发展至人群不断交叠、重新构成的有机过程，而原有老村、新村，以及各种临时建筑等空间更替与演进，却恰好承载了这一过程的发生：城乡迁移群体在市民化过程中血缘、地缘、业缘甚至族缘关系的各种投射和理性实践（如家族式经营网络、乡缘聚合、业缘聚合等）。在原有社会关系基础之上，并叠加进新的社群关系，正是随着各种空间的“缓存”与兼容性，原本不相关联的社会族群会在同一个“聚落”里发生着各种意想不到的联系，也保留了历史演变的某种文脉。显然，从文化空间与文化人类学的角度而言，这便是这些“聚落”的重要结构性。

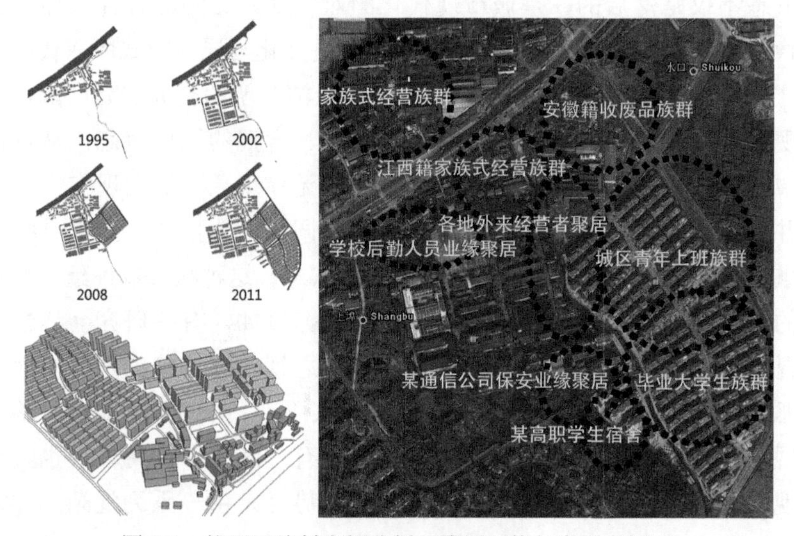

图6-1　杭州屏峰村空间分析（聚居网络与生活空间）
资料来源：李贵华参与绘制

二、租居：空间流动的困惑

流动性（mobility）构成了现代社会的本质特征[①]。一方面，它推动着现代社会的形成和深入发展；另一方面，表征着与传统的彻

① 齐格蒙特•鲍曼将其描述为“轻灵的”“流动的”。

底决裂。无论是对于统计学意义上的流动人口、移民、那些无力定居的各色人群而言，还是对于普通的城市居民而言，现代生活都充满了永无休止的位移与界定，职业、身份、居所、人际关系往往被裹挟在社会发展的过程中变动不羁，生存状态暗示出现代生活的瞬时性、无序性和流动性。而乡—城移民放弃了传统乡村居家守地的稳定住居状态，更意味着传统有机生活的瓦解和分裂，在改革开放后兴起的自由主义叙事下，引发了对于界定位置、转化身份空间概念的迫切需求。

然而，在一个迁徙权尚有待讨论的社会情境中（表 6-1），城市“栖居”的条件尽管理论上是自由可获取的，但在实际情境中则只能依赖于某些先天因素（如户籍、身份、经济资源等）；在城市中，那些没有获取正规住房或者本地户籍的居住者（尽管已经居住多年）甚至没有被视作“城市居民”，或被有选择地“屏蔽”。他们在城市长期居住生活的现实及其应被赋予的城市人居主体权益却长期得不到尊重，如没有产权的“租居”生活。然而，正如 20 世纪 60 年代列斐伏尔早已直指城市生活权利、自由与尊严的争取这一基本矛盾：城市权利并不应依附于正式的、所谓的“国家公民”身份，而是应该建立于城市居住者身份上，基于城市空间中日常生活、工作的系列实践[①]。但长期以来，无论从问题判断还是到概念设置，相关核心的居住问题研究主要服从于行政职能部门需要，或是基于自上而下管理的制度框架，缺少真正的问题意识。例如，鉴于统计资料的限制，出于特殊的户籍制度，有相当的数字是根据狭义上的“人口流动”给出的，研究内容也散列于“流动人口聚居区”“城中村”“棚户区”甚至“群租房”“廉租房”等“给出”的概念谱系中，长期困锁于对应的体制视角和狭义问题中，而其中那些并无本质区别的、真实的现代居住生活，由于始终被套上了一种“非正规性”色彩，并不能被平等地对待，而失去了完整意义。

表 6-1　各历史阶段对“人口流动”的主要态度回顾

历史时期	主要居住现象	主要政策与观点
1950年以前	搭建棚户、租赁公房等	允许流动

① Lefebvre H. *The Production of Space*. Oxford：Basil Blackwell，1991.

续表

历史时期	主要居住现象	主要政策与观点
1964年后	迁移属非法行为	开始失去迁徙自由
1970年后	出行必须开介绍信	不认可流动
1984年后	有限度进城务工； 1985年公安部颁布条例正式允许暂住人口城市居留	作为临时居民； 不鼓励流动； 遣送政策、暂住证
1990年后	大规模进城	二元歧视政策
2000年后	“城中村”现象	歧视政策； 可办理居住证
2010年后	小产权房、群租	差别化政策； 购房入户、户籍问题

传统中，我们无法否认住所在人类生活中的重要作用，它是一个有温度、有体触感、有情感色彩的空间，住所也是走向社区以及更广阔社会的出发点。生活世界的完整性从来就是确定、具体、不言自明的。它包含了存在感、认同感、归属感、舒适感等各种各样的需求，人的主体性诉求，是住居空间获得价值和意义的关键。

然而流动性的困境则在于，空间不再是完整意义上的，不再涵盖其生活的全部物质内容与精神意义，传统与现实生活于是脱节，也失去了原有的社会、经济甚至人身保障；而在资本流动面前，其更被裹挟进一个更大的外部经济循环体系，在获得了实现城市生活图景的机遇与经济利益时，却必须遭遇隔绝土地乃至社区权利、政治、文化、情感上的关联，这意味着原有生活场域的终结。

具体来看，关于“居”的命题被窄化，居住应有的多维价值被严重剥离：首先，粗陋的居住条件勉强满足最低层次的睡觉、休息功能；缺乏基本的家庭生活功能；缺乏社会权利、身份认同与社会归属感，是一种失调的生活状态。正如社会学者描述的非定居移民“身体在场，关系、利益、参与权、社会保障权不在场”的剥离现象[①]，无法分享“属地化”的空间资源，无法感受城市生活的特性，虽在空间上相互接近，但由于核心价值剥离而无法形成稳定的社区感——生活共同体，他们无法形成稳固的邻里，原有居所的安全、资源和情感归属荡然无存，只有新居的孤独与疏离。对于个体来说，

① 田毅鹏，齐苗苗．城乡接合部非定居性移民的“社区感”与“故乡情结”．天津社会科学，2013，（2）：53-58.

居住的稳定需求及其衍生出的社会组织力量非常关键，地缘、业缘等有价值的资源有限，居所动荡，还要面对自身身份认同危机。空间仅仅只能作为一个容身之地，而无法容纳他们的“根”，这种非完整、不稳定的住居生活，也深刻影响了他们生活权益在地化的表达。

对于乡—城流动人口而言，人生中大部分时光已经归属城市，其中包含着不同城镇、城乡之间的频繁位移，被户籍认定的农村常住地早已是个虚名，“流动人口”“农民工”这样一些类别概念，实际上将他们是城市“居住者”（居民）的现实身份否认了，用流动性抹煞了定居性[①]，大量的外来人口实际上已经转变为长期定居人口的事实日渐清晰。另外，大多数农民在自己的宅基地上建造出租屋，与外来工签订租赁合同。虽然大多数没有取得房产证，但在当地居民心里出租屋的归属是明确的。居留时间越长，安定感也愈发增强，必然把城市包括“城中村”的居所当作自己的家。新移民在文化与心理上也逐渐适应居住环境与氛围，更多研究发现地方融合与归属感的构建对居住满意度影响最大：长期的“流动”恰恰带来这一群体对于小领域地方认同和归属感的强烈诉求，在满足基本物质生活条件的基础上，地方归属感所带来的精神愉悦不能不重视，其支撑了外来移民的生活期望，提高了他们在城市生活艰苦逆境中的“抗逆力”[②]，归属感甚至可以超越户籍所能带来的融入感，极大地提升居住幸福感和满意度。很多研究也发现很多新移民对出租屋的满意度调查普遍较高，这也说明“产权”并不是不可逾越的障碍，而是存在着短暂居住权益被有意忽视的问题。

三、非正规、过时、低技术形态

非正规就业、非正规社会组织、非正规经济以及非正规社会活动，这些都在处于深刻转型的中国社会中广泛存在[③]。城市的正规性与非正规性，本身就处于相互转换的对立统一的关系中，也经常发生图底反转，如正规性环境如果不合理，会被非正规地使用，而非

① 陈映芳.“违规”的空间.社会学研究，2013，(2)：162-182.

② “抗逆力”是指，当个人面对逆境时能够理性的做出建设性、正确的选择和处理方法。

③ 黄宗智对非正规经济的观点，具体参考：黄宗智.中国被忽视的非正规经济：现实与理论.开放时代，2009，(2)：51-73.

正规性也会经过初期的发展逐渐纳入正规[①]，如充满争议的住房供给机制——非正规（如违建）租赁住房，通常被认为功能布局紊乱、公共基础设施缺乏、人口居住复杂和社会问题严重。然而，大量的违建有时也能获取正式承认，或是政府迫于历史的现实性而"默许"的转变等，本身就是这一逻辑的悖论，在正规的需求得不到满足的情况下，通常只会引发其畸形发展。在貌似无序的状态中，非正规空间有时也存在着合理的内在机理。但是由于过于强化其负面性，采取机械的二分法的思维惯性使得非正规性始终游离于主体社会之外，成为被污名的"体制外的灰色地带"。

"过时"概指陈旧不合时宜，如过了流行的时间，不符合主流。在城市的空间与时间之中，二者并不一致。正如哈维(Harvey）指出，时空观念的社会建构根源在于生产方式和具此生产方式特征的社会关系[②]，而这些实践活动从来都表现了社会斗争的焦点所在。在追求现代化的过程中，时间贬低空间，进而形成对空间的压制。现实中城市更新的时尚话语主导着当下空间演进的方向和话语权，尽管不同的年代、产权构成、功能追求、生活旨趣的住居由于经年累月的互动，类型多样化依旧反馈、满足着不同时期、不同社会族群的真实需求，前工业化、工业化、后工业化背景下的物质技术形态，均有其设计价值。

在图6-2所示中，罗列了多种自组织移民人居类型，不同的人居环境类型必然有着很大的差异性，但是我们看到，多种社会主体的参与孕育了多种空间建构类型，从标准的到非常规的，从临时的到永久的，在不同的时间和地域环境中，这一谱系显然会不断地衍生、变异。从某种角度而言，多样化的居住类型显然是更加具有社会生态意义的，城市的魅力也就在于提供给不同族群空间选择的多样性。

然而，在被利益主导者所支配的住居价值观中，居住环境与空间形态则被打上了"先进"与"落后"、"高端"与"低级"、"正规"与"非正规"的意识形态烙印，在那些"进阶式"的美丽现代人居风景的臆想中，旧时人居就显然沦落为"历时性"的过往篇章，也因此将极为脆弱。

---

① 王晖，龙元. 第三世界城市非正规性研究与住房实践综述. 国际城市规划，2008，(6)：65-69.

② Harvey D. *The Condition of Postmodernity*. Oxford：Blackwell，1989：73-102.

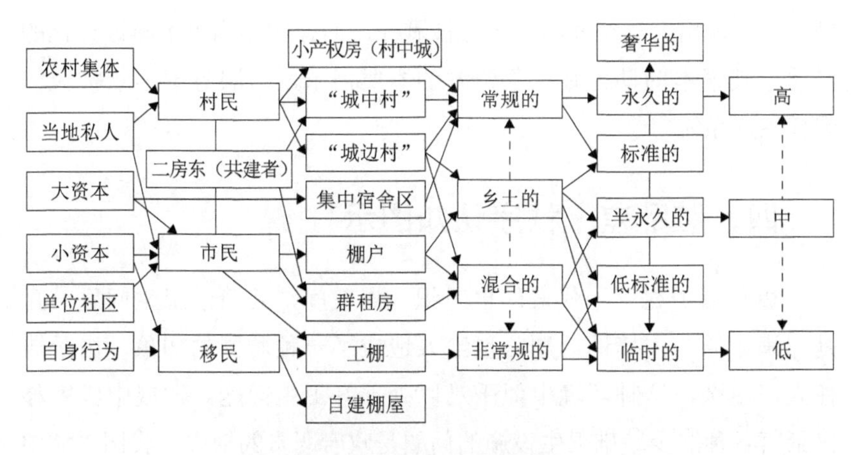

图 6-2　自组织人居谱系图
资料来源：李贵华、张彦参与绘制

然而，对空间资本化的批判已深刻指出，那些极力鼓吹“科学”的、“系统”的居住建筑学，看上去一般的城市居民似乎都难以参与。在专业被无限细化、分化的支配下形成了建筑生产过程的专业垄断，整个城市空间被高度物化和技术化，建筑专业从作为社会知识分子的角色，转变为服务于技术官僚型社会的专业机构，建筑沦为赤裸裸的商品，技术成为支配力的背后是社会责任感的缺失和政治自觉性的泯灭，其塑造社会的功能被隐蔽化，空间设计仅仅是对上层建筑层面的经济、社会、政治制度的被动适应，参与者是强势利益集团内部性“高峰对话”，人的基本诉求或被高度模式化、均质化，设计任务书所服务的对象常常是一个标准的中产阶层，对于金字塔底层的需求则严重缺席①，对人的需求的考量仅限于社会精英的理想，改造的结果是原有利益的巩固和既有秩序规则的强化。这其中，设计学也毋庸置疑地沦为权力与资本用来实现目标的重要手段。

由于对住房改造实行严格规定和限制，甚至将盖房子的民间传统视为“建筑技艺的倒退”，技术的适应性原则被忽视。城市中自有住房难以得到自发更新，而且自发参与空间构筑与想象的权利也就基本上被控制和压抑，很多弱势边缘族群的简易临时建构均被冠以“违章”“危房”等之名，并简单参照现代技术规范以安全问题、防火问题等笼统概念一概否定。近年来出现在保障房中精装修系列问

① Patrick W，Anjali K. Designing for the Base of the Pyramid. *Design Management Review*，2004，(15)：40-47.

题[①]，体现出人居空间的主体性被剥夺，而建构行为也不断被异化的实质，其根本的动力则在于资本的本质需求，即服务于不断扩大的现代生产系统。

四、脏乱差：秩序认知图示

以“城中村”为代表的自组织人居空间，其清洁卫生问题一直是充满矛盾与困境的问题，也给人造成了一种顽固的印象，由于居住人口复杂，这种环境中似乎难以处理好卫生问题。发展中国家移民聚落各种缺少基础卫生设施的问题是政府职责的缺失，我国“城中村”的卫生问题亦是部分根源于先天性规划管理的缺失，其布局是按照农居点规划的，市政设施极其低下，村落属性下的基本配套设施问题决定了历史欠账太多，包括必须解决公共配套的相关管网问题，而这些表象问题的解决则可以破解深层次的居住人口素质的“负面”印象。然而，在现存服务配给不足的前提下，后期投入缺失问题也长期没有得到应该有的关注。

尽管一般观点认为，房东将房子以较低廉的价格租赁给大量流入城市的外来人口，租房手续简单，出租房管理松懈，对出租面积又没有标准要求，一幢农民房住上二三十人是司空见惯的，是公共卫生问题的根源，但是笔者在杭州很多村调查后发现，由于房东认识到物业的运营好坏决定了租金高低，因此也会很好地管理、打理环境卫生，督促卫生标准，积极调适邻里关系。在前文调查过的杭州屏峰村，其卫生情况则好得多，居民和外来移民似乎都比较乐于遵守乡规民约，比较注重环境卫生形象，说明所谓“脏乱”的问题也仍然是可以解决的。

而在笔者所调查的武汉等地“城中村”内，卫生清洁管理费都是统一由村里开支，村民不用支付。而村委会考虑到经费问题，认为能省就省，并没有根据村里的实际居住情况、商业空间去配备环卫工人以及垃圾处理设施，由此从管理体制上容易使大部分人缺乏

① 曹政. 北京保障房将全部精装修，实现“拎包入住”. 中国青年网，2016-02-24.“拎包入住并不是说的那么简单”，某公租户提出，虽是精装修，但配置还有待健全，要考虑到住户生活需求。“比如房子没阳台，也没安装晾衣架，但又不让我们自己钉衣架，洗过的衣服没地方晾”，“最难的是个性化，这些年主要卡在这里”，北京市住房和城乡建设委员会负责人坦言。

支付清洁费的观念，失去了缴费压力感，以至于一部分外来移民、村民对垃圾的处理很随意，形成所谓“公地悲剧”“破窗效应”。这里忽略的问题是，相对于如此高的居住密度，卫生费用的投入配比极低。而在本书调研的很多“城中村”环境中，自发维护门前环境卫生，乃至维护公共环境的情况很少见。

卫生问题属于日常生活的层面，这些问题似乎难以引起规划、建筑设计学科的更多兴趣，在期刊网上也难以查到研究这方面的文献，其不仅受到学科分界的束缚，更重要的是对意识形态有一定的影响，城市文化生态、不同人群的价值观念亦是需要审视的重要问题。英国人类学家玛丽·道格拉斯（Mary Douglas）深入研究了肮脏的规则，分析了肮脏的社会根源，发现那种将肮脏视为格格不入的问题的想法实际上包含着一套秩序的关联和对秩序的违反。她指出，肮脏或者洁净实际上是一个象征体系，在于人的认知图式[①]。符合固有秩序的就是洁净的，而无法纳入这个秩序的，甚至威胁着整个秩序的，就是污秽的、危险的。

因而，怎样算清洁卫生呢？玛丽·道格拉斯认为，不能只限于一个情境，也不能只讨论单一类型。因此，研究应该不仅限于传统的卫生学，应该纳入更为复杂的社会背景来解读。卫生概念成为城市文明建设的重要依据由来已久，如法国奥斯曼时期颁布的《不卫生住宅改良法》，2002年“根除不卫生住宅行动”，社会舆论对其的批评包括有过多政治运动背景、改造方式过于激进等[②]。我国“城中村”居住环境的脏乱差问题也存在一种“被放大”的现象。这些物质现象往往被城市管理者贴上负面标签，成为道德落后甚至疾病、犯罪发源地的隐喻，即“脏乱＝道德落后”，而长期得不到市政投入、公共服务的缺失、极高的人口密度等前提条件往往被遮蔽了。

本书认为，“谁的秩序”“谁的失序”必须成为问题核心，在传统且日常的街道空间中，正是由于植入了现代空间观念，“脏”与“乱”成了这些“前现代”时期人居形态中具有“落后性”色彩的“问题”，而传统的生活方式等那些日常环境利用模式也一起被打上了脏乱差

① Mary D. *Purity and Danger*：*An Analysis of Concepts of Pollution and Tabo*. Boston：Routledge & Kegan Paul Limited，1996.

② 1850年颁布的《不卫生住宅改良法》，规定“各乡镇对于房屋建筑不合卫生之区域，倘非不能达到改进公共卫生之目的者，即得将该区域内之土地，全部予以征收”。

的标记，如“城中村”的摊贩、路边饮食、增建厨卫等各种空间自组织行为。

不同地方、不同文化背景与不同阶层的市民自然会有不同判断，也不存在一种放之四海而皆准的标准，这里有地域文化差异、城乡生活差异、社会阶层差异等各种差异，是各种不同体系的差异[①]。但是，我们看到，类似于“创卫”这种运动，正是基于某些简单化、标准化的逻辑而运行的，采取临时性“特殊举措”，靠一时之“创建”，存在卫生城市的名与居住卫生之实的悖论[②]，而诸如“夜市”“摊贩”等空间被武断清除，不仅过于简单化、苛刻，更剥夺了弱势群体的生存权利。人为拔高设定管理标准考量，实现清洁、治安、卫生的均质化与标准化，以至于“小商小贩”则成为城市管理所讨伐的对象。同时通过“清拆违建专项治理”或“专项整治”等各种运动式治理使其存在不稳定，成为驯化与被宰制的景观。

现实中的肆意管理与执法，权力越界和滥用的问题亟待规范和制止。尽管“混即是乱”的审美误区正如对“无序即失控”的生活功能的偏解，然而简单化甚至苛刻的空间治理，更剥夺了弱势群体的生存权利。简·雅各布斯则一针见血：“有一种东西比公开的丑陋和混乱还要恶劣，那就是戴着一副虚伪面具，假装秩序井然，其实质是视而不见或压抑正在挣扎中的并要求给予关注的真实的秩序。”

第二节　问题困境

一、系统关系割裂形成问题畸形循环

任何城市的发展都存在自上而下与自下而上两种动力。通常，上层规划是一种自上而下的行为，而自组织则自下而上演进。尽管

---

① 例如，大城市人显然不太适应农村的生活与卫生习惯，但是却向往绿色原生态的农村生活方式，体系不同，很难两全其美。

② 存在卫生城市的名与居住卫生之实的悖论，如2012年3月17日《华商报》中，焦作一网友称：“全国创卫审验期间，该市关闭了所有中小饭店、报刊亭、中小理发店，很多饭店在一夜之间换了门脸，一夜之间他们都转行卖铝合金和办培训班了，从‘可耻’的饭店行业转型了！”

规划可以削弱自组织的力量，但不可能将城市的自组织动力彻底遏制，根本原因在于信息的局限，上层规划无法穷尽城市复杂系统的细节。因此将“城中村”现实先验地作为“问题”判断，是长期参照城市他组织人居而言的结果。同时，自组织人居自发产生与演化，其问题实质可看作是社会结构的分化背景导致空间结构的分异过程。自组织聚落并非单一的住房供应不足，还有社会排斥等诸多问题，必然有其自身脆弱性，如物质环境落后（未达到城市建设标准）、社会融合度差（面临着社会歧视）、产权的安全性低（不具有合法或安全的产权）等。

其实，这样的评价正是基于自组织与他组织的二分法，按照协同学的原理，问题的实质是二者竞争非协同的结果，导致有序性或一致性缺失。辩证地看，二者本身就处于相互转换的对立统一关系中，也经常发生图底反转，如环境不合理，会被非正规地使用，而非正规性也会经过初期的发展被逐渐纳入正规，如充满争议的住房供给机制——非正规（如违建）租赁住房，通常被认为功能布局紊乱、公共基础设施缺乏、人口居住复杂、社会问题严重。然而，“违建”其本身也具有历史、社会等多样的判断属性，不同社会时期的判断迥异，其本身就是这一逻辑划分的悖论。因而实质问题是，正规的需求得不到满足的情况下，通常只会引发其求助于自组织系统甚至畸形发展。

通过梳理其内、外部影响关系，我们可以认为，当自组织机制与城市管理政策（他组织）相一致时，城市空间发展将得到良性促进；当二者背离则自组织机制阻滞，问题与矛盾凸显；当二者处于耦合状态时，则需要策略调理思路促进其发展（表 6-2）。

表 6-2　系统适应性与非适应性分析框架

概念	适应性（自组织、自序）			非适应性（他组织、无序）	
含义	朝优化、稳定点方向演进			无法达到平衡态	
表现系统	环境自识别	要素自增长	系统自建构	他组织序化	无组织非序化
特征	通过自身的学习过程做出环境的判断与反应策略	因子依靠内部的力与场形成有组织的集聚涌现	根据环境的变化对自身进行调整性优化重组	在自身调节缺失下依靠外部导控的力量实现环境应对	缺失内、外部的组织机制而导致共同体无法适应而瓦解
移民聚居例证	产住邻近，居住空间压缩	生活配套，自组织，乡缘聚落	链式就业、非正规经济集聚与互补	工棚、集体宿舍，职住分离等日常生活剥夺	“城中村”拆迁，驱赶地下“鼠族”

“城中村”人居空间高度自组织现象说明了缺少供给或者政府供给失灵，自组织的发展弥补了政府供给的不足。因此，在城市住房体制难以满足低收入阶层住房需求的背景下，必须客观理性地对待自组织现象。强制清除难以达到非正规人居环境改造的预期目标，其结果是恶化了城市低收入阶层的居住条件并导致空间聚落的郊区平移并使问题进一步扭曲，严厉的政策性压制无法从根本上解决问题，并致基于控制的规划实践陷入控制失效的尴尬局面。而作为同一类人居自组织现象，近年来“城中村”大量拆迁并退出城市中心之后，上海、北京等地类似的“鼠族”“群租”等现象则在正规化居住小区中日益凸显出来，其更加低下和异化的居住环境质量愈发刺激了人们的神经，加剧了现实中的矛盾。

以广州市同德围、金沙洲等小区面临的困境为例[①]。这些小区作为政府的廉租房项目，虽然在某种程度上改善了人们的住房条件，增大了住房面积。但与此同时也给居民带来很多烦恼，使得居民失去了完整生活的“主权”。原因是这些项目大都地处偏远，公共配套设施缺乏，造成居民日常生活非常不便。廉租房本来是服务于低收入家庭的，由于设施不配套，居民则要面对更贵的肉菜价格。大人上班，孩子上学，年老体弱者上医院看病，这些都受到影响，不但交通费支出陡然增大，还要天天面对拥挤、堵车、长时间辗转往返。这一切，构成所谓“日常生活的剥夺”等问题[②]。

与此同时，关注集体土地房地产（小产权房）问题的相关研究也发现，现行规划管理体制的不成熟，村集体组织等主体的利益驱动与约束机制缺乏、基层政府的宽容甚至不作为等方面是集体土地用于房地产开发建设的根源，不少研究认为需要改革现有的土地制度来解决集体土地房地产违法建设问题。

客观来看，如果自组织与他组织二者长期背离，结果只能是“剪不断，理还乱”，如小产权房现象与保障房问题。高房价无法企及、

---

① 详见2008年4月3日的《羊城晚报》报道。实际上，经济适用房遭到冷遇的情况不只发生在上述城市，有媒体披露，广州、重庆、长沙等很多城市都有类似问题。经济适用房首先不“经济”，大多地处偏远，交通和生活成本昂贵，许多入选家庭宁可蜗居市区，也不愿意搬到偏远的郊区。

② 邹晖，罗小龙，涂静宇．基于小产权房屋居住满意度的实证研究——以南京迈皋桥地区小产权房社区为例．人文地理，2014，(4)：61-65.

“城中村”等空间拆除、租居成本大幅提高等综合影响，刺激了小产权房的大量的购买需求，其背后社会群体尤其是底层群体对安居的真实需求占据主流，当然也有不少投机行为。不少缺乏产权意识的购房者即使知道“小产权房”有产权隐患，却依旧认购。“小产权房”已成为满足中低收入者包括城市新移民居住需求的非正式补充渠道。一方面，征地制度、村级财政以及村内认同政治，诱发村集体占用集体土地搞房地产开发以获利，另一方面，购买者的这种“以足投票”的违法行为在某种意义上也是一种无奈的空间策略。

我国虽然已全面迈入保障房时代，然而长期以来，经济适用房、廉租房的建设始终难以覆盖城市新移民人群的住房需求，保障房小区“租不起”“无人租”的怪象屡见不鲜，由于过于注重工程建设项目量化并节省土地成本，职住分离、入学就业难、居住边缘化、生活成本提高等问题丛生。居住环境设计往往套用概念模式，较少考虑其居住主体的实际需求，缺乏对生活完整性的重视，这些都说明了他组织的非协同，试图仅通过外部控制以达到目的，结果往往是无效或者低效的，常常造成公共资源高度消耗或引发新的投机行为。

本书认为，从设计学的角度来看，“小产权房”以其非正规性“产权”作为“长租”方式的升级和向大产权居住的某种机会主义“过渡”，仍然是通过这种一定的时间与空间占据方式来体现，并以“非法性”的畸形发展方式呈现出来，其本质上与“城中村”违建房问题一脉相承，只是其体量更加庞大，建筑外观则与一般居住楼盘没有差别。而近年来诸如深圳在保障房供给紧缺的现状下对小产权房等违法建筑的“转正”与“招安”现象的矛盾性政策设计，也说明了从源头上自组织与他组织分离对立的现实困境。

二、空间分异与空间污名化的双重困境

由于我国的二元城乡体制，实质性的工人“农民工”、实质性的移民“流动人口”称谓即社会歧视的表现，孙立平在2003年指出城市中对农民工的污名化现象普遍存在的问题[①]，这一集体污名化现象

① 如肮脏、随地吐痰、不文明等问题，均是素质不高的外来人所为，一旦有刑事犯罪，怀疑对象也习惯性指向进城的农村人。

在大众认知层面加深了群体间的排斥性。[①]社会学者认为：直接经验加上社会互动成为“被污名化”的直接成因，精英与大众媒体则共同“谋划”，为这种新的社会类别的形成和强化提供话语场域、知识建构和信息传递[②]。

所谓“外来”，可以是一种身份标签，即从社会化与文化建构出的“外来”“异己”，也可以转换为空间领地上对外来者的排斥概念，如“门禁社区”“居住分异”。“农民工”这一社会身份类别源自于社会制度安排，制度改革近年来已提上日程，也有望渐进地退出，但关键问题在于，长期以来，制度安排以及由此后致的教育水平、个人职业选择，构成了一个社会的封闭循环，继而也在“社会—空间统”[③]层面形成一种恶性循环。今天的社会阶层分裂、利益的分化已然十分明显，在消费语境的分层社会中，甚至包括日常生活的品位都可以作为一种群体区隔方式，构成一个难以突破的循环，在“居住分异”下的生活方式层面被不断强化与固化，如怎样的居住生活方式是先进的，哪些又是落伍的？而学术界、社会舆论界的有关乡—城移民居住权益问题讨论，往往也沉浸在“农民工居住问题”等空间区隔的语境中。这种导向增加了对“居住分异”合理性的认知误区，在居住问题上，形成了“他们”与“我们”空间割裂分离的理由，也有很多学者的观点反而加深了空间体系区隔化的“合法性”[④]。在“空间—社会”的反作用下，也就会进一步分裂出社会群体边界，切断或减少不同阶层之间的有机的联系和沟通。

同样，当城市居民以“另类”视线去“过滤”他们时，认为“现在的城市环境脏乱差都是他们造成的”，便会进一步影响到这些弱势族群的命运[⑤]，有些日常的偏见甚至会将生活里的危险简单地归因于他们的存在。这种机制所产生的效应，会进一步导致移民聚落的合法性、日常生活的行为权益得不到社会的承认与关注。例如，很多

① 孙立平．城乡之间的“新二元结构”与农民工的流动 // 李培林．农民工：中国进城农民工的经济社会分析．北京：社会科学文献出版社，2003：155.

② 潘泽泉认为，这里主要作为一个新的社会类别的建构。

③ 社会空间统一体理论属于激进马克思主义流派的研究概念。

④ 很多学者持有居住分异或者局部居住分异是合理化的观点，基于不同群体生活方式、习惯的不同，认为不同族群人群分开居住是合理的，有利于避免矛盾。本书认为这一问题不宜简单得出结论，需要考虑更多因素。

⑤ 潘泽泉．社会分类和群体符号边界：以农民工社会分类问题为例．社会，2007，(4)：48-67.

城市社区对“群租”现象进行严厉打击，驱逐租户，这并不仅仅是一种理性的行为，事实上还有相当数量的本地居民的心理支持。

以上问题讨论主要集中于对“农民工”这一族群的身份排斥与话语标签方面，主要来自于社会学，但是对于移民聚落空间这一环境实体的“物”，是否也存在某种话语“符号”与贴标签现象[①]，本书于此提出空间的“污名化”问题。

前文已经论述过空间的表征理论，在该理论阐释下，对空间的评价永远不会只是一个与相关主体无关的客观“物”象，其污名现象的背后是作为意识形态的支配动力，其实践与相关利益者关联，并有诸多表现，如维持表面繁荣向上的现代城市新形象，引导、营造、鼓吹精英阶层的生活方式；忽视或是遮蔽那些表征为陈旧落后、杂乱无序的旧空间，使其“不可见”；体现在对现有移民自发自建的居住空间的多方合围压制，“不再蜗居”等地产广告语通过文化媒体造势，歧视租居行为，将城市移民族群从理性租居推向了迫于无奈的“房奴”群或置其于某种焦虑窘境中。又如，对摊贩个体行为的严禁[②]，维护、强化空间的“现代性”主旋律。而且，在这种社会文化语境下，社会机构、政府部门进一步通过政策设计，减少、控制资源配置，利用空间规划和住房政策实施空间歧视和排斥，剥夺空间权益等。

而从影响结果来看，由于居所空间的非法性与耻辱感，即便同属一个社区，他们也不会与本地居民来往，社会网络仍然孤立。“无恒产者无恒心”，居住状态的低下与未来的不确定更增加了焦虑感。由于居无定所以及无法寄托栖居的情感性，他们与生活环境始终保持“驿站”般的疏离感。当他们被排挤到城市边缘或被挤压至更为孤立的社会环境中，更加只能“认命”，在社会心理上被进一步彻底边缘化[③]。移民在这个空间中只能成为“沉默”的群体，一种“集体

① [日]巴特R. 符号帝国．孙乃修译．北京：商务印书馆，1994：2.

② 北京市住房和城乡建设委员会、规划委、公安局、卫生局等部门明确出租房屋人均居住面积不得低于5平方米，单个房间不得超2人。对其批评的意见有：剥离的是出租人的利益，出租者必然会以提升出租价格保证利益。表面上的租赁“禁令”有利于租赁者，但实际上却是以“提升承租成本”为代价，最终影响和损害的是承租人群的利益。在总体上供应不足的租赁市场上，会“挤出”大量租赁人群，这些人群将谋求以购房方式解决居住问题，直接抬升的将是北京商品房价格。

③ 管健，戴万稳．中国城市移民的污名建构与认同的代际分化．南京社会科学，2011，(4)：30-37.

失语”。自组织行为默默无闻、消隐于主流视角之外，那些弱势族群的自建行为，在安全、防火、卫生等笼统概念与技术规范之名义下就变得不堪一击，或背负城市问题的恶名而遭到压制，从事拾垃圾、缝纫、经营小生意而存活的空间行为在污名化的情境中被清扫。空间沦为强势权力运作的场所或媒介，这些本应趋向稳定的族群无力定居甚至可能流民化，这有可能将他们推向社会风险的边缘。

从设计学的角度来分析，由于建筑学等设计专业崇信对“空间”问题的“客观”“科学”分析，上述学科文献在评价移民聚居空间时，既承认调研的居住对象对居住环境满意度较高，有一定的适宜性，但也坚持从物理性的标准出发认为这类空间环境品质低下的客观性，认为是需要改造的问题空间，这种低下性也就导致“城中村”不可避免地延续了“脏乱差”的帽子，因此，空间的所谓“标准化”评价自然成为某些意识形态的抓手。

也就是说，在论述空间时常常习惯使用这种“分裂”式的方式，使得设计专业与主体实践之间始终存在着一种隔膜关系，即空间的现实状态具有一定合理性，但是这种合理不能等同于合乎“物理”的设定。在这里，只有“物理”才能成为判断好坏高低的唯一依据，而情理、事理等方面则被忽略了，人居环境研究的盲区则正是基于此“惯习”。另外，在人居环境问题研究中，人的弱势性与空间的弱势性问题存在交互关系，其中还留有很多相关学科交叉辨析的空间，但是在空间形态研究那里，人的弱势性属于社会科学，空间的问题也只能在“空间”的物质性学科范畴内解决，这样，人与物的关系就这样被分裂了。空间代表、象征了许多不同意识形态和思想，也给人不同的日常生活质感与审美体验，这也是城市的本质使命，然而问题是，不同的都市族群何以在城市空间里找到一席之地？

三、主体性消解下的理性悖论

在追求理性的现代社会，任何空间存在的合理性在于经济合理、技术合理、法律合理等各种现代性框架，在自然科学和建筑技术的迅猛发展下，理性观念深刻地影响了城市建筑空间的设计思想，如建筑的测量、绘图、建造技术等各个方面。建筑的语言要符合“理性”要求，空间为何设计与建造，取决于投资与绩效回报的理性考虑，物的生产与存在要符合“获利”准则，城市空间要配合经济增长的需求。现代主义致力于根据“原理到模型”的逻辑构建城市，每一个人的基本生活模式都可以通过逻辑推理、演绎进而形成标准化的人居空间。因而，空间的价值、人造物的进化方向也就被控制[①]，受制于冷冰冰的演绎、推理、计算和论证之中。在追求效率的大旗下，价值、信仰、理想成为一种奢谈，空间已经简化为一种无深度的、美丽的平面风景，表现出本质的贫乏与趋向功利性。

和任何设计造物一样，在现代社会不同的语境环境下，建筑物也具有“产品”“商品”“用品”“废品”四个阶段[②]，建筑之“物”生产出来之后并不能增值，只有被购买才能实现资本的循环与增值，建筑作为商品的经济逻辑属性与作为产品的“成本—收益”逻辑属性往往压制了其作为日常生活的用品属性，出现的悖谬现象是，人们对自身熟悉的空间正在丧失“如何使用”的判断，而基于现代理性和功利化的各种标准不断蚕食着作为现实生活实用的空间属性。

在商品化、资本化的语境中，不仅居住生活的所有质量可以用物品的消费来衡量，即便被造成居无定所的逆境、拆与迁中的损失都可以用经济数据来折算，居民居住的非理性因素与情感依恋也被迫转化为受偿意愿[③]，在这里，空间是功利性的，资本的逻辑完全控制了环境衍化的方向。同时必须看到，在新移民中很多群体的居住权益、生活权利并不被制度所承认的情形下，他们在现代城市流动性的人居空间的转换中必定属于被忽略、被压制的弱势群体，他们并没有谈判和议价的资格。

另外，工业社会迅猛发展以来，技术所运行的“逻辑”与“规则”在征服人类的同时，逐渐内化为人性的一部分，现代标准化的室内居住空间“户型”[④]、建筑结构和外观风格样式的某种“最优”设计方案的批量化生产，本质上是一种模式化的设计，这种空间模式规定了人

① 柳冠中，唐林涛．设计的逻辑——人、环境、还是资本．装饰，2003，（5）：4-5.

② 柳冠中．设计方法论．北京：高等教育出版社，2011：2.

③ 例如，拆迁补偿中并没有依据情感依恋而进行损失的评估，居民的损失仅仅考虑经济损失。而且即便如此，任何情感损失都不足以推翻城市更新的经济效益模型，由于发展的“理性”基调，拆和迁并不会因为大众的情感而被质疑。

④ 例如，在户型概念中，各个房间的功能和相互之间的关系明确而肯定，扼杀了居住空间的多样性和个性。

的使用方式，也就规范了人的行为模式，强化了个人对社会的适应，形成了一种马尔库塞认为的“单面化”[①]的社会文化现象。人们为现存生活空间所驯服和操纵，失去个性、反抗与否定的能力，变得整齐划一，甚至让人不由得怀疑自身是否是同居住机器一般的“东西”。而且，人们按照宣传去追求社会强加在他们头上的“虚假需求”。技术理性侵蚀了私人空间，每个人都变成消费社会中的一个环节[②]。

在黑格尔看来，理性过度的偏执、独断，已与感性分裂，它消解了主体，消解了独创性，标准代替了真正的价值，导致主客对立的生存困境，马克思则用“异化”理论进一步解析[③]。生活空间中的完整性被硬生生割裂，人们被误导以一种“异化”的方式看待空间现象，偏好简单可控，排斥难以管控的复杂，一元主导取代了多元混生，更关注空间“计划”的落实，即便其失败也会继续将其归之于执行不力的原因，理性也表现在设计手段越来越程式化，建造技术越来越成熟，但是都基于一种前因后果的简单线性逻辑，反映出来的只是设计者主观预先设定的“科学规律”。他组织与自组织、形式合理与实质合理、理性标准与感性现实之间是一条越来越难以跨越的鸿沟。

正是在这种割裂式的思维中，不同的人居空间遭遇了不同的态度。例如，那些从现代性空间角度规划建造的楼盘，现实中入住率极低，在某种程度上是一种荒无人烟的“鬼城”，但因空间设计建设符合“理性”标准原则而被肯定。又如，依据现代标准设计、生活形态亦被高度指令管控的劳工宿舍，甚至也会被认为居住的空间品质很高[④]。相比之下，那些大量存在的，有着非正规形态的现实版居住生活环境（“城中村”、地下室等），却因其不符合现代规划法则而被认为是理所应当整治取缔的对象。

事实上，有关现代理性的问题早在20世纪70年代后便已有教训总结，西方国家根据逻辑化、理想化的模型大量修建的所谓“标准

---

① 在《单向度的人：发达工业社会意识形态研究》中，由赫伯特·马尔库塞提出的概念。

② 胡飞.问道设计.北京：中国建筑工业出版社，2011：198-243.

③ 所谓的异化，是指事物在发展变化中逐步走向对自身的否定。

④ 例如，对劳工宿舍的研究指出，规划设计良好的劳工宿舍是服务于企业经济理性的需求，而不是以承担社会责任为目的。详见魏万青.劳工宿舍：企业社会责任还是经济理性——一项基于珠三角企业的调查.社会，2011，(31)：97-110.

住宅”不仅没有解决社会问题，反而出现了大面积的社会衰退、贫民增加等严重问题[①]，使得人们得以反思现代性的问题。城市空间设计中非理性主义思潮也应运而生，感性设计、体验设计、个性化设计等众多非理性设计形式大量出现，在反思中，设计者将目光投向现实生活，转而关注那些“非理性”空间现象，这些非理性的现实是空间救赎的希望和源泉。

自组织人居和“简陋出租屋”的价值并不只是粗陋的砖块和水泥，它们中也具有积极的价值，包括长期居住形成的“社会资本”“生活情感”，也包括独具个性的生活文化习俗，如果将其摧毁，势必会毁坏更加完整的系统价值。严重的是耗竭了他们唯一赖以生存的根基，而与之相依存的生活历史根基在拆迁和驱逐运动中被破坏，那些具有连续性的场所归依情感、生活环境依赖感被切割与扭曲，文化记忆随之消解，外来移民聚居行为的文化维度完全受到漠视，生活空间伦理毁坏，功利主义盛行。

这些非正规空间困境在于，空间中到底是“人性”需求重要还是“物”性指标重要，在现实空间的矛盾中是否具有一条折中主义道路？在人居空间层面，一方面，我们如何面对相关设计指标、设计最优模式不断演进后形成的负面影响？另一方面，作为设计者如何发掘那些潜藏在低物质水平中的、有利的、积极的社会价值要素，面对难题，设计究竟应如何作为？

从表 6-3 来看，市场学、政治经济学、人类学对建筑空间价值的认知的分歧正在于是否可以还原空间对于居住者的使用价值，这种还原必然会重返空间的多样性、多元性。在交换价值与使用价值之间，在技术理性与价值理性之间，如何重新看待空间设计的契机？必须承认，设计从未屈服于工具理性，也从未丧失自我价值的存在，换一种解读视角也可以认为，自组织人居环境包含着设计被异化后的一种抵抗（或另类的抵抗）。设计，从来就是一个中介者，也应该扮演好这一角色，它在不同视角之间、在不同利益之间是博弈双方和多方的“仲裁人”的角色，人类社会在它的协调下达到互利的妥协，

① 例如，美国圣路易斯市的现代住宅区被炸毁就是一个极好的例子。在查尔斯·詹克（Charles Jencks）1977 年出版的《后现代建筑的语言》一书中曾把圣路易斯市炸掉这批住宅区作为现代主义失败的开端。

设计也协调着社会空间中的各种冲突。

表 6-3　不同语境下的人居环境比较

造物的四个阶段	产品	商品	用品	废品
概念来源	市场学	政治经济学	人类学	环境资源
价值体现	制造价值	交换价值、收支关系	使用价值	材料价值
支配逻辑	技术逻辑、建造工艺	经济逻辑、资本逻辑	功用逻辑	自然逻辑
发生领域	生产领域	市场领域	日常生活领域	自然环境领域
人居空间实例	集约化生产、大规模建造，如大规模的经济适用房的建造	商品房、可销售面积，如面向低收入者的小户型房和楼盘的销售	临时建造物、非正规使用，如各种临时占用现象	废弃房屋、老旧房屋、过时装修，如居民老房子的出租

第三节　相关建构启示

基于前述研究可以认为，移民人居自组织现象体现了在缺少供给或供给失灵情形下空间生产的功能与价值，同时，其以低廉的社会与空间成本不断自我修正与完善，满足主体需求，以达成的社会空间绩效更应当引起人居环境设计学的反思。对其的观察更要由表及里，从自上而下地臆想、俯瞰“移民居住问题”转向为对“居住的移民问题”的观察与领会。

一、规律建构：渐进性、时序性、多义性

首先，对自组织空间景观的认知不能停留在静态的层面，任何人居空间不可能一次成型，人居演绎具有反映主体的能动性和外在约束力的动力机制，城市移民将自己的需求和属性注入人居环境中，并建构与改变空间结构状态，形成持续的相互作用的过程。借助于“城中村”这样一个特殊的场域，不同阶段的社会需求特性会逐渐表现出来，前文研究的自组织现象也在不断演变。对于设计学与建筑学而言，需要突破局限于“静止断面”的观察，从人居与社会演绎的

变量过程视角对人居进行呈现。

“罗马不是一日建成”，从混沌粗放的、带有诸多不利影响的简单出租屋到具有复杂有序结构的、能够推进移民城市融入进程的“聚落”演进再次说明了提供环境生长发展的重要性，人居环境具有自我演进的潜力，也只有在长期调适的过程中，自组织机制才能逐渐激活各种人与物、人与人、人与场所的对话关系，空间的价值由互动而产生的新知识则层出不穷，激发更多实践知识和偶发事件面前的随机行动的能力，并由此产生自适应性。在面对困境解题的过程中通过自我学习而发生改变，空间知识和样态也就不断得到了丰富。激活关系，促进交流，无论原有空间模式是保留、有机更新，还是随新的势态变化被替代，其实都是更具生命力的新方法与实践体系。

而需要主流建筑学、设计学反思的是，那些蓝图式、空间结果式、类型机械划分式的规划设计方法仍然大行其道，空间标准往往被过高估计与设定，甚至很多微观环境也被过分设定。空间生产过程被专业垄断，城市空间日趋被纳入清晰可控的标准化程序。通过这种策略，具有复杂性的事物以简单、线性化的形式呈现在权利视野之内，成为可以操控的治理对象。空间以反应甲方和短期市场需求为主要目标，主体渐进参与空间想象的权益被剥夺，自发参与空间构筑的权利被压抑，自发创新的人居设计模式也就极难发育成熟。

设计之关键正在于“适度”，自组织机制逐步培育独特的环境个性与各种充满智慧的人居模式，不仅实现了对相对完整的功能的承载，也具有弹性的城市景观机理，客观上是一种取舍自如的设计智慧。近年来，在设计学中大量有关“互文性设计”“交互设计”“可持续设计”的概念逐渐受到重视，“非确定性”的哲学思潮不断渗透驱动着设计学与建筑学的新思想诞生[①]。社会形态的“不确定”则会在空间概念中传达出来，任何空间的设定都是无法自足的，其环境意义是在与其他语境交互参照、交互指涉的过程中产生的。具体来看，人居环境价值的建立必须有一个逐步表达、合理论争的过程，并且需在不同文化、群体之间加强交往、沟通和理解。反馈到时态上，“空间拼贴”现象就是移民人居空间不断承载更多内外社会经济联系

① 例如，在建筑学界，“结构主义”受到哲学的指引，表达为反中心与反权威的设计思想。

和功能的结果。

所谓多义性，即空间建构的方法、目标和结果都会超出单一性，设计从其基本学科属性上，也具有不确定、动态调整的目标，设计活动从根本上就是不确定的，不存在预知性，在同一个方法下也常常会导致完全不同的结果。"时序要素"给设计预留下足够的条件，设计造物也就变得异常复杂。我们看到"城中村"中各种多样化的自建行为本身也是充满活性的状态，而且它们总在不断地创造，创造出新的形式、新的手段和方法，解决现实问题。设计学从根本上就是一门可以选择多个答案的学科。例如，居住环境与建筑设计，尽管存在很多明确的约束，但是仍然可以通过创造性的解法得到改变，也并不存在某种标准的、最优化的模式。设计的成功来自于处理具体问题时所发展出的认知拓展和智慧迸发，这里即可消除专业与非专业的鸿沟，促进空间走向进化。

二、机制协同：耦合性、整体性、协同性

正如前文论述，城市空间的发展存在自上而下与自下而上两种力量。上层规划与自组织演进，这两种力量都客观存在，它们应该是一种博弈的平衡态，而不应过于偏激[①]。将"城中村"移民居住现实先验地作为"问题"判断，是城市空间汰弱留强、竞争排斥的结果。他组织与自组织不能根本对立，甚至"城市本身即自组织系统"[②]，因此，两种模式应该作为一个整体来对待。

对自组织的包容也不等于消极默认或消极妥协，"城中村"中必然也存在着无序、混乱的空间问题，这些问题也制约着其自身的完善、发展。借鉴病理学概念来看，人居聚落管理上混合与混乱区分不明[③]，无疑阻碍了自组织与他组织的共荣共生。一味压制、抹杀自组织价值的态度应该进行反思，解决"城中村"问题的关键还在于寻

---

① [美]斯科特 J C. 国家的视角：那些试图改善人类状况的项目是如何失败的. 王晓毅译. 北京：社会科学文献出版社，2012：2-6.

② 以色列地理与人文环境系学者波图戈里（J. Portugali）发表名为《自组织与城市》的理论专著，协同学的创始人、对自组织城市素有研究的德国科学家翰肯（H. Haken）在为该书作序时指出："城市是自组织系统"，是一种包含革命概念的新思想。

③ Doxiadis C A. *Ekistics*：*An Introduction to the Science of Human Settlements*. NewYork：Oxford University Press，1968：256.

求制度性的突破，可否创新城市人居空间演进的“共生”范式？

按照制度经济学原理，应该就良好社会运行秩序寻求交易成本最低的制度路径，避免过大的社会成本。例如，德·索托（Hernando de Soto）则认为土地所有权正规化、简化创业程序，远优于由国家驱动的解决方案[①]，20世纪90年代，世界银行等致力于消解贫穷的机构将“正式化”奉为圭臬，数十个国家为占地居住者赋予产权契约，这些举措提振了移民城市社会流动的信心，促进了城市化的新繁荣[②]。不同国家社会法律制度不同，不能简单复制，我国对待自组织现象其实也并非完全排斥，大量空间管制也会考虑现实性因素，在“法规”“人情”中常常处于博弈与相对平衡的状态。迫于空间的历史继承性而“默许”等现象也一直延续至今，或者是既不取缔也不认可（结果是延期、搁置）。显然，其中有更多的“中庸”色彩。但事实上，传统空间管控思维的局限、观念保守落后等问题十分明显。没有经过正式规划的环境即便发展良好也始终处于非正规或非法状态，总体表现为消极、妥协等状况。这种长期滞后的管理现状，不仅导致一些公共资源“灰色化”或呈流失状态，而且也始终存在着不稳定风险，由于被视作某种“过渡”状态而遭受歧视。很多情形下自组织与他组织机制之间的矛盾关系到了需要进行明晰变革的阶段，值得进一步深入讨论。

例如，在前文的杭州调研中发现，很多社区已经展现出相当成熟的空间演绎流程，“整租”“细化租赁分工”“旅馆模式”等新现象已经显示了其自下而上地从无序走向有序的社会需求，呈现了一种发展的积极态势。同时，内部空间行为也不断多元生成发展，在“产—住”组合模式、内部“专业细化”“服务模式创新”等方面创造效益，这些都通过空间的自组织而呈现空间转型的潜在动向，值得借鉴与吸收，以促进有序更新。而在深圳、东莞等地的“城中村”中，村镇层面也积极将“二房东”“合建出租”“分租”“转租”等非正规现象纳入日常管理中，实现了局部的“自上而下”和“自下而上”的协同耦合效应。还有很多集体统建与租户自建相结合的方法在某

---

① Soto H D. *The Other Path*. London：I.B.Taurus，1989：73-95.

② ［加拿大］桑德斯 D. 落脚城市——最后的人类大迁移与我们的未来 . 陈信宏译 . 上海：上海世纪出版股份有限公司，2012：289-292.

些地方也发展良好，如强化建设、消防、环境卫生等规范，社区协调可租房数量、质量及其租金水平，变无序自发为统筹有序。因此，在尽量不增加居住和管理成本的前提下，促进集约化、规模化的空间统筹并向着更具包容性的管理模式转变也是完全可行的。

在很多人居环境的问题之中，需要积极纳入应对动态变化的灵活性设计思维。例如，在公共配套设施方面，城郊住区一直被低密度的空间规划和人口不足所困扰，生活不便，成本较高，而现有较多的城郊密集聚居的"城中村"社区的社区规模、居住密度自发地逐步提升，无疑"焐热"了那些郊区空旷、人口稀少、配套缺乏的楼盘，完成了人口密度的配置功能，使其逐步具备很强的公共配套设施消费能力，只需要较少的财政投入便可获得很高的经济和社会效益。例如，打工族更多依赖公共交通体系，加大这方面的投入既可以使得市政交通设施更有绩效，也可以满足不同阶层的共同需求。应尽快完善加强这些社区公交、BRT（bus rapid transit，快速公交系统）的建设，并统筹向农民工子女开放的小学、幼儿园等公共设施服务。既消除空间隔离也改变现有闲置设施低效运行状态，只是需要具体情况具体设计论证，但这已经体现出对城市"自上而下"的补充设计功能，实现一种互动的"耦合"机制。

同时，人居协同设计也将为移民住房建设、"城中村"改造、城乡基础设施建设、城郊景观改造等系列决策提供相应整体原则与多元目标参考，提示这些空间设计需要协调协同，而不能各自为政。按照传统规划设计中"规划合理化、用地合法化、建设标准化、管理社区化"的惯性管理思维，很多自组织空间问题得不到正常的"缓释"路径，真正可资利用的资源得不到有效转化，需要更多元化的介入。

在设计学方法上，要改变蓝图式、空间结果式、机械分类式的设计方法，更多吸纳、导入过程性、渐进性的设计策略，进而在人居体系建构与既有环境优化上，提出创新性的复合型设计策略，以及人居自组织与他组织共生协同的适应性标准（表 6-4）。

表 6-4　营建条件与实现途径的比较（自组织与他组织）

概念分类	自组织	他组织	关系
组织机制	半组织、非正规组织或民众个体自发性营建	政府部门、管理机构控制	相互补
建设规模	分散的人力、物力，小微模式、资源利用率较高	强力的资源调配力量，集中建设要素	可融合
空间功能	复合性、流变性、多样化、变通性	垄断性、指定的唯一性	可通过管控调整
技术手段	技术手段水平低，对实际问题针对性强	相对高的技术手段 技术能级较高	可互补、穿插
开发策略与驱动力	民本型、协商式、公平博弈，独特策略；根据自身生产生活需求自发性建造	集权型、政令式、运动化；计划式、介入式	相对立、可互补
营建原则	本土化模式、对个体生计的朴素追求，利用环境发展	标准化模式：根据计划方案，强调管控便利性	相互补
设计执行与建设周期	自我设计，民间设计、多诱发性生成，受限于民众物力、财力，差异较大、历时长、进展慢	职业化设计人员主导，自上而下完成，集合多种资源，一次性建设，速成	可融合、相对立

小　　结

基于本章分析，展开了对移民自组织人居认知误区分析。基于前文价值分析，对自组织人居的认知困境进行了深度反思，从而准确界定当前城市人居的本质问题，本章认为，规律建构与机制协同是自组织带给设计学方法的重要启示，也是设计转型之动力。

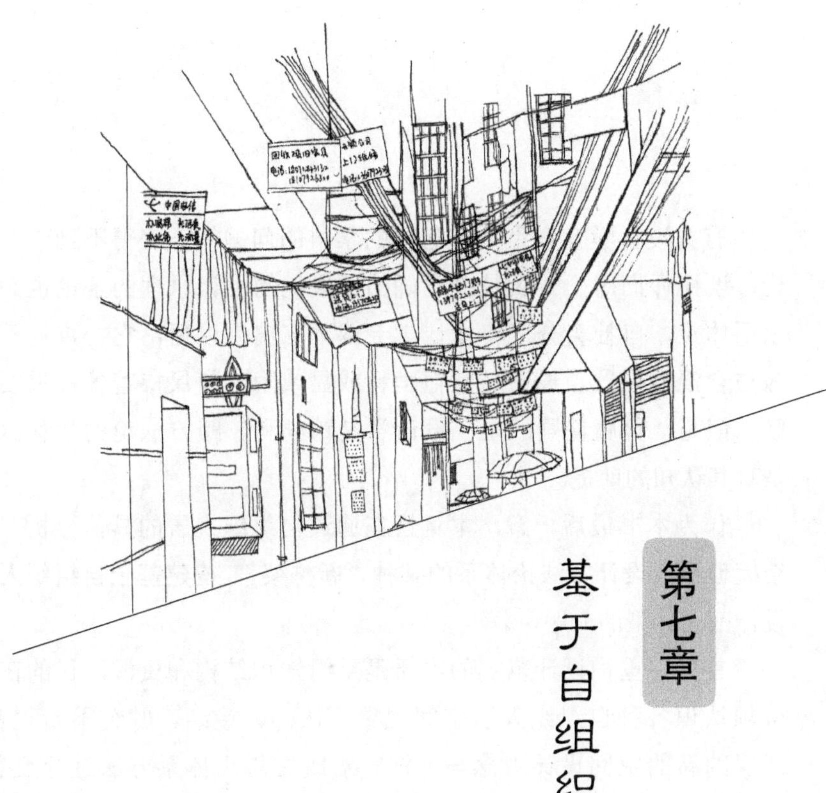

第七章 基于自组织人居空间的设计范式重构

有关设计学究竟是一门怎样的学科的问题，一直得不到一个定论，设计师们对于什么是最正确的、最优的设计原理的争论也必然永不休止，自社会分工将设计学专业独立出来以后，它一直处于边缘与含混的位置。设计与其他学科或显或隐，却保持着各种重要关联，但是，毋庸置疑的是，设计学是跨学科、跨方法论的学科，这是对其认知的前提。

作为本书最后一章，本章旨在通过自组织人居的具体分析、总结梳理形成设计方法论体系的某种“新框架”，构建基于自组织人居设计范式转型的命题。

首先，重构设计范式的本质是重组知识结构和资源，目的在于引领认识各种自组织人居空间现象，认知、接纳、融合不断更替、涌现的新的空间设计观念与方法，对既有思想体系方法进行反思，改变以往狭隘的空间认知误区。

其次，构建移民人居环境营造的新范式，相关“脉络”必须与跨学科理论互为补充，汲取社会学、文化学、设计学、人类学、美学等关键理论方法。借鉴设计学、事理学的方法论，本书认为，所谓人居环境设计从“物理”转向“事理”[①]，促进设计从单纯的建筑环境之“物”中跳脱出来，就建造技术、生产法则、经济体制、社会结构存在的具体“问题”，在各种具体情境的“限制”下构成新的“选择”，创造空间的“新物种”、创新空间生产的“产业链”，实现真正的生存方式上的“创新”[②]。

最后，在研究过程中，通过在人居环境设计学与相关学科概念之间建构起新的研究连续统，实现理论、方法、内容的共享与有效

① 柳冠中．事理学论纲．长沙：中南大学出版社，2006：21-23.

② 根据柳冠中《设计方法论》中“设计事理”的概念，高等教育出版社，2011 年出版。

对接，将跨学科认知成果投射到具体的、鲜活的设计实践策略与设计学方法中去。

第一节　从城市到城市性：移民人居建构范式转向

一、空间的“城市性”设计范式

首先，城市空间作为移民生活的主要载体，必然孕育了其特定的生活方式。许多行为的产生都依附于具体的空间环境并受到环境模式的影响，这些行为伴随着时间的推移会逐渐演化为一种习惯和固定模式（即生活方式）。布迪厄用“惯习（habitus）”来表示，惯习是某种生成性结构，城市空间内蕴了特定文化价值观念与风俗习惯，以各种方式表达，或显或隐地塑造着人们的行为，影响着人们的认知与意义获取，微妙地规定了人们理解、实践环境信息的方式和程序[①]。在文化情境中的人也会根据自己的价值观、使用的惯习对空间场景做出回应。此时，人居空间中的生活活动大多处于返璞归真的本真状态，其在不同环境中的反应和行为更多受人类本能和习惯性需求的驱使。不同的生活方式也表明了人们具有不同的生活习惯和活动行为，当一个农村移民来到城市，他面临的是一个新的环境模式，在他成长过程中“内化”了的很多习惯、生活方式、价值标准不一定能够适应，在这种情况下，有可能城市环境的负向功能更大，有可能造成他认知障碍、心理失调、行为失范。对他而言，不同于自己熟悉的乡村，城市是一个“混乱的世界”，是一个难以进入、相容，最终相融的空间。基于本书所分析的城市融入目标，人居环境如何关照主体，提供一个可供适应的微观生活空间。或者说，提供非常具体的、可供选择与参照的情境。

---

① 任永波，张凌浩. 生活方式变迁下的城市环境设施设计研究. 江南大学学报，2010，(5)：121-125.

道格·桑德斯（Doug Saunders）在《落脚城市》中提出，贫民窟其实是城市提供的“落脚”的地方，移民向城市迁徙的过程中，逐渐会形成的一个过渡性空间[①]。从城—乡的角度来看，它是一个中介地点，一个跳板。它同时启发我们：超越“二元论”城市空间立场、承认城市空间与乡村空间的承续性、连续性，以及多样性、动态性。

其次，这是一个动态的过程，也意味着这个空间的品质在于空间之“外”，在于空间提供的“动力学”，桑德斯在书中引用了对秘鲁库斯科地带移民的研究结论，早期移民通常一般都会选择先定居在城市容易就业的地区，当过了数年以后，也就是当他们就业稳定之后，就会主动迁移到城郊的一些新兴地带（类似于“城中村”），在那里继续谋求发展并逐步形成移民聚落。而新移民便也借助乡族关系前来投靠，构成“连锁式移民（chain migration）迁移活动”。而在迁徙目的地，“连锁式移民”能够造就持久的社会关系积累。这一研究结论有点类似于项飚对“浙江村”的人类学研究，发现了这些移民所形成的“新社会空间”，即通过乡缘网络不断迁移到城市[②][③]。

道格·桑德斯指出，移民社区中，经历教育的第二代和创业成功者会离开，而初来乍到的乡村新移民会填补空缺，“城中村”中人口流动也是如此，某些流动必然是被迫的、无序的，如没有提升性的频繁更换工作地点，各种“试错”。但是也有很多人口的流动可以形成曲线上升的结果，“抵达、向上流动、离开”这样良性的循环。从空间外观上看，这些聚落始终显得比实际上贫穷。使得外人误以为这些人居空间似乎一直无法摆脱贫困，从而导致对其空间的绝望，拆除似乎是更好的选择。从社会学的角度而言，这种空间的社会网络是动态更新的，是一种积极的社会“造血”空间，也是弱势族群“城市性”孵化的空间。而关键认知困境就在于，空间的“城市性”内涵和空间的物质表象始终令人纠结和矛盾，无所取舍。

对于传统的建筑设计而言，“运动”和“时间要素”必然让建筑设计者困惑，建筑设计都希望提供一种较为稳定、能够持续较长时

---

① ［加拿大］桑德斯 D. 落脚城市——最后的人类大迁移与我们的未来 . 陈信宏译 . 上海：上海世纪出版股份有限公司，2012：289-292.

② 项飚 . 社区何为——对北京流动人口聚居区的研究 . 社会学研究，1998，（6）：54-62.

③ 尹海洁，高云红 . 作为城市“第三空间”的移民聚居区——来自《落脚城市》的启示 . 理论月刊，2015，（2）：158-163.

间的建筑形象方案，而对于这一观点的颠覆性的结论就是，建筑重在“适合”当下的即时性需求，他组织必然是一时的，自组织永恒存在。另一困惑还在于，某些低品质空间问题也是一种空间品质的必然伴生现象。例如，桑德斯发现，一旦将这些移民聚落建设成超越贫民窟的生活内容、适宜中产阶级的住宅形式，住区就会由于过高拔高标准，没有任何实际机会可让人扩大居住空间或者把部分空间灵活地转为商业用途，无法刺激空间活力，使得社区死气沉沉。因此，这些处于“过渡”期的移民即便搬进正规住房，而这些住房对应的多半是一般城市居民或者中产阶级的生活方式，于是各种生活可能性均被遏止，更破坏了适宜于他们的生活方式，如建立在亲缘、地缘和地方方言基础上赖以生存的社会网络等。

另外，人居空间的“城市性”，类似于某种“触媒”作用[①]，其关键词在于“连接”。不仅要保护好已有的联系，还要激发新的联系，促成活力。这些联系包括了社会、经济、文化等各种关联（图 7-1），同时，这些关联是交互的、立体的，而不会各自独立运行，很多关联也是无法预测和设计的。

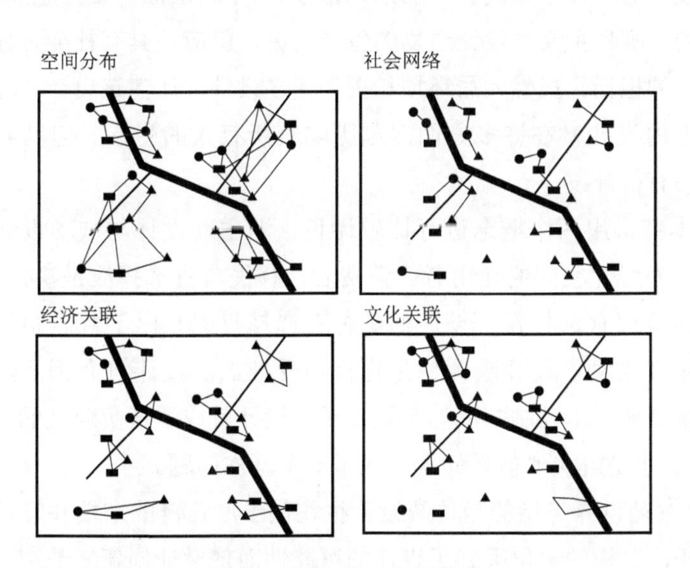

图 7-1　城市性—空间关系

从混沌粗放的出租屋到具有复杂功能有序运转的人居空间演进，

① 1989 年由韦恩·奥图（Wayne Attoe）和唐·洛干（Donn Logan）在《美国都市建筑——城市设计的触媒》一书中提出了“城市触媒”（urban catalysts）的概念。

其背后隐含着从乡村到城市过程中生活方式多个方面的转型，“城市性”，作为人居物质空间“隐含”的品质与目标，在建构中悄然渗透。前文从“城市融合”分析也推导出同样的结论，即社会融入的过程与空间功能优化的互动性，人居空间应该提供一种能够激发“连锁反应”的生活方式，是一个作用与反作用的过程，而不是一个最终形态（有可能形成几个不同时段的形态）。

空间的限定反而会形成一个“固化”的问题，社会融入的过程往往是曲折而非线性的，不可能一蹴而就，这种过程性的概念表达了一种“动态”的蕴含，有点类似于空间设计中“曲折有致”概念的表述。不同的主体会根据自身条件选择相应的、适合的路径来进行切入，也就必然产生了多样化的空间类型特征。这种上升渠道如何打通？设计应该也必然有所责任和作为。

二、基于社会工程的“主动设计”

在“主动设计”的中微观层面上，包括建筑设计、室内设计、景观设计等具体中微观、中后期“造物”的学科层面，要摆脱固有的、局限的“唯物主义”设计造物的生产角色，就应该具有社会责任与文化使命的担当。虽然人居环境相关的诸多设计（如建筑设计、环境设计、室内设计）在许多方面深刻影响着所有人的生活，但其巨大的潜能还有待开发。

本节引用两个概念进行比较讨论，即主动设计与被动设计的问题。作为居住空间的使用者、消费者，移民自身选择应是决定性的，即自身应该有选择权。设计师是否有选择权呢？由于背后始终有资本力量在推动，设计因此也是盲目与受控的。设计自命不凡，但也许其背后被资本控制却浑然不觉，于是设计就成了背负贬义的“被设计”[①]，于是解决“被设计”就成了一个基本问题。

“主动设计”指的是传统设计往往位于产业链的末端并且被动接受委托，这样的定位限制了设计的可能性而使设计创新流于空泛和表面。当下尽管设计的手段越来越程式化，表达技巧日趋高大上，但发

---

① 2014年装饰杂志社举办题为“主动设计：设计师的社会角色”的论坛活动，本书参考此提法。

现社会问题的能力却极为羸弱，应对社会问题被动无力，然而设计的最大价值应该来自于对现实问题的主动介入，这其中首先要打破的就是设计行业中的乙方思维，拓宽设计师和设计自身的身份局限。

这里，将主动设计的概念分为四种：保存、修复、强化、创造。保存，是指通过设计保护原有的社会功能。强化，是指对原有的社会功能进行强化；修复，是指恢复原有的环境内涵；创造，是新形式注入，赋予新秩序，出现新的价值。通过下述案例进一步分析这几种概念。

在《地瓜：城市地下的第三空间》（简称《地瓜》）中作者针对北京的地下室及“鼠族”现象引发了对于这一概念的思考（图 7-2）[①]：首先是要对所谓的“北漂”“鼠族”这样一些话语标签进行改变。他认为这是一个既现实又基本的问题，地下室的设计尊严被媒体所控制，主要原因是很多人都不愿意告诉别人自己住在地下室。他们做了一系列类似“创客”的活动，使地下室成为一个众筹的商业空间，将这些创意空间租给有创业意愿的人，具体的创意方式仍然是基于一些日常的生活活动。如健身（地瓜壹季）、理发（雕塑家理发店）、饮食（地瓜暖食）、电影（地下影院）。这些生活内容的设计在本质上与本书所论的“城中村”的小型业态本质上并无差别，但概念创新的关键是在于怎样突破一种既有的、隐含的、社会歧视的概念障碍，如采用“工作坊”的形式来连接不同的社群活动，用“产消费”[②]的理念来激发公众的参与感。

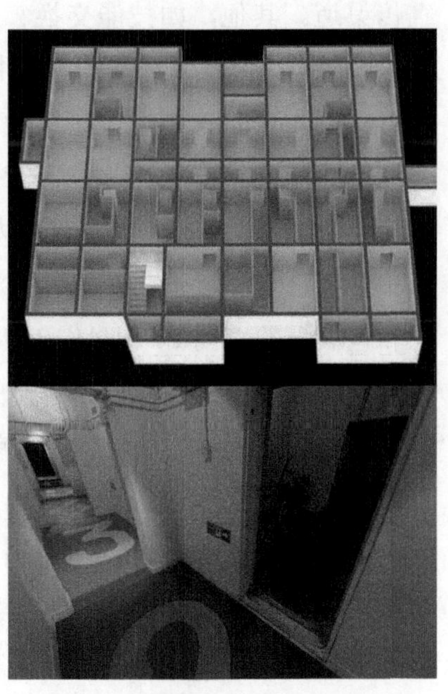

图 7-2　城市地下空间的改造

资料来源：北京地瓜社区中心 重构地下空间，中研新闻频道—中国行业研究网（http://www.chinaim.com/news/20160323/10515123.shtml）

① 周子书 . 地瓜：城市地下的第三空间 . 装饰，2015，（7）：25.

② 根据文中表述，“产消费”指的是每个居民都是生产经营者同时也是消费者。

总结《地瓜》案例，原有的地下室空间并没有太多的社会功能价值，其空间只能作为满足基本居住、最低生存要求的价值。《地瓜》通过设计创意，创造出很多新颖的空间形式与活动，注入了邻里交往、低成本创业、内部帮扶等一些社会功能。这些社会功能基本上都是通过外部的重新注入完成的。因此，可以判断其主动设计的手法在于第四种"创造"。但是，"产消费"的概念本质上其实并不是一个新鲜的概念。本书以为，"城中村"的移民通过业余时间摆摊、售卖或者技能出售（如修理、载运等副业），大多数人群都有第二或第三职业，在某种程度上而言这些都是类似于"产消费"的概念。换个概念来看，可以看成是"城中村""产消费"的现象被移植进了"地下室"，只不过概念更加明确，而"城中村"中这些现象并不稳定，缺乏外部的维护机制，而且这些传统自组织设计并没有有力的媒介宣传渠道。其他，如技能交换、生活方式营造、职业培训等也都是类似的状态。因此《地瓜》案例中关键是"事件"组织及其形式，这种形式其实也是传统社区所承载的责任，只不过如今的空间设计概念完全隔阂于社会工作与社区营造的概念，于是这些经过重新编码的设计语言变得有趣，具有吸引力和拓展性。

从某种层面上来说，《地瓜》的微观设计在手法上更多的是概念和包装上的"创新"，我们仍然可以在"城中村"中发现大量自组织设计的原型以及更多设计智慧的源泉。一方面，《地瓜》所用的仍然是传统设计表达方法，如利用颜色来区分地下室杂乱无序的空间，设计中通过局部保留旧墙面做出来的新旧对比，使空间富有时尚个性。但是另一方面，可以注意到，这些营造手法使地下室空间变得温馨和有条理，更重要的是能摆脱那些隐含社会歧视的话语标签，添加"时尚"符码色彩，间接地使空间服务于"社会"设计的主旨理念。

另一个可供比较的是2004年米兰的"家有学生"社会创新案例[①]，在某种程度上这也是一种空间自组织的模式，只不过与《地瓜》案例相比，它并没有具体地去做物质空间设计，而是为人居空间

---

① "Hosting a Student"由一家名为"更好的米兰"的非营利组织发起，自2004年起一直在米兰开展项目，总共达成了650多份协议。[意] 曼奇尼 E. 设计，在人人设计的时代：社会创新设计导论 . 钟芳等译 . 北京：中国工信出版集团，2016：5.

与人之间建立联系，其最初的理念是：在自己家中独居的老人为需要廉价租居空间的学生提供房间，同时获得年轻学生的帮助（老人有空余的房间，而学生有时间、精力和一笔小预算）。从传统设计学的角度而言，这一案例并没有直接去具体设计或者生产出租居空间，而是在一些剩余空间中去重新发现新的价值[①]，而且这种发现具有比传统设计更加宽广的视野。其中关键一点，还在于直接以提供沟通服务的方式为老人与学生之间建立共生的关系，保障其顺畅的沟通。在某种程度上与“中介”“二房东”的角色类似，但是所不同的是，最终这一案例体现的多重价值，不仅在于空间的简单供需适配，更在于为不同社会群体的交流协作营造了条件，并最终促进了比较孤立的住宅空间向共用共享的协作空间转变。

第二节　从物到人：“主体性”回归

一、主体维度下之空间“根性”

主体性一般指人在实践过程中表现出来的能力、作用与地位。主体、主体性、主体性空间是本书人居环境自组织研究的核心问题。主体性也是差异性，列斐伏尔率先用空间理论来研究“差异”与“他性”。他主张在不同的层面上争取“差异权”，从身体和性的层面，到建筑形式，继而进入邻里和城市层面上[②]。在城市化过程中，移民群体并不是一个抽象单一的概念，而是具体的、鲜活的以及多样的。作为人居空间使用的主体，其文化传统、习俗思想以及生活的方式、内容、需求、目的、能力均有不同的特征，相互之间存在差异，从而形成了非常多样化的聚居现实。这种多样性构成了各自独有的价值取向，如果将某种价值标准强加于空间设计上，必然会造成单一标准，导致价值的损失。形形色色的自组织人居空间中，既有工作、

① 如果顺着这一思路在已有住宅中去延伸一些具体的便捷设计模式，估计这一案例也会与《地瓜》一样，成为成功的设计创意典型，拓展设计的内容，激发新的需求。

② 可参考列斐伏尔的节奏分析理论对于“差异性”的概念。

收入等“理性人”视角，也有生活交往网络、家庭需求、居住意愿等那些“非理性”社会或文化因素，其中充斥着大量的矛盾，使得其有关自组织空间的设计问题显得更加多样复杂。

传统住居在人类生活中的重要意义从来就是确定和不言自明的。它是一个有温度的空间，也是个体走向更为广阔社会的起点，守护着生活世界的完整性。从“地方”的角度来看待“一天辛苦之后可以返回的家”，有以下含义：一种个人身份认同感，“我们是谁”；一种社区、家庭或邻里的归属感；一种过去和将来感，我们身后和面前的地点感；一种在家的感觉与舒适感。这一分析鲜明地体现了人的主体性诉求，也是住居空间获得价值和意义的重要途径，一种“根植”于具体地方的属性[①]。

然而，出于传统与现实生活的脱节，乡—城移民失去了原有的一系列的社会、经济以及人身的保障，在资本流动面前，更被裹挟进一个更大的外部经济循环体系，在获得了实现城市生活图景的机遇与经济利益时，却必须遭遇隔绝土地乃至社区权利、政治、文化、情感上的关联，意味着原有生活场域的终结，一种“根性”关系的流散。空间场所是人生活的容器，它的变化蕴含了人们的生活方式、生存状态的变化。传统人居空间生活节奏、场所变化平缓而有机，居住者有充裕的时间来观察场所、适应场所的变化，变化也常常是生活的人所改变的，他们都是在场的人，由于熟悉自身所在，知道场所改变的缘由，与原来的场所有稳定的连续性关系，并且也一直可以参与场所的建构过程。然而，“流动性”带来的“不在场”因素剪断了这种关联，改变激进而突然，不再基于当地的逻辑，甚至与原来场所毫无关联，这是一个关键性问题。

然而另一个问题是，所谓回归“根性”，是否需要摒弃“流动”，完全回归到一种前现代的传统固定性中呢？本书认为答案是否定的。城市化、全球化显然是无法简单回归的路径，而答案必然要在“流动性”中寻求新的“根植性”，直面新的时空矛盾并寻求新的和解，破解空间根性关联的困境。例如，单一的、被动性的择居往往形成无所依托的“失根性”，原因在于，在工作之内与在工作之外，都被“固

① [美]奥罗姆A. 城市的世界——对地点的比较分析和历史分析. 陈向明，曾茂娟，任远译. 上海：世纪出版集团，2005：45-89.

化”于某一孤立的环境场域，导致丧失更广泛的社会、经济和文化的联系，其必然难以融入城市（典型如与社会隔绝引发“连跳”的富士康宿舍，边缘化的工棚，被城市抛弃的边缘角落）。新的城镇化如何培育空间之“根”，只能由主体的人参与建构，激发人、促进人主动参与到多维度的城市社会生活中来。因此，人居社会空间不能是社会权利与资本运行关系框架束缚下的模块，而是个人可以自行组织、建构培育、充满“活性”的生活“土壤”和发展“基质”。

李佳琳在对城市摊贩的研究中发现：与工资低相比，年轻移民更不愿意从事没有自由的工作，而摆摊则有所不同，他们能够把握工作与休息的时间与节奏；自主决定出售货物；缩短或者延长时间，具有灵活应对性。还有，连掌控收入账目也具有重要的“主体”的感觉。“收钱”的节奏感与常规的月收入模式有点不同，是一种不断回馈、不断产生生活环境信息的交互状态（如方便观察和把握各种人群需求、人流量等变化），所有这些都让他们觉得更贴近城市生活的特性本身，有一种逐步体验、融入城市节奏的感觉[①]。

任何一个空间环境都是具体的、鲜活的。空间能够让人感知，也会给人带来各种生命、时间和情感的体验。建筑设计中往往需要更加珍视人的体验，今天的办公室建筑设计师更擅长空间形态的视觉体验，而环境气味、声音这些空间中与社会直接相关的更鲜活的体验，是需要被重拾的。从各种细节中获取多元信息的渠道，通过具体的生活方式体验、实践、分享城市的独特魅力的价值，也是居住和生活品质所需求的文化普适价值。人居空间如何从虚拟、乏味、被规训和设定的空间中突破，回到真实的、能营造多种生活事件关联、增进生活经验的实在场所，并进一步激发和增强主体的积极性，产生更好的作用。

二、建构环境的意义与主体回归

直至今天，如民居“因地制宜”“就地取材”，甚至“变废为宝”，在建筑学传统中曾表现为积极的经济与文化意义。然而在城市更新

---

① 李佳琳. 城市中的摊贩：规划外存在的柔性抗争. 上海：华东师范大学硕士学位论文，2010.

图 7-3　非正规住居

a：工地里的临时帐篷　b：富士康员工宿舍
c：某城郊自建的无名简易房　d：“城中村”的自建改造
e：“城中村”底楼改建的幼儿园　f：小产权房内高密度的自发经营活动

与消费语境极大提升的当下，利用废旧材料节省资金，利用剩余劳力从事材料加工的传统建构行为，却渐渐黯淡无光，这种自我建构，不仅失去了光泽，其合法性的依据也同样缺失，那些真实的原始流动住居已被纳入丑陋、蛮荒的现实（图 7-3），蜷缩在城市边缘的“角落”里，能够自行建构居所的仅限于极少数财富阶层。空间建构的想象划入专业生产、消费领域，无法再现于大众群体中，历史根基已然不存。

然而，自建行为利用自身劳动或社群的智力，降低对主流营建市场体系的依赖，从而在资本奴役与权力规训的双重层面抵抗了绝对性控制，成为同质化商品社会中的剩余之物，一种有关城市建构精神的一份残存的“遗产”，它是否还延续至今呢？

人类对主体性身份的感知必须建立在主客体相互作用的基础上，日常的住居由此成为景观生成的不可或缺的主体，通过自身的微观视角置身其中，感知并参与生活空间的演进过程，建立起空间的心理感知与识别性。但是在列斐伏尔看来，正是基于对知识与理性的强调，从启蒙运动开始，人类活动也就被区别为“高级”与“低级”的不同部分，琐碎平庸的日常生活与人的感性等低级机能有关，因而遭到贬低[①]。检视那些物质水平低下的寻常建筑自身，似乎不够资

① 具体可参考列斐伏尔的日常生活批判理论。

格称为建筑（至多也就是个违章搭建、临时物）。在一种越俎代庖的进化论立场下，这些非正规住居早已暗淡无光，如同一个连自身存在都好像是“错误”之人哪里还有勇气去表达自己的感受？

然而，建构何以获取身份？在权利与制度对于其身份的剥夺（无市民待遇），空间是隔离的工具；在资本驯化合格的身体之中（劳动力），空间陷落为生活宰制的机器；在权力和资本生产操控的布景、盈利的商品中，居所更被剥夺人们自由意志之魅像所裹挟（消费者）。主体空间实践何以跳脱，证明自身的来历与身份？

也正是意识到职业建筑师无法逾越的局限，20世纪70年代，环境承续中主体回归的重要意义逐渐得到重视：如哈桑·法赛（Hassan Fathy）、伯纳德·鲁道夫斯基（Bemard Rudofsky）、肯尼斯·弗兰姆普敦（Kennelh Frampton）等，他们或转向那些普通的参与建造者，强调身体感知与体验，或关注由群体经验自发而持续的活动创造——共同文化传统，希望借由一种“匠人精神”，促使建构回到“使用价值”的生产中，重获一种实在的存在依托，从而摆脱被现代社会所异化的困境[①]。

在具体的建造方式上，他们重新关注传统地域材料和本土构造，重新思考“最适”技术，强调当地可用、可生产、可建造的自建造体系，而避免了被建造的商业体系所掌控。这里援引伊奎克居住房屋设计案例，一个可变动的“半套式”集合住宅，每个家庭都能以此扩建。居民们并没有得到完整的房子，但是却拥有可以扩建的单元，并且可以通过自身建造房屋的传统去完成这个建造作品。

在这个案例中，统一建造体系和自建体系相互补充，使得建筑在具有通用风格的同时，又有不同主体居住者的个性[②]。统一的主体结构和多样化的居民自建相互搭配，形成了独具特色的建筑创作作品。这里，建筑师将一定创作和建构的权力留给了居民（建筑主体部分主要解决了居民难以解决的结构和技术问题），使得居民的自建更加容易。

---

① [美]鲁道夫斯基 B. 没有建筑师的建筑——简明非正统建筑导论 . 高军译 . 天津：天津大学出版社，2011：42.

② 位于智利的伊奎克居住案例由 Alejandro Aravena 亚历山大·阿拉维那建筑事务所设计。为了给100个家庭建造居住，亚历山大·阿拉维那（Alejandro Aravena）设计出了半套房概念。

图 7-4 “半套房”设计与“城中村”的屋顶加建
资料来源：上、中图来自 http://bbs.zhulong.com/101010_group_201801/detail10042440

另外值得对比的是，本书研究的“城中村”的顶楼也往往在前期留白（平顶），很多村民也对后续加建具有心理预期，并伺机加建成多种出租屋空间，满足低收入者的租居需求。尽管两者在设计上存在前期精细“预设”和后期简单“填补”的差别，在建成的外观效果上也有很大差异。但从其机制上来说，本质上都形成了一种“留白”的设计策略，一种充分混合建筑自组织的设计范式（图 7-4）。

在移民自组织的住居谱系中，也自然包括了大量的、“不入流”的普通建筑，其中很多甚至不能称为正规建筑。但也正是这些零碎、瞬时、矛盾和转化的异质并存，还原了现代社会生活中久已缺失的生动场景，再现了现代空间久违的世俗场景。这里，无论是人皆为匠的原始性粗陋建构，非设计师设计的大众房屋，由手工业者建造的那些普通建筑，还是各种正规建筑的非正规化“改写”的日常实践，都是建筑成为场所精神的源泉。

今天，技术主体的设计师与文化主体的参与者往往是在交互中完成设计的最终形态。笔者认为可将其划分为两大类：直接参与、间接参与。各种自建行为对应的是直接参与，是一种开放的社会化建造形式，而生活方式的选择、自组织环境的使用行为（以足投票），包括自下而上的“空间表征”[①]和空间的话语博弈与对抗[②]都可以视为另一种间接参与的方法路径。设计观念的转型包含了如何捍卫并促进这种开放状态，保护不同的参与方式，也就是脱离狭义的“设计”概念，而捍卫“广义”的设计学。

人类学理论则以添加“冗余信息”（redundancy information）的概念揭示了建成环境的意义再造。空间的冗余信息大量是通过这些半固定特征（如装修改造、陈设、随时可能被拆除的临时建筑、棚户）甚至转瞬即逝的非固定特征（人的行为表征、人与空间的互动关系）来实现的[③]，即便是低标准、临时的；空间场所作为真实生活的容器得以重新定义与再现，其中蕴含了生活方式、生存状态的需求——哪怕用眼睛一瞥，就能大概知道“生活方式小说”的章节、片段，通过零碎的物象甚至蛛丝马迹去发现居者的个性，空间场所甚至还能反映出他（们）的生活与梦想。正是这些似乎无关宏旨的“微小叙事”，使得空间重新“落地生根”。

三、自组织人居生成的主体间性

社会学所指的主体间性是指作为社会主体的人与人之间的关系。哈贝马斯认为在现实社会中人际关系分为工具行为和交往行为，工具行为是主客体关系，而交往行为是“主体间性”行为。他提倡交往行为，以建立互相理解、沟通的交往理性，才能达到社会的和谐。

设计学、建筑学中的主体间性提倡设计是多元主体参与、协商的设计行为。其不是某一个主体垄断的行为，而是多元主体参与的游戏。相近概念是“公众参与”，但公众参与式设计也容易将公众“客体化”，即仍然将其看作是一种可有可无或者点缀设计样式的工具行为，这往往成为现代设计体制中的一个难点。

① 例如，《一点儿北京》是北京的城市绘本，作者以建筑轴测图的方式，用电脑软件绘制了北京最有趣最时髦的三个地方：三里屯、七九八和南锣鼓巷。将民间自然生长出的小建筑以立体派的原则呈现，与其他主流建筑师使用电脑软件描绘大型地标性建筑场景不同，作者更多使用了市井生活、日常琐碎的主题和微观解剖的视角。

② 在某种程度上，近年来的建筑学领域和生活时尚领域有关各种建筑和室内微更新及其自媒体的红火传播就是一种反应。如前文第四章第三节中“胡同微更新案例”。

③ 参考阿摩斯·拉普卜特的论述。

从传统的角度而言，所谓的“设计”与“参与”之间的地带，并不是一个难题。在传统社会的情境中，生活与使用之间，基于的是一种“惯例”，一种“隐性”知识，由于这种隐性知识的存在，（使用者）需求与（手艺人）生产常常是一种十分自然的融合，不需要生产者提供更多方案，使用者甚至常常不需要专门去表达自己的需求[①]。

现代意义的“设计”本源就建立在一种人人都拥有的能力之上，不同的行动者以各种方式参与其中，但设计专家们则致力于将“能力”演化为“职业”，导致一定的封闭性。因而，设计专业人员便需要从唯一的创造者转变为赋权人角色。自组织体系即是这样一个体系，允许其他人真正参与其中，参与到设计、生产、使用等整个过程中来。促进建筑生长，如台湾谢英俊工作室[②]研究建筑如何组装搭建，让没有建筑技术知识的居民能够快速进入建造过程中来，简化建造中的连接方法，降低技术的难度。这种类似于半专业化与DIY混合的升级办法，容易被居住者适应和加以改造，减轻了建构的成本，增加了居住使用者建造的乐趣、组织能力和技术经验。这种方式变现代建筑学“加”的手法为“减”甚至是“无”的内容，具有一种哲思性。

即便是从更为传统和保守的意义上来讲，设计师也必须将他习惯的通常反映集体意愿的注意力，转移到自组织甚至更多的可能性上面来，他必须发挥想象力和使用者协同起来，不仅要以设计为起点去思考如何设计可以满足他们的要求，还要换位去思考使用主体内心希望从这个设计中得到什么。但肯定地说，无论是设计者有意识地留下未完成的东西，还是限于能力无法完成，使用者都有可能比设计者更好地做好设计收尾的工作，而且使用者在较长的实际生活的各种问题情形中必然是无法随时找到设计师来解决问题的。在这里，“主体间性”即通过“造物”这一介质达到人与人之间的交流。从交流的价值层面上讲，设计师更是充当了大众实践智慧的守护者角色。

---

① 具体可参考米歇尔•德赛都的《日常生活实践》，Michel C. *The Practice of Everyday Life*.trans by Rendall S. Berkely：University of California Press，1984.

② 其他在台湾的还有乡村建筑工作室、第三建筑工作室、达文营造、第三建筑劳动合作社等。

在表 7-1 中，“城中村”表现出多样化的建构与设计主体，建构类型也更加丰富，多主体建造行为的积极蓬勃发展，表现为空间上长期的、缓慢的、逐渐调适社会组织的过程，不仅反映了主体的能动性，更生成了积极的“主体间性”。不同的主体将自己的需求和属性注入人居环境中，不断建构、改变空间结构状态，使得空间具有表意和交流的功能，形成持续和相互作用的过程。因此，更重要的价值是“参与设计”是如何被自组织所“设计”参与建构的。

表 7-1 “城中村”多样化的建构主体与建构类型

多层次主体	角色-功能	建构类型	环境语义表达	建构形式
村集体组织	供给主体	集体性质，如小产权房	固定特征	建筑行业设计建造
“城中村”村民、旧城棚户居民	非正规住房的供给主体、空间维护与物业管理	自建自住、自建他住相结合	固定特征、半固定特征	乡土房，工匠建造，非正规建筑
合作建房者、转租人	空间细分、物业管理	购买土地自建或与村民合建	半固定特征	工匠建造
外来移民	非正规住房的需求主体，以高密度居住行为维护低租空间	间接关系	低水平、微量建造，微更新临时性等非固定特征	人皆为匠，非正规建筑

村集体、村民、本地合作建房者、外来移民构成了一个利益链条，也是一个自建人居环境设计、建造、管理的链条。结果是建构类型丰富多样，所形成的环境语义表达也具有多种文化特性[①]。从更加宽泛的意义上来说，借助于“城中村”这样一个特殊的场域，不仅仅是建筑与环境的专业建造层面，还包括那些充满底层智慧的生计行为、细化完善的工商市场，功能混合、灵活多变的“空间生产”，它们都是一种多元主体共兴互生的结果。既实现了空间对主体的意义承载，更书写了人性化的和谐景观。空间生产与环境再建构活动也是多样化的生活形态中的一个侧面，对比那些城市中上层阶级对于他组织楼盘的冷漠、与社区管理的不合作的情况，人们更容易在“城中村”等自组织人居场所中发现略显杂乱但更生机勃勃的街区生活，以及更频繁的人际交往和更浓厚的人情味。

① 深圳较场尾村，租户进行了自发的微更新，运用墙绘设计，提升了村内的经济价值和旅游吸引力。

第三节　从形态到时态："在场性"建构智慧

一、恋地情结 VS 时空穿梭

时间和空间是人类存在的两种主要形式，是一对统一体，将其分割论述都是有问题的。齐格蒙特·鲍曼（Zygmunt Bauman）提出：人们在描述固体时可以忽略时间，但描述流体时，不考虑它的时间维度将是悲惨的错误[①]。正是由于对流体的描述都是片刻和简单的印象，因而在画面的底部需要添加一个日期。因此，从这一层面看，绝对不能小看那一刻的"栖息"，当移民的时空状态已经被挤压至非常狭小的时空条件中，那么如何进行组织、形成共同在场就显得非常重要（图 7-5）。只有在这种短暂而宝贵的"在场"中，人流、物流、信息流才得以相互接触、流动，主体间才有可能进行交流和获取各种收益。

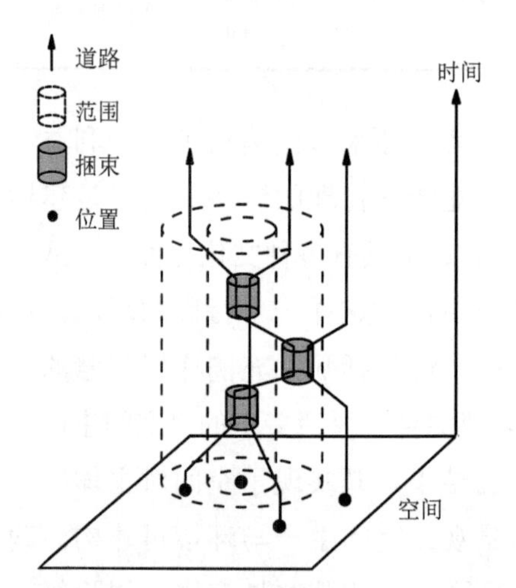

图 7-5　形成"捆束 - 在场"的时空条件
资料来源：根据时间地理学相关图示概念整理改绘，陈雨萌参与绘制

正如前文所分析的，在笔者曾做过的杭州五联西苑新村的街市场景生成分析中，除了原有建筑底层商住空间形态的再度细分之外，更有一套基于时间刻度的空间使用时序，实践着另外一套生产生活逻辑（图 7-6）。其中充斥着大量临时性的住居形态，充分表明了一种连续性与演变性的互渗与并存，充分说明"临时"空间这一相对概念本身所具有的"在场性"。

① 齐格蒙特·鲍曼将其描述为"轻灵的""流动的"。根据他的观点，从"固定的"现代性到"流动的"现代性之间的过渡为个人造就了一种全新的、与先前任何时候都不同的景况，使个人面对着一连串的从未经过的挑战。并认为处于流动的现代性当中的个人必须行动、计划行动，以及计算在地方性的不确定之下行动（或者没行动成）会导致的收益与损失。参考：鲍曼 Z. 流动的现代性 . 欧阳景根译 . 上海：上海三联书店，2002，(1)：23-78.

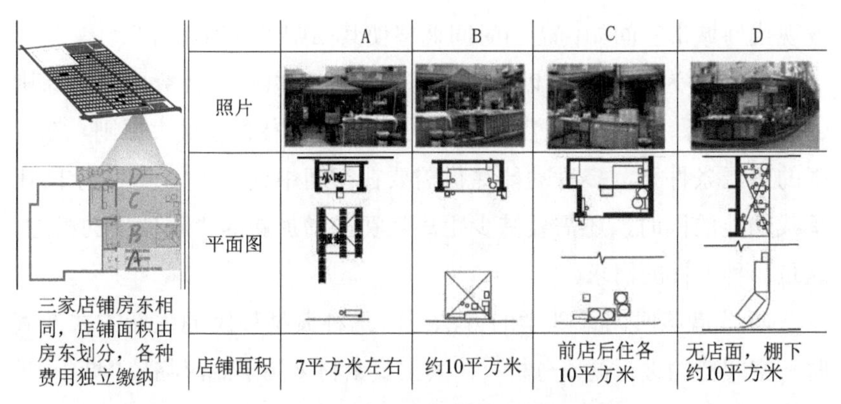

图 7-6　底层商住空间细分与使用时序

恋地情节[①]（topophilia）意指对身处环境的情感依附，也指个体在精神、情绪和认知上维系于某地的纽带[②]。例如，离校初期的大学生往往会在学校附近租房、买房安家，尽管常常搬迁，但是其通常会在同一片区域内。这种“恋校”情结还会对其长期的择居决策形成影响。

试想如果没有“在场性”的酝酿，哪来的“在场性”呢？在空间权利的剥夺与挤压下，其游走、在场、离场、城乡穿梭、机制变身，不断书写着包括去、留、返的时间频率计量表，不断权衡着人力资源、经济需求与亲情成本。在试错中寻求其空间适配与身心归属，形成丰富的空间体验。也演绎出各种看似“另类”的时空调配策略：工作与居住空间并置，压缩空间换取经济、获取时间，或者反之。

“夜市”是“城中村”活跃的自组织景观，提供了 种不同丁城市住区的新型“人居时空结构”，不仅满足了市场需求，方便就近购物，节省出行成本，为特定的移民群体提供了兼职、增加收入的渠道。流动摊贩的“夜市”破解了刻板且日益破碎的现代城市空间，提供了繁荣的夜间经济，增加城市体验。

这一相互高度依赖的族群（如大学生、打工者、夜间小摊贩）大多遵循着一套准确统摄社群的时空秩序，以高度协调生产生活的节奏、最大效率地进行交流交换活动，并营造着一种分享性的空间场所。这些都显示了其作为一种时空智慧的实践场所，进一步启

① 这一概念系著名地理学家段义孚（Yi-Fu Tuan）所创。

② 朱竑，刘博．地方感、地方依恋与地方认同等概念的辨析及研究启示．华南师范大学学报，2011，(1)：1-8.

发现代性城市空间如何借由时间调整使其回归“场所精神”。

居住行为常常遵循以下原则：①安全性原则；②费用最省原则（相关的能源、时间、花费的相互联系）；③交往机会最大原则。在有限的资源条件下，多种功能往往需要在空间中进行“集合”，空间在承载功能的同时，还需要减少距离耗费，增加新的“事件”的机遇，这是一种天性的需求。

本节借鉴时间地理学的方法[①]对几种典型移民的生活方式及其时一空间特性进行调研分析[②]，其主要素材来源于武汉临校“城中村”的移民族群。

图 7-7 反映了时间与空间变化在不同个体日常生活规律的表现[③]。A、B 二人为夫妻关系，年龄在 25 岁左右。丈夫 A 在某工厂工作，工厂提供食宿并且食宿均可在工厂园区内解决，工作时间为早上 6 点到晚上 9 点。妻子 B 在某企业工作（不包食宿），午餐一般是自带或者是在公司附近小餐馆解决。工作时间为早上 9 点到晚上 6 点。

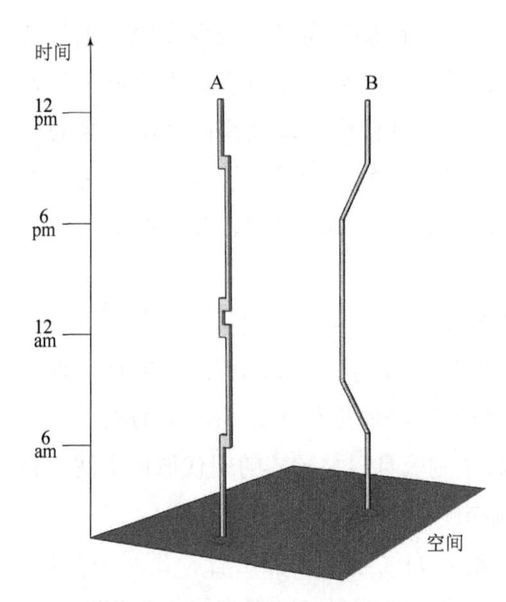

图 7-7　不同生活中时空间变化表现（案例一）

此图中 A、B 二人可称为“周末夫妻”，他们工作模式化，可变性小。生活模式单一，大部分的时间被工作占据，很少有机会和工作以外的人接触，一切都是按照预设轨迹发展，从工作模式上看，他们与一些企业的就业人员是一致的，但是由于他们在城市相对孤立，能获得的信息来源有限，能带来的新的机遇较少。

---

① Hägerstrand T.What about people in regional science. *Papers in Regional Science*，1970，(1)：7-21.

② 兰宗敏，冯健 . 城中村流动人口日常活动时空间结构——基于北京若干典型城中村的调查 . 地理科学，2012，(4)：417-439.

③ 该图中的案例来自本书在武汉市“城中村”所做的调研数据。

图 7-8 中 C、D 二人为夫妻关系，年龄在 55 岁左右。妻子 C 退休后在某餐厅工作，工作时间为早上 7 点到晚上 9 点，晚上 9 点下班后前往武汉某大学小吃街与丈夫 D 出摊。丈夫 D 退休后经营临时烧烤摊补贴家用，工作时间灵活。早上 6 点起床晨练至 8 点回家准备烧烤所需食材，下午 1 点左右到某中学门口出摊至 5 点，再至某大学小吃街出摊直到晚上 11 点左右与妻子 C 一同收摊回家。此图中 D 的工作时间相对灵活，工作地点多变并以人流量的大小来决定工作地点，这样的生活方式与人接触就比较多。C、D 二人在烧烤晚高峰 9 点的时候会有交集，这个时候体现了二人的互补协作。

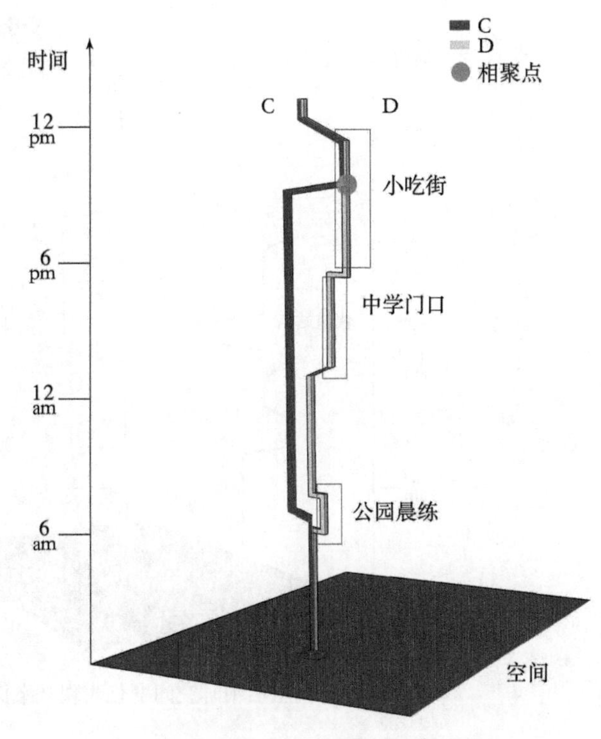

图 7-8　不同生活中时空间变化表现（案例二）

图 7-9 中 E、F、G 为一家三口，他们在武汉某大学附近共同经营着一家粥铺①。图中所示为两种情况的时空间变化，一为学校假期时段，一为一般开学时段。在一般开学时段早上、中午以及晚上的高峰时段三人一起经营，除高峰时段外有一人留在店中两人回家制作下一时段的食物。早上由父亲 F 守店，下午由儿子 E 守店，晚上由母亲 G 守店，晚上九点收摊前父亲 F 从家里来店铺与母亲 G 一同收摊回家。在这一时段，他们 3 人的相聚时间点为 3 个。

① F、G 为夫妻关系，年龄在 50 岁左右，E 是他们的儿子，年龄在 30 岁左右。

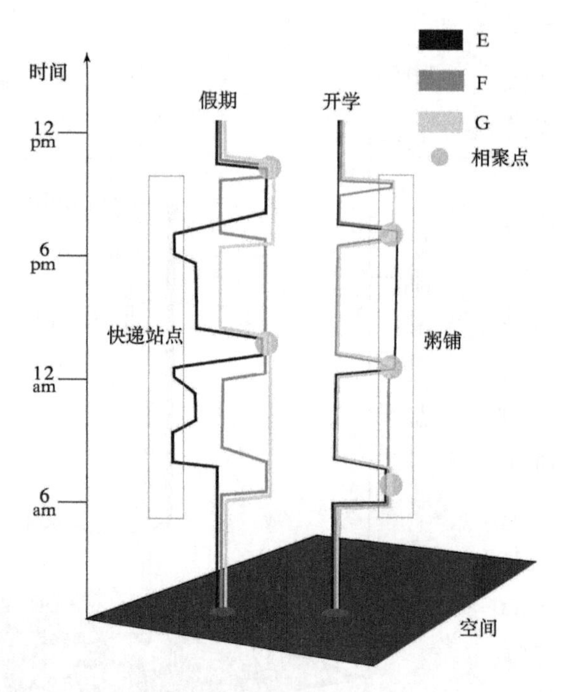

图 7-9　不同生活中时空间变化表现（案例三）

在假期时段，由于学生放假，人流量减少，儿子 E 会在这个时段选择快递员这一兼职，早上 8 点左右到快递站点取件，9 点从快递站点出发到自己的配送区送件，到了中午 12 点左右回到快递站点取下午需要配送的快递，下午一点左右到达自家经营的粥店与父母共进午餐，之后继续前往配送区送件直到晚上 6 点左右回到快递站点并结束一天送件的工作。晚上 7 点左右回到粥店与母亲一同经营直到晚上 9 点父亲 F 前来接他们回家。父母 FG 在这一时段经营粥铺依然为轮班关系。在这一时间段他们 3 人的相聚时间点为 2 个。

此图中 E、F、G 三个人轮流经营店铺，通过时间上的轮换很好地衔接，这样的经营方式使这个店铺经营得到良性循环。在他们的日常生活中，家和店铺是他们使用频率最高的地方。既是工作场所，又是交流的空间。而在轮流经营的模式下，每个人都有一段较为自由的时间，特别是在淡季的时候，可以自由支配的时间会更多，可以更多地选择其他的生活方式。

我们看到，多种功能往往需要在空间中进行“集合”，除了前文所述的常规的三大原则以外，还应该具有信息最大化和情感生活满足的原则。这些原则是由时间与空间重新分配、人在时空中的“穿梭”而达到的。

由简单的“在场”到“离场”，再到“穿梭”“杂糅”等各种渗透策略，演绎了价值剥离后进而再构与附着的人、空间、时间和场所的血肉关系，其特性也远不同于传统建筑学的“在场”概念，呈现出一种更为动态、辩证、广义的特征。而这一特性正是设计学所需要思考的空间之“在场性”问题。这也是一种人居权利的表达，作为一种主体性的具体展开，实现空间正义价值。他们展示的是一种自发而为的生活谋划，一种不为城市主流文化重视的运动式、学习型的都市游牧生活建构。

二、空间—历时态 VS 空间—共时态

作为意识形态的时空概念，对同一事件或事物，不同的人会有不同的看法。这是由观念、价值标准、习惯、思维视野和思维方法等因素的差异决定的。而对于不同的人居空间的态度，存在着前文所分析的“过时”与“即时”的分野，在追求现代化的过程中，时间贬低空间，进而形成对空间的压制。现实中城市更新模式主导着当下空间演进的方向和话语权，建筑和景观设计的“时尚”不断引导人们在生活方式和消费习惯上模仿、攀比，导致城市空间更新的速度大为增加，提高了空间更新的频率，设计沦落为牟利的方法，设计的语言成为达到目的的手段。建筑与相关设计模仿成风，真正的人居环境特质反而被抛弃。

其实，尽管不同的年代、产权构成、功能追求、生活旨趣的住居由于经年累月的互动，其类型多样化依旧能反馈、满足着不同时期、不同社会族群的真实需求，也蕴含着“节用”的设计伦理精神。然而，在资本与权利的共谋下，在一种被利益主导者所支配的住居价值观中，居住形态已经全然被打上了“先进”与“落后”、“高端”与“低级”、“正规”与“非正规”的意识形态烙印，在那些“进阶式”的美丽现代人居风景的臆想中，旧时人居就沦落为“历时性”的过往篇章，也因此将极为脆弱。

在城市化的进程中，在快速和高强度的造城运动中，权利、资

本与时间赛跑，追逐空间的尺度、数量以及空间不断更新带来的利益。同时，今天的资本已然“轻装上阵”，它可以随时停留，也可以随时离开。但劳动（建构）依旧像过去那样是静止的，它曾经希望永久停留的那个地方却失去了昔日的稳固[①]。落后、原始与所谓现代、先进泾渭分明。正如人类学家弗朗茨·博厄斯（Franz Boas）提出不同文化的价值对等[②]，阿摩斯·拉普卜特也并置分析了不同社会形态的建构，并强调“vernacular”这一核心概念[③]，希望打破古、今及工业化前、后的界限和时间分野[④]，即并不强调社会形态造成的城乡差别[⑤]。

文化地理学将城市空间看作是一个符号的复合体，这个符号类似于某种“马赛克拼图”。自组织空间在城市肌体中呈现出的碎片化、杂糅、拼贴的特征，任何一种自组织人居形态其实都可以视为城市人居巨型系统的一个片段，一方面有自己的符号体系，另一方面，也可以独立表达意义，代表了一种文化形态。这些拼贴起来的“马赛克”之间可能并没有清晰的界线，也没有所谓的中心与边缘。这种多样符号复合体组成的“马赛克”色彩斑驳，正体现出多元化的后现代都市空间的典型样态。那么，如何才能平衡这种空间的价值取向，自组织人居空间的方法论显然就是一种从“共时态”的表征层面来弥补“历时态”中空间价值导向的缺损。在笔者所研究的杭州城西三村（图 7-10）中，三个村的空间规划因年代差异而形成明显不同的格局（现代小区式、传统村落式、新旧混合式），但是在空间组织上都不约而同重新组织内部的主要街道，形成传统商住格局和传统“集市”的形态，以再现更频繁的人际交往和更浓厚的人情味，以及略显杂乱但更生机勃勃的街区生活，这种类似于几近消失的农村传统的“集市”环境特征尽管极易被视为现代城市环境的“退化”状态，但却修补、重组了激进的现代性规划中大而无当的空间。

---

① [美]鲍曼 Z. 流动的现代性. 欧阳景根译. 上海：上海三联书店，2002.

② 博厄斯在《人类学与现代生活》一书中指出并不存在人类文化发展的普遍法则，因为每一个文化都有其存在的价值。

③ 即住居的意义。

④ 根据拉普卜特的概念，建筑可以分为“壮丽设计”传统和“民间传统”两大类。而在民间传统的类型中，又可分为“原始建筑”和“乡土建筑”，乡土建筑又可分为“工业化之前的乡土”建筑和“现代乡土”建筑。

⑤ 常青. 建筑学的人类学视野. 建筑师，2008，（6）：97-138.

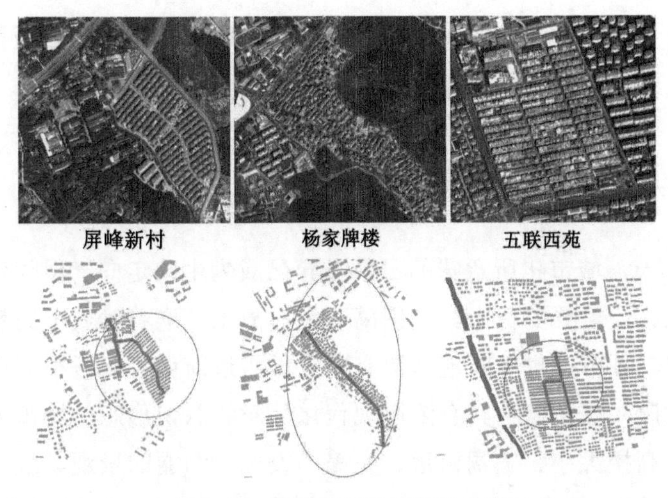

图 7-10　杭州城西三村平面布局

事实上，在城市化的进程中，空间的大规模生产与并发的改造始终并存，空间的复合化、多业态等混杂模式与现代单一化并存，奢华与破败并存，空间自组织与他组织并存。在图 7-11 这一住居谱系中，一方面，高楼大厦取代矮小局促的棚户、“城中村”，“蜗居”房，而另一方面，地下、群租、小产权房又在新的夹缝中生长，从 1 至 3 为三个不同阶段，均表现了这一弱势空间的谱系在各种夹缝中生长的规律。这种根据在城市化的周期中所处的阶段、居住生活方式，不同类型的“聚落”会被创造出来，这也是关照、反思现代性场域下不同都市人类、族群生存生活的视角。这类他者空间的存在瓦解了传统认知中的同质性，从而也消解了历时主义对共时性的遮蔽。

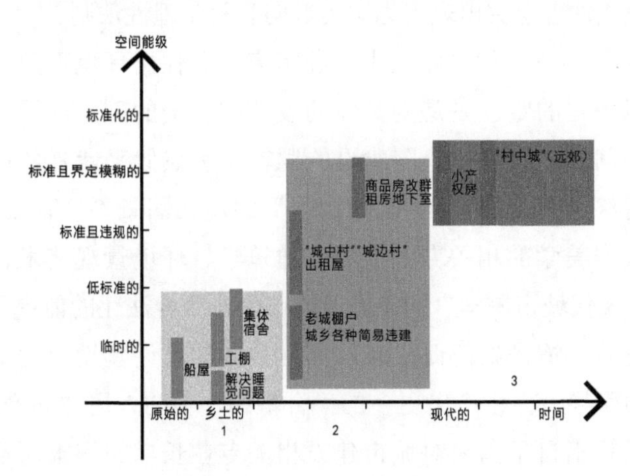

图 7-11　弱势空间的谱系在各种夹缝中生长规律

第四节　从美学到伦理：人居美学困境与出路

一、人居美学的登场与离场

今天，城市化所意味的日新月异已成为中国走向“现代化”的最直观、最重要的标志。人们离开乡村故土，抱着对城市的想象来到城市，城市人也不断地从原有的老城搬进新城，从矮小旧房住进高楼大厦，这是一种具有浓厚现代化色彩和意识形态的城市人居景观——高楼大宇、宽阔街道、完美的设施、绚丽的景观。现代主义早期时代的“居住机器”和“光辉城市”的理想，美好城市的乌托邦，似乎在中国“现代化”之梦中得到了具体表现。

然而当下城市建设的审美价值观似乎远胜于此。街道形式美、建筑外观美、园林绿化美、各种城市人工造景更是美轮美奂，这些审美意识已经充分地反映在各地人居城市宣传片中。但城市美学的研究更多地停留在形态审美层面，停留在人居建设的具体视觉物象上，并未触碰美的更深议题。人居美学的实现也多限于技术科技与艺术形式范畴之内，无论是价值取向和方法论系统以古典美学为准则的城市美学实践如奥斯曼、西特等，还是现代主义美学的代表如柯布西埃、密斯等，多样统一性的形式美原则、建筑科学发展的现代审美性，都市景观美学的规划已经迅速成为现代都市建设和都市文明进步的助推器，其现代性理念突出表现为审美取向和科学理性法则。

人居美学在人们的印象中已经牢牢地和住房环境形象美联系在一起，似乎它的定位只是为具体的设计提供美的创意蓝图，而无须理会其他问题，而且，蓝图建设的逻辑与重点似乎就是各种社会问题的必将终结之处。“发展是硬道理”的现代图景不容置疑，因此，在城市人居美学的相关专业领域（建筑学、环境景观艺术、城市规划）等“现代城市美学”的构造逻辑作为一个合法化的前提已无须质疑，剩下的事情是如何促成人居环境具体的设计建设问题，并在这种示范和引导下，生产出更多的“合格的、美的人居空间产品”。这一现状尽管出自于国家对城市建设相关专业长期的需求而形成，但是，却日益加剧了认知的困境，不断远离严格意义上的认知活动。研究领域的视野仍然囿于工程技术理性与传统的美学形态分析，所关联的文化分析更多是基于整体、一元、统一的价值标准。在这里，城市现实中的那些不美的居住风貌，那些破旧的、杂乱无序的、低物质状态的人居空间，那些可能会引起视觉审美不快的日常生活物象，就如同不和谐的音符一样必然是需要设计来重构的，如果不能立刻改变也必然会回避或忽略。

这些并非由某一个人故意为之，却反映了某种整体的社会价值取向。有观点认为其遵从经济发展原则，也有的认为是被强势地位的行政权力与技术专家主导。例如，认为当今的城市生活方式、居住建筑的功能形态、技术方式均与传统不同，城市人居的构建遵循着从城市到建筑的逻辑，按照从总体到局部、从结构到表层、从内部到外部的方式进行布局。因此，现代景观构造的逻辑便无可撼动。即便偶尔出现零星、抵抗的努力，它们要么成为一种时尚性的图景塑造，要么沦为一种纯粹个人意志的结果，一种“一时兴致”或者自恋情结的结果，在本质上会变得更加粗俗与怪异。

美学仅限于追逐“美”的蓝图，而丢掉了自己的问题意识，这显得十分怪诞。随着城市化进程，文化冲突问题也开始在中国社会中凸现出来。这些都表现在各种人居问题的发掘中，值得深思的是，对这些问题的研究几乎是与所谓人居美学的兴起平行的，如人们居住的文化传统问题、现代生活质量的反思、居住结构的分化现象、城市居住文化的对立冲突现象等。问题似乎并没有那么简单，事实是楼盘虽然越来越恢宏，但是人们的生活活动空间越来越小，城市交通网和工具越来越发达，城市人却堵在路上看风景，各式居住休憩空间越来越丰富，感性生活内容却越来越单调，而邻里关系的消亡、与自然的疏离和生活精神的毁坏现象已经到了令人扼腕叹息的地步。这些都让人不禁怀疑，美学似乎只是蛋糕上的酥皮，只能束之高阁，在这些问题的讨论中，本来闪亮登场的人居美学似乎只能暂时离场了。

二、隐匿于设计的社会文化博弈

“谁拥有主导设计的权力？”当讨论美与不美、先进与落后的时候，它的社会文化基础是什么？在很多时候，设计内隐着一些关键的价值导向，而这些看似柔性、隐匿的社会文化形态却极具影响力。有人认为，在当前中国现实的城市人居美学的概念指称中，其实是地产开发商、政府与媒体主导的居住形态变成"美学"了。例如，各个城市不计其数的人居风光宣传与营销中，充斥着靓丽的别墅、高大的现代建筑、精美的园林景观等。正如童庆炳先生认为文化研究者实际上关心的是"二环路以内的问题"，而现代设计远离了真正的、更需要关注的现实问题[①]，因此，我们不禁要问，什么地方的居住被美化（或丑化）了，谁的居住是美的？更重要的是，为什么会形成这种居住美学和文化的进步与落后的分类。

在这个城市居住共同体内，不同社会群体之间、不同生活行为方式之间、不同的生活空间之间，是各种巨量的日常生活、人居图景的剪辑合成。在快速的城市更新的社会空间涅槃与重组中，这种合成必然存在着各种明显的冲突现象。在文化社会学理论中，差异性存在势必导致文化互动，在不同力量的强弱对峙下，这些互动可以分为良性互动与恶性互动：良性互动表现为相互吸收、渗透，达到取长补短、相互促进的作用，而恶性互动则包括敌意、对抗、压制、全盘拒绝与完全同化等。

尤其需要警惕的是，若是忽略差异，将不同地域、历史、种族等多元、差异性文化等量齐观，不仅会阉割文化的丰富性、复杂性，也会难以察觉其中动态的权利博弈过程。显然，这样的后果是看不到"设计"内部的"支配—从属"的权力对抗关系，从而会使某种强势主导文化的霸权主义自然合法化，造成一种"统治—奴役"的文化不平等结构等，因此一个更为严重的文化生态问题凸现出来。

夏尔·皮埃尔·波德莱尔（Charles Pierre Baudelaire）则认为，城市魅力与其暗含的不平等是并存的。他指出了香榭丽舍大街华丽升级的本质意义：那些在街上欣赏和消费华丽景观的富人被叙述为合理的国家公民，但是街的华丽不仅仅只是给普通人帝王般的感受，也隐喻着穷人是这个空间里的被排斥者。在街上，穷人只能匆匆地穿过华丽大道，还要可怜地躲避来往的马车。巴黎林荫大道的改造

① 二环路以内的问题即有钱人的问题，参考：赵勇．谁的"日常生活审美化"？怎样做"文化研究"．河北学刊，2004，(9)：81-85.

和美化设计加深了身份差异。道路本来是给行人提供便利的，却反而使人步履艰辛[①]。故事的版本在今天的中国正巨量复制与演绎，人居空间美学的标准的提升却往往加剧了身份阶层的裂隙，这类社会空间现实正悄无声息地普遍发生着。

在主流的设计语境中，“旧城更新”和“城中村改造”无一不是建立在系统化、整体性的现代逻辑中，诸如繁荣城市经济、缓解交通压力、促进社会和谐的综合性工程，大规模启动旧城更新，一种盼望已久、气象一新的城市美化运动开始了。其主导性的美学语境是，整个旧城改造工作完成后，城市面貌将焕然一新，人居环境的文化品位也将得到极大提升。城市新景在一系列预设的图像中走向现实，城市景观呈现的蓝图逐渐成形，在那些美丽的现代风景的臆想中，旧城人居与居住的草根文化显然就成为“历时性”的过往篇章。在这一话语中，旧城人居生活，尚未迁入新居之族群的那些日常生活片段都将显得极为不美，也因此将极为脆弱。

在图 7-12 这张典型的“城中村”更新的街景美化效果图中，美化的意图和设计概念是显然的：统一的、新的又有变化的“景观”理念是对杂乱老旧外貌的美学提升，新做的彩色效果图往往也在传达“变美了”的信号。然而，仔细分析，立面的整齐是重要的，材质与符号是重要的，甚至为了突出视觉重点进行局部的拆除与置换也是可行的。然而在当下国内这一普遍的立面更新中，少有人追问那些老建筑在历史中的真实细节与信息，更无暇去讨论这些房屋界面被破坏和粗暴改变的同时对于原有居民日常生活的影响等问题。更由于这种美化往往不需要住户承受成本，因此似乎物质上的美化更新天然就是一种恩赐。

在列斐伏尔看来，对知识与理性的强调可以从启蒙运动开始检视，人类活动也就被区别为“高级”与“低级”的不同部分，日常生活无须重视，它琐碎平庸，更多地涉及人的感性等低级机能[②]。而在追求现代化的城市更新中，不同的居住空间类型、不同生活年代的居住空间、人居活动已经被打上了“先进”与“落后”、“高级”与“低

① 周志强．景观化的中国——都市想象与都市异居者．文艺研究，2011，(4)：88-98.

② 参见列斐伏尔对于日常生活批判理论的观点。

级”的心理烙印，如优雅的别墅生活、生活局促的老城公租房，包括近年来出现的“城中村”“蜗居”现象，不同年代、产权、居住状况的人居，这些人居空间由于经年累月的人居互动，形态的多样化反映着不同历史时期、不同社会阶层的真实需求，其感官差异必然是极大的，既然不能贬低其现存价值，就应该承认不同的客观外在，也就必然需要以尊重不同的社会阶层、历史文化为前提。

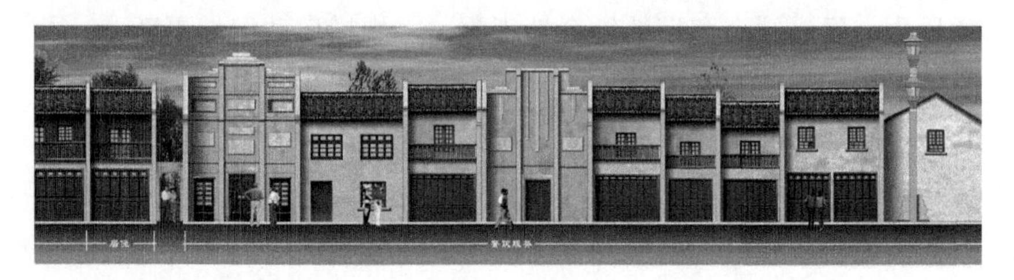

图 7-12　某村立面改造设计

资料来源：源于某设计网站设计作品，具体不详

例如，类似于“城中村”狭小出租屋的很多老式公房、出租屋、旧城平房人均面积小、室内居住面积窘困，在外立面和建筑周边晒被子和衣服就是一种生活的必然需求，老屋子门口的街巷就是各种日常生活的琐碎之地。再如夏天炎热，南方城市历史中竹床、竹椅户外盛行，但是也催生了街头文化和邻里政治，形成了独具城市个性特色的人居景观美学，也留存于人居记忆的深处。今天在空调房内的城市居民是否还需要这样的人居美学呢？基于现代化的人居主体预设其实已经排除了那些仍然依赖自然通风和公共空间的居住需求，也完全排除了某些社会群体所依赖的、传统的生活方式，尽管这些传统方式并不完全是受迫于经济条件而被动的选择。

正是在这样的价值导向下，空间差异性就此被抹平，也就变得具有了所谓现代性的合法性，结果是代表不同背景的生产生活方式的消灭、多样性的人居空间被现代性收编，成为均质单一化的物件。值得反思的是，经由人居生活空间华丽转身的对比之后，在追求人居环境设计美学这一日常生活美的同时却形成了对真正的日常生活的排斥的悖谬现象。

三、美学生产逻辑与反遮蔽策略

这里需要讨论更为具体的问题：漫溢的美学霸权可以做到全景控制吗？这涉及一个技术问题。福柯认为，空间与权力关系的发展主要源自于“纪律”这一现代社会的权力技术。在现代社会中，沿着纪律的逻辑，监视、圈占、控制、隔离等已经成为现代秩序和纪律的空间形式，纪律的实现要经由一整套技术、方法，空间自然是其中不可或缺的载体。关于空间的现代主义话语，在全球的城市中早已经刻下印记，纪律实施的方法就是从对人的空间分配入手，严格区分秩序和反秩序，为达此目的，福柯提出了封闭空间、单元定位、建筑分类和等级定位等技术[①]，这些在当下的生活空间中早已渗透。

在人居环境的设计与建设、维护与使用的多个环节中，其实已经全面渗透了这样一种已然赋予了需要“显”还是“隐”的不同层次的美学架设，现代景观的更新便具有了充分的正当性。例如，对于城市中不同的街道使用，城市管理部门会根据“美学”的原则进行设定，对于那些重要的街道景观进行严格的、规训的活动限制，一切有可能有碍观瞻的活动被禁止。对于一时较难控制的街巷空间便暂时放宽松（但逻辑前提是可随时控制），因此，分类化的技术决定了美学的可控性，笔者在某城市新建的靓丽街景与公园中经常发现，在长椅上睡觉这样一种普遍的休闲行为，然而却会被管理人员当场劝止，这些管理语言包括“需要共同维护市容美观”之类的逻辑。市民景观为何会变为洁癖者的乐园？本书认为这并非是简单的偏好问题，而是基于美学推广逻辑的理性策略。试问，若是靓丽街景被如此“误用”，如此不美，那么城市更新的美学生产逻辑便会被质疑。

因此，在城市更新的过程中，出现了对城市土地的强劲需求与

① 参考福柯《知识考古学》《规训与惩罚》等著作，如对于环形监狱（panopticon）的分析。限于篇幅，本书不具体展开。

大规模改造的热潮，旧城美学特征与城改模式势必会发生较多的矛盾问题，首先巧妙区隔、分类各种符码，而后隐藏与遮蔽那些不美的，则是顺利推广新美学并进行美学空间再生产的必要方式。

在图 7-13 与图 7-14 中，我们再次看到改造后的老街道华丽转身现象，但这里主要关注一个细节的更新现象——普通店招的统一更新。某城市沿街的居民楼门面店招，在这样的街景美化运动中，被严格包裹上统一规格大小、统一装饰符号的边框。从信息传播的角度，店招具有店铺业种与业态特征表达的需求，经营者希望传达的个性化信息也常常隐含于店招的各种细节中，但强制推行的、统一的图框纹样与实际店铺的招牌表达的结合出现了怪异的面貌：多个店铺实际大小需求与划定的比例完全不一致。不仅如此，硬套上的中式古典边框与不同风格的招牌组合反而显得怪异并更加混乱。

不仅是店招，甚至窗台、空调机位与整个外立面都被包装，已经从头到尾地美化了，以求风格纯净统一。然而，晒被子仍然成为现代化立面上一道无法协调的风景。既然如此，是该禁止晒被子呢？还是继续找顶尖的设计师研制一种外立面晒被子的遮蔽方案呢？在这样一种“驯化”美学的思维逻辑中，我们需要更加警醒的是，为什么老房子窗外晒着暖阳的、平实的生活美学，突然在某种所谓城市福利的享受中变得格格不入甚至会自惭形秽呢？

图 7-13　店招统一后的尴尬

图 7-14　沿街立面的改造

晒被子的问题让人联想到一个艺术家的作品，《收・藏・洗・晒》在湖北美术馆展出（图 7-15）[①]，引发网友对艺术家的吐槽，为什么我晒的衣服就不是艺术品呢？老居民区常见的、尺度夸张的晾衣架，在满足日常生活必需的同时，也必然属于传统的、实用的美学。这不禁让人想起“羊大为美”的道理来，《说文解字》[②] 中说：“美，甘也。从羊，从大。羊在六畜主给膳，美与善同意。”羊成为美的对象和社会生活中畜牧业的出现是分不开的，作为生活资料的重要来源，是人类喜好的对象。对原始人类来说，还有什么东西比又肥又大的羊能使其感到愉悦的呢？美与主体实践是密不可分的。产品和空间因功能而美，当美背离了“善”之功能，徒有其表其价值还何在呢？这样的街道美学似乎完全不与当下现实相

图 7-15　傅中望的作品《收・藏・洗・晒》
资料来源：美术馆里晾衣服 著名艺术家作品遭网友吐槽 . 楚天金报，2013-02-19

① 《收・藏・洗・晒》是湖北美术馆馆长傅中望的作品。具有戏谑意味的是，笔者更认为观众这句话本身就是艺术家对城市美学定义所谓权威者们的间接发问。

② 《说文解字》简称《说文》，是东汉经学家、文字学家许慎编著的文字工具书。

图 7-16　街景对比图
上图：香港的街景；下图：境内的“城中村”

融，由于空间与功能的“形神分离”，这些传统风格的形式表皮与现有的商业环境已经缺少本质的内在关联，显得非常突兀怪异。在矫揉造作的表皮更新中，掩饰不住内在的虚假，大众对街道空间的阅读也完全失真。在这场人居设计美学的运动中，如何才能反抗这种遮蔽？

拿几张住区的街景图做一比对，图 7-16 中，上图香港的街景和下图境内的“城中村”，这两张图应该存在较强的相似性，或者说美学特征都是一样的，数量众多的小广告、眼花缭乱的颜色，意味着这两个地方都有某种自由竞争的商业环境，人人都可以参与街道的商业，广告密集说明充满竞争活力，廉价的小型广告张贴在拥挤的街头，表明这里能够容纳中低端商业活动的发展（图 7-17）。

两者都是一种零乱的街道美学，也是一种生动、愉悦、游戏般的街头文化。尽管香港小巷子的街景更具有某种微妙的内在规范性，如悬挂的位置似乎略微统一。但是我们要思考的是这两者的截然不同。香港的这些巷道街景与现代化靓丽街景并存，更大的商业空间和更醒目的招牌并不影响这些小商业展示其自身的存在。有些外观“杂乱”的街道更成为民俗生活

图 7-17 “城中村”店招集合

旅游的代表。

而“城中村”不仅成为“脏乱差”居住形态的代名词，而且在城市更新中更多地被贴上了负面标签，如人口杂乱、犯罪高发等，虽然在今天的城市更新与美化运动中已经被大量清除干净，然而最有效的美化无疑是拆迁后另建更整洁现代的商业和居住区，即使不能马上拆除，由于有碍观瞻往往也要严加规训和管制。但是也必须承认，那些突破规训，突破“符号”遮蔽的各种空间语汇，甚至瞒天过海的各种设计策略，永远也不会消亡。

小　结

有关设计学，存在着究竟是一门新兴学科，还是一个跨学科研究的、新的综合领域的争辩，各种争论充分说明了设计学科的复杂性和拓展性，人居环境设计，也应该不只是一种理想范式的发展，应该具有多元性，有不同的目标、不同的标准以及不同的方法。

基于研究结论提出人居环境设计学范式转型建构的内容。就当下关键问题切入，提出四点：一是“城市性”人居范式转型；二是关注意义的主体性（主体间性）；三是从“形态论”到“时态论”；四是人居美学的反思。以此为基重新思考人居空间的设计更新、优化等问题。

以上问题贯穿于自组织生活形态到自组织空间形态之中，有利于拓宽居住空间设计这一过于狭窄的专业视野。在思考“中国问题”中形成理论创新，以及具有城市性、主体性、伦理性的设计创新范式。不再将视线仅限于空间、形态等容易控制的可视化标准，而是需要经由跨学科的交叉与融汇，不断促进设计内涵扩展、价值观转变、方法论转型等重要内容，将设计范式的转向推进到更加广阔的问题背景、社会文脉、文化语境之中。

结　　论

人居空间自组织本身历史悠久，也是一门重要的学问。在不同的时空环境中，或传承延续，或断裂变异。在城市化过程中，在当下的很多语境中，它逐步萎缩以至于变成了“另类空间”，对其系统的研究，有助于重塑城市空间建设的人本精神，丰富现代化贫瘠单一的人居文化内涵，探求城市空间多样性的更多可能性。至此，本书中人居空间的自组织路径的内容已经得到了整体性的呈现，主要结论如下：

（1）以“城中村”为典型的移民人居空间自组织现象，反馈了人居空间的主体性价值。

作为当代城市人居研究的重要课题，城市移民的各种自组织人居空间现象，长期以来是基于住房空间短缺、经济能力不足、规划管理的缺位与制度保障未覆盖等背景而提出讨论的，问题锁定更多地建立在正规性、自上而下的框架内，存在不足，设计学科讨论此问题仍留有很大空间，尤其缺少跨学科的关联研究。基于自组织适应性机制引导人居系统演绎为主线，基于“城中村”等空间案例，提出自组织人居空间的发展衍化，形成了独特的社会空间绩效，反馈了社会空间机理完整性等内在建构规律，提出应从更深层次研究其共生与协同问题。

（2）中微观层面的人居空间衍变研究，论证了“自下而上”空间自组织特征和对设计学的启示价值。

研究了杭州城西若干系列“城中村”案例、武汉市大学城周边“学生村”等典型案例，也分析了武汉市部分“混聚老社区”等非典型的“泛城中村”现象，具体呈现了其内在的自组织衍变特性。这些人居现象尽管有一定差异性，但具有重要的、共通性的内在逻辑和建构规律，从自组织空间实践的角度来观察，能够更加真实地反映特定时空关系中的建构智慧和生活机理。

（3）指出移民的城市融入在多个维度上具有整体性、关联性、差异性等特征，这些重要特性决定了聚居生活空间的自组织原理。

本书针对自组织人居研拟社会—空间的多维度价值分析。引入“城市融入”理论为关键切入点，从城市融入的多维度、渐次性与内在关联等内涵特征对移民自组织聚居空间展开比较分析与综合评价，结论是：经济融合维度整体关联，社会融合维度动态发展，文化融合维度多元互动。此外，还要注意人居空间的融入绩效分析的背景因素以及融合路径的差异性原理。

关注城市化的主体（移民）的居住需求与价值导向，在注意到结构性制约之下，从城市融入现状、居住融入的困境、多维度人居价值三个不同层次问题逐步展开，以反馈提出设计学微观层面的能动性与内在互动关系的设计原理。在城市融入的动态与不平衡进程中，各价值要素之间不能孤立，需要主体进行有机转化，进行要素重构，涉及具体的时空策略问题。

（4）对自组织人居的认知困境与研究误区进行深度反思。把握关于流动、脏乱、低技术等“时·形·态”问题的实质。

根据分析结论，城市融入需求指导人居空间的自组织原理，从而有助于辨明真正的价值与问题。从设计学“时·形·态”的角度对移民人居自组织空间的各种认知误区进行深度反思。辨识有关于流动、脏乱、低技术、非正规等人居空间问题的表象和实质，就设计学科的关键问题，提出系统关系割裂引发需求畸形循环、社会排斥与空间污名化、人居理性下主体消解等三大问题困境，提出基于人

居自组织的规律建构与机制协同的启示。

（5）提出人居环境设计学的方法论转型建构的内容。

人居环境的自组织现象是一种还尚未被充分认知和研究定性的现象，然而设计学对此还较少有理论研究的呼应和介入。就当下四个关键的矛盾和问题提出设计转型的方向：一是立足于城市性的生活方式与人居设计范式转型；二是转向于感知与意义的主体性（主体间性）的建构方法论；三是吸纳从“形态论”到“时态论”的设计智慧；四是反思人居美学的困境与出路。进一步提出设计内涵扩展、范式转变等命题，以此重新思考人居空间的设计更新、优化等具体方法策略。

此外，本书研究还有较多不足，由于“城中村”现象转瞬即逝，很多系统深层性的问题还来不及呈现就已经消退，给问题的界定带来麻烦。笔者对移民聚居“城中村”现象及其衍生空间的关注大致经历了十年左右的时间，经历了从“热”的现象到“冷”的反思之变化。调研样本本身也在不断变化，因此给本书的数据采集方面带来难度，并且给本书在相关问题的准确界定带来困难。

从更大的纵横向对比研究案例来看，内容体量还显得不足。缺少更长时段的“城中村”案例追踪，对于“泛城中村”现象还缺少足够的资料佐证。另外，由于本书主题所涉及的现实问题较为复杂，牵涉学科理论较多，问题界定涉及面较广，在跨学科方面还缺乏厚实的理论基础，在建立贯通性的同时难免有不妥帖之处，部分理论援引不免不够准确，有待专家批评指正。

后　记

“城中村”作为经典的人居现象案例研究，正在逐渐淡出人们的视野，很多城市已经进入“后城中村时代”。但从“人”的视角来看，城市移民的人居需求并没有得到充分的尊重。即便是“城中村”的改造、城市新移民住房建设仍然让人觉得迷雾重重，今天，忽视城市弱势族群的需求与相关的社会问题仍然十分普遍。这也是在迈入“大设计”时代更迫切地需要深刻反思教训的意义所在。我们可以看到，在中国的城市化进程中，这些“另类”空间景观正在继续衍化、发展，不断形成各种新的人居现象，这些都是本书后续有待拓展的研究，任重而道远。

其实，“城中村”为典型的自组织人居空间，是无差别的人居形态，既兼容矛盾，又饱含希望，我们不应该抱有空间歧视。从社会与文化的角度看，它反馈了城市化过程中主体的真实需求。无论何时，城市空间问题中均会渗透这种自组织空间形态，只不过这些问题在不同的时空环境下表现为或显或隐的主题，甚至也可以忽略。我们需要警觉以往狭义的空间认知误区、自组织人居空间的本质，才能把握不断更替、涌现的“类城中村空间”的各种问题与应对策略。

从中微观居住形态来看，“蜗居”“鼠族”“群租”等形形色色的自组织人居现象和空间形态，由于牵涉社会问题的复杂性，长期给传统设计学科、建筑学科领域的观念带来巨大的困惑。学科划分的壁垒、画地为牢和设计造物的自以为是，形成了“见物不见人”的理念困境和方法局限。书稿的写作对我也形成了很大的挑战，前期调研的工作量是巨大的，移民人居空间决定了主体讨论的广度，自组织机制的发掘又决定了课题的深度，但我深知这是一次机会，让我把当下人居及其社会、文化问题完整地走了一遍。感觉自己时而扮演着社会学者，时而像城市管理者，时而又回到建筑学与设计学的混合庞杂领域中。这种繁杂让人十分辛苦，但也让人兴奋，因为它让我更深刻地去理解“空间”研究要尊重人、关怀人，最终回归到人的道理。

本书的完成离不开很多人对我的帮助与指导，在我学习的过程中，他们无私地帮助我。书稿即将付梓，我首先要感谢江南大学过伟敏教授给予的学术帮助和指导，感谢中南民族大学的罗彬教授、周少华教授的关怀和指导，感谢浙江大学的胡晓鸣教授，中国美术学院的王国梁教授、王澍教授，同济大学王荔教授、卢永毅教授对我的指点。感谢我的同事和同学们，感谢任教十余年来那些令人难忘的优秀学生的辛勤调研和绘图工作，每一个场景都历历在目。感谢武汉市、杭州市相关职能部门的同志为我提供资料搜集和实物调研的机会，最后还要感谢科学出版社编辑的辛勤劳动、默默付出。

本书引用了大量国内外专家学者的研究成果，在此一并表示感谢！如引用有疏漏和不当，还请批评指正。

最后，我要感谢长期以来在物质和精神上给予我支持和关怀的父母，感谢我的夫人不辞辛劳，还要感谢我可爱的女儿。

赵衡宇

2018 年春于南湖园